世界自然疗愈经典译丛

选对好地方，汲取正能量

为什么好地方能让你健康和长寿？

Healing Spaces
The Science of Place and Well-being

［美］埃斯特·M. 斯滕伯格博士 著　廖颖 译

Healing Spaces: The Science of Place and Well-being
by Esther M. Sternberg

版权登记号：图字：30-2014-007 号
图书在版编目（CIP）数据
选对好地方，汲取正能量 /（美）斯滕伯格博士著；
廖颖译. -- 海口：海南出版社，2014.5
（世界自然疗愈经典译丛）
书名原文：Healing spaces:the science of place and well-being
ISBN 978-7-5443-4095-3
Ⅰ.①选… Ⅱ.①斯… ②廖… Ⅲ.①居住环境－影响－健康－普及读物 Ⅳ.①X503.1-49
中国版本图书馆CIP数据核字（2014）第038254号

选对好地方，汲取正能量

作　　者：［美］埃斯特·M. 斯滕伯格博士
译　　者：廖　颖
责任编辑：万　胜
特约编辑：郭文静
装帧设计：钟　原
印刷装订：三河市金元印装有限公司
海南出版社　出版发行
地址：海口市金盘开发区建设三横路2号
邮编：570216
经销：全国新华书店经销
出版日期：2014年5月第1版　2014年5月第1次印刷
开本：700mm×1000mm　1/16
印张：21.5
字数：230千
书号：ISBN 978-7-5443-4095-3
定价：36.00元

本社常年法律顾问：中国版权保护中心法律部

我们中的大多数人能够根据其他人的个人能力、动机和个人特征来判断他们做的是什么事情，即便他们的行为主要是由环境力量所造成的。这本精心撰写且至关重要的书指出，现代医学在治愈这个问题上犯了基本性错误。同时，本书还指出环境和空间能够发挥极大的作用，帮助人们远离疾病保持健康。

——约翰·卡斯奥普（John Cacioppo），
《孤独是可耻的：你我都需要社会联系》
（*Loneliness: Human Nature and the Need for Social Connection*）的作者

这本引人入胜的书不仅文字浅显易懂、内容丰富多彩，还提供了许多关于集体愈合力和福祉的独特见解。埃斯特·M. 斯滕伯格揭示了自然环境和建筑构造的力量，从而达到提升人类健康水平、丰富人类生存经验的目的。享受它吧，你会从阅读中获益！

——诺曼·L. 昆斯（Norman L. Koonce），美国建筑师协会
（the American Institute of Architects，AIA）前首席执行官

这本生动的书从人的角度探讨了一个重要的问题：我们所居住的空间——无论是医院的房间，还是宽敞的户外空间——不仅仅是让我们保持健康或产生疾病的背景，实际上，它们还能够对疾病或健康产生一定的影响。在本书中，斯滕伯格用易于阅读的语言阐述了科学道理，让读者仿佛置身于探索历程之中。同时，它也能够让病人及其照顾者了解到身心科学的方方面面。

——安妮·哈灵顿（Anne Harrington），
《内部的愈合：心身医学发展史》
（*Cure Within: A History of Mind-Body Medicine*）的作者

埃斯特·M. 斯滕伯格是一位不可多得的作家兼物理学家，她前往希腊探索了古老的真相；她愈合了自己的伤痛，并证明了她所追寻的真理。凭借其专业的科学素养和清晰的文笔，她阐明了大脑和免疫系统是如何相互作用的，以及我们应该如何利用环境和空间、阳光和音乐来重新运作我们的大脑，从而使自己远离疾病迈向健康。

——盖尔·希伊（Gail Sheehy），

《人生变迁》（*Passages*）的作者

献给我最爱的彭妮（Penny）和丹（Dan）

目录

【中文版序】构筑你的健康福地

丁 东

一、环境与健康的古老学说

中国古老的风水学说认为，居住环境与居住者的健康、命运息息相关。其理论根据是一种天人合一的世界观：人是自然的产物，必须与自然形成和谐的互动关系，才能够生生不息，绵延万代。

而在科技发达的西方，也有人持有类似观点。美国哈佛大学的生物学家爱德华·O. 威尔森（Edward O.Wilson）提出了一个被他称为“亲生命性”（Biophilia）的理论，认为人与自然——山水、风景、云岚、植物、动物，总之，天地万物——之间，存在着一条本能的先天纽带，人若与其间的任何元素的天然连接发生了断裂，便会陷入精神与生理的双重非健康状态。

在现代新儒家看来，中国传统文化力图解决三大方面的问题：人的身与心如何和谐相处；人与自然的如何和谐相处；人与人（社会）如何和谐相处。不难看出，无论是古老的风水学还是当今的亲生命假说，探讨的都是人与自然的关系问题。中西方思想在此合流。

如何利用自然并与之和谐相处，是风水学说的核心理念，其居家领域的研究范围包括从何处选址、建筑形态、朝向方位到内部布局等方方面面的问题，包含了丰富的生活智慧。比如从选址来讲，一栋良好的建筑要坐北朝南，背山面水。在北半球来说，这样的房屋可以最大程度的接受阳光，并抵御寒冷的北风。背后的山体可以挡风，山上的树木能涵养水土，前面的水体可以提供生活及种植的水源。

我相信，人类在发展过程中，各地区各民族都不同程度地形成了类似的风水学说。哈佛设计学博士俞孔坚教授在《回到土地》一书中，介绍了云南哀牢山区哈尼族的居住生产环境：哈尼族在云贵高原上世代以农耕为生，其居住地山势陡峭，生存艰难，但哈尼人在这里却创造了生活的奇迹。在海拔 2000 米以上的高山部分，生长着茂密的森林，哈尼人认为那是神居住的龙山；在海拔 1500 ～ 2000 米的范围，则是属于人类居住的村寨。他们用寨门标记出人神的分界线，平时不允许族人进入神山的范围打猎砍伐；在村寨的下方，一直到山脚，就是层层叠叠的梯田，生长着他们赖以生存的水稻。山顶的森林涵养了水土，雨水顺山而下，流经哈尼村寨，供人们饮用洗涤，并把人畜的粪便冲下山，给下方的农田带去养分。上千年来，哈尼人一方面保持着对自然神灵的敬畏，同时又改造自然，与自然和谐相处，形成天、地、人、神共处，可持续发展的环境模式。

但是，拥有合理内核的风水观念，经过历代文人的铺陈演绎，却渐渐脱离原初的朴素面貌，变得日益复杂繁琐。它们看似高深莫测，却由大量僵化的条条框框组成。为什么这样布置会带来健康？那样摆设会带来好运？大多数的风水师不过是沿用师承、照本宣科，知其然却不知其所以然。

就这一点来说，中医里的运气学说与之类似。本来中医讲求辨证施治，针对每个个体的具体情况来辨病治疗，除了对病人望闻问切，外部的季节变化与内在的心理状态，都是医生考虑的因素，这可以说是中医的高明之处。一年四季，气候变化：春生夏长、秋收冬藏，而人体作为自然的产物，当然会顺应这样的变化，医者则可以根据不同季节来判断疾病的起因和治疗方法。但在宋代被极为推崇的运气学说却把自然对人体的影响无限推演，从空间上纳入了金木水火土五大行星的运行轨迹，从时间上放大到一个甲子六十年的范围。医师临病，必先推算主气客气、司天在泉。其中星象医理、五行八卦混杂，长于此道者仿佛上知天文下知地理，何年当生何病，似乎了然于胸，但其实里面都是一些固定的模式，类似一种机械的算命术。

我有一友，恬淡儒雅，从大学起时就喜爱传统的命理之学，对周易预测下过一番苦功，颇有研究心得。有朋友相询，偶尔亦预测为娱。他说：周易预测依前人传下的种种规范，虽然复杂，却有法可依，因为何种卦象便对应何种事理，古人皆有说明。但若问为何此象对应此事此理，我亦不知缘由。

因此，我以为，风水学说、运气学说、预测学说等等这些中国传统文化中的应用部分，虽有用却无体，或说它们赖以建立的理论基础并不牢固。后人只知应当如此却不知何以要如此，即便能够说出一番道理，却一半是根据实践的总结，一半是基于玄学的臆想。因此，凡这一类的学说，用之于事，大都时而准确、时而乖谬，并无确切的定则。不可否认，它们具有文化上的研究价值，却少实践上的指导意义。

回到环境与人体健康方面来讲，中国在快速的城市化进程中，大量的楼房拔地而起，人们纷纷忙于搬迁新居装修新房，建筑、建材、设计、装饰行业都生意兴隆。我们应当如何选择和构建良好的居住环境？环境又如何影响居住者的身心健康？如果想对此有所了解，我们除了相信传统的风水堪舆，几乎没有任何科学的学说可以借鉴。

事情在2002年发生了改变，一门新兴的交叉学科开始试图用严谨的科学实验揭开环境与健康之间的秘密。

二、科学的“环境风水学”

2002年8月，在美国马萨诸塞州伍兹霍尔海边，美国建筑师协会第一次让科学家和建筑师们走到了一起，这一跨学科的聚会是为了从建筑学与神经学入手，彻底理解环境与健康的微妙关系。其实，关于建筑对人体身心的影响，西方现代主义的建筑师早就开始探索实践，比如在建筑中引入更多的阳光，注重空气的流通和户外的景观等等。建筑师们直观地感知到，优美的环境能够让人心灵放松，有益身体的健康，而黑暗拥挤的环境会让人产生负面情绪，导致疾病的产生。但是从来没有人具体测量过，到底是哪些环境因素激活了人体的哪种神经通路，又如何影响到人的免疫系统，进而促进或损害到人体的健康。我们仿佛预先知道了一个不算离谱的答案，但对解题的过程却一无所知。

随着现代神经学、免疫学的发展，人类拥有了更为精细的探测工具，人体大脑活动的机理也日益清楚。美国建筑师协会不满足于现有笼统含混的结论，终于，建筑师开始和医学家联起手来，他们想确切了解环境与健康之间的秘密。建筑神经学（Neuroscience for Architecture）就这样在美国诞生了。

参加这次研究会的医学博士、本书作者埃斯特·M. 斯腾伯格博士（Esther M. Sternberg MD），说明了这门新兴学科的目标："如果他们能够理解物理环境如何影响人的情绪，以及建筑构造所引起的情绪波动如何影响人类的身体健康，那么他们就可以在建筑设计的时候将影响人类健康的因素考虑在内。"

对于环境与健康的关系，建筑神经学不仅要知其然，还要知其所以然。他们要探求其中内在的机理，而不仅仅满足于现有的建筑审美规范；他们要得出科学的结论，而不是以一种玄想的理论来指导建筑的设计。比如，要建设一所现代化医院，如果不满足于一间间房屋简单的堆砌，应该如何从视觉、听觉、嗅觉、触觉方面的设计来缓解病人的压力，加快疾病的愈合，这就涉及多种学科的复合知识。在书中我们可以了解到，根据建筑神经学的研究成果，美国建筑师协会已经开始建议建筑设计师在设计医院时应用这些原则，并产生了循证设计（evidence-based design）这一全新的领域。斯腾伯格对此进行了说明："它利用了生理和健康结果测量手段——住院时长，止痛药用量，并发症发病率和病人的压力、心情和满意度指数——来评价医院建筑特色对健康产生的益处。全国各地的许多项目正在收集证据，以确定这样的设计创新是否有利于病人、病人家属和医院员工；以及它们是否能够通过加速愈合的速度降低医疗保健成本、减少疾病复发率和医疗差错率。这些项目的合作者包括了医疗建筑师、环境心理学家、政府机关、私人基金会、制造商和医院管理者，他们都发现了将这些新原则运用到医院后所能够带来的优势。”在网上搜索发现，中国只有2003年《中国工程咨询》杂志上刊登了关于建筑神经学会成立的简单报道，可以证明，这一新兴的学科在国内远远没有得到建筑设计界的响应。

作为中国传统文化的热爱者，我不能不指出，有人喜欢标榜传统文化的整体性，视之为中国文化的特质，但这种整体性却往往以含混不清作为代价。早在上世纪30年代，冯友兰就指出，中国传统哲学的概念不够明晰；他说他的工作就是要利用近代逻辑分析成就来说明传统概念，“努力将逻辑分析方法引进中国哲学，使中国哲学更理性主义一些”。对于事物的了解，是止步于笼统的把握，还是从细部解剖入手，这是传统文化与现代科学的分野。科学并非万能，但它的实证精神却正为我们传统所缺。正如你在这本书里看到的，着力于局部、细小范围为研究对象的现代科学，在不断探明事物的内部规律后，开始不断交叉整合。由于这样的整合建立在对局部事物精准把握的基础上，形成了一种清晰的整体观，它就远远超过了传统文化里混沌的整体主义。

以中国传统的风水学来相比较，斯滕伯格在本书中关于环境与健康的论述，可以说是一种科学的“环境风水学”，她揭示了环境对人体身心影响的生理学基础。我想，如果传统建筑风水学能够吸收建筑神经学的最新成果，去除迷信与玄想的外衣，完全可以获得新的生命；我们新一代的建筑师、设计师或者风水先生们，应该左手拿着专业的设计书籍，右手拿着现代生物学的著作。

三、环境如何影响情绪

人体有五大感受器官，即眼、耳、鼻、舌、身，它们通过视觉、听觉、嗅觉、味觉、触觉共同来感知和认识外部世界。在人体这个世界里，大脑如同总司令坐定山头，下派五大探令官四处打探情报。五官把捕捉收集到的各种信息通过神经脉冲传递给大脑，大脑产生出不同的情绪反应，得出相应的判断，再通过神经脉冲向肢体发出种种指令。

不同环境中的色彩、声音、气味、质地等元素都会对人体产生不同的感官刺激，并影响到人的情感反应。环境可以让人愉悦放松，也可能带来沮丧紧张，秘密在于，对不同的外部刺激，大脑会分泌出不同的神经化学物质和激素，以帮助人体适应不同的环境，而这些细微的激素又会对我们的情绪产生极大影响。

就视觉来说，斯腾伯格引用了南加州大学教授欧文·毕得曼（Irving Biederman）的发现："当人们看见普遍所青睐的景观，比如说一片美丽的远景、一次美丽夕阳或一片葱郁的树木，那些能够产生内啡肽的路径中的神经细胞就会变得活跃起来。这就意味着当你看着一片美丽的景色，你的大脑会自动向你提供吗啡！不仅如此，当颜色、纵深、运动等元素被添加到景色之中，越来越多的神经细胞变得活跃起来，进一步促进了内啡肽的分泌。"内啡肽是一种让人愉悦而平静的人体激素，一处风景就能触发我们的快乐中枢，我想这就是为什么我们一有机会就喜欢到户外郊游的原因吧。

听觉是人体感知世界的另一重要方式，早在人类文明的初期，人们就认识到音乐与健康的关联。古希腊人在他们治疗之神——阿斯克勒庇俄斯（Ascclepius）的神庙中用音乐来帮助病人治疗；中国的《史记·乐书论》也说："故音乐者，所以动荡血脉，通流精神而和正心也。"著名法国指挥家洛林·马泽尔（Lorin Maazel）在一次接受采访时曾说："在演奏会之前，我会被住宿、交通等问题弄得很疲惫，但当音乐会开始后，我会越来越轻松，从音乐中得到能量，演奏会结束时，我会感觉比之前更加精力充沛。”当然，这些都只是一种直观的感受，直到近年来，科学家们才开发出精细的大脑探测仪器来理解音乐与情感之间的联系。实验证明，音乐能够促使大脑的情感中心分泌出多巴胺、阿片肽、内啡肽等多种神经化学物质，这些内分泌激素对于人的情绪具有强大的影响力。

此外，嗅觉与触觉都同样会对环境进行反馈，激发我们的身体反应。年轻恋人的身体会散发出带有性激素的气味，让双方长期处于兴奋之中；哭闹的幼儿一旦得到母亲的抚摸，很快就会平静下来。对其他很多生物来讲，嗅觉与触觉还可能是他们最重要的感觉器官，比如：狗的嗅觉就特别发达，能够分辨 200 万种以上的气味；蚂蚁几乎没有大脑，只有几个神经元，却靠它两根触突的相互碰触来交换全部的信息。

当然，环境不仅会让人分泌多巴胺、内啡肽，带来快乐放松的情绪，也会释放肾上腺素、皮质醇，让人进入紧张兴奋的状态。在进化过程中，由于自然界的人和生物都处于弱肉强食的生存竞争中，面对食物时要立即发动进攻，面对危险时得赶紧逃跑，这些压力反应都需要身体迅速释放储存的能量。如果说血液是身体能量的提供者，大脑分泌的应激激素就可以说是高能的催化剂，它促使肾上腺素及皮质醇的分泌，然后通过血液循环到达各肌肉组织，让身体瞬间产生出比平时强大得多的力量。李广情急之中，一箭射穿石头；武松喝酒之后，乱拳打死老虎，都是激素的作用。但过度的应激反应也会带来副作用，造成肌肉僵硬，有很多人在突发的危险面前，就由于过度紧张而无法动弹。现代免疫学已经证明，长期处于应急的压力状态下，会损害免疫细胞对抗感染、促进愈合的能力。

中国武术内家拳有一种特殊训练法——技击桩功，它要求习练者身体不动、肌肉放松，而精神激发、自我放大。此术自古以来师徒秘密相传，却很少有人明白其中的生理学原理。以现代医学来考察，其目的就是让练习者一旦面临紧张的应敌状态时，能够迅速激发身体激肾上腺素的分泌，以获得强大的能量，同时身体肌肉又能够保持放松灵活的运动状态。

由于这种训练方法会使精神处于较大的压力状态之下，长时间的训练会对身体带来负面影响。

面对环境的变化，我们的身体会以不同的激素分泌和情绪状态来相适应，进而对我们的健康产生影响。如果我们能够了解环境中的色彩、声音、气味、质地等要素与情绪、激素、健康之间的因果联系，我们就能够在建筑环境中贯穿这样的原则，成功地营造一个健康的物理空间。

但是，我们也并只是非简单地受制于环境中的物理因素，因为我们还具有强大的精神创造力，可以无中生有地创造出一个精神的空间。这个心灵的世界能够激发我们的强烈情感，反过来刺激人体神经化学物质和激素的分泌，促进免疫系统的加速愈合。在某些时候，我们的心灵可以创造出惊人的奇迹。

四、心灵的力量

斯腾伯格在书中讲述了法国卢尔德镇的故事：一百多年前，据说圣母玛利亚在这个小镇显灵，指引一位牧羊女饮用一眼泉水，这眼神奇的泉水治愈了她和不少乡人的疾病。消息传开，越来越多的病人来此寻求奇迹，到今天，卢尔德早已成了世界级的疗愈圣地，每年有数百万的游客或病人从世界各地来到这里，从泉水和信仰中寻求疾病的康复。很多病人声称在这里发生了好转反应，而个别瞬间快速愈合的病例更加令人不可思议。里昂的伯纳德·弗朗索瓦博士（Dr. Bernard François）审查了那些被视为康复奇迹的病例，在报道中写道：“71个病例中的57个病例，临床愈合症状都是瞬间的，是一种源自内心深处的温暖、疼痛、电击式休克、短时间昏倒、振奋、宽慰式福祉的感觉。几名医生观察到了这种忘我的状态，更重要的是，受试者对他们自身的痊愈表现出了坚定的信心。”

是圣母显灵还是泉水的药用功效促成了奇迹的发生？斯腾伯格认为：由于一百多年来形成的对奇迹的强烈期盼和宗教的虔诚信仰，以及卢尔德充满友爱与关怀的整体氛围，对前来卢尔德寻求帮助的患者带来了内心的鼓舞。观察发现，所有愈合发生的时间点都与患者强烈情感经历产生的时间点相吻合，这说明情绪在整个愈合过程中扮演了及其重要的角色。

中国古代有一种“冲喜”的民间习俗，大户人家的年轻公子患上某种难以愈合的疾病，药食无效后，族人会想到为他迎娶新娘，用新婚的喜悦来冲去病灶。无疑，这造成了很多的家庭悲剧，但这一习俗的普遍流行，一定是由于发生过成功的案例，使古人直观地认识到，兴奋、喜悦等正面情绪有可能引发神奇的治疗作用。

但直到20世纪80年代，一门新兴的心理神经免疫学（Psychoneuroimmunology）才开始揭示了心理情绪与生理状况的相关联系。在有关安慰剂的实验中，科学家发现，人的心理状态能极大的影响到疾病的康复，如果我们积极乐观、满怀希望，在内心怀有坚定的信念，就有可能触发体内神经化学物质的释放，改变神经细胞的活性，激活免疫系统。

斯腾伯格举到可的松的例子。可的松是一种合成激素，它能够快速缓解因发炎而引起的疼痛和肿胀，1950年的诺贝尔化学奖就授予了发现可的松等几种激素化学结构的生化学家。她说：“可的松在人体中所发挥的作用很好地解释了卢尔德出现的奇迹康复经历。身体自身的可的松——皮质醇激素是由肾上腺素产生的；肾上腺素不仅能够在人体感到压力的时候产生皮质醇激素，而且在体验任何强烈情绪的时候都能够产生皮质醇激素。肾上腺释放的皮质醇是一种类似于可的松的强大有效的消炎药，它能够抑止免疫系统，防其攻击身体。”

目前人类难以治愈的大多数疾病都是自身免疫性疾病和炎症类疾病，激素类药物得到广泛的应用，但在某种特定的情况下，我们完全能够凭借自己的力量来战胜疾病，可以说，人体自有大药。这种大药就是人体神经化学物质和各种激素，产生药物的地方是我们的内分泌腺，促使激素分泌的是我们的大脑，而启动开关的就是我们的内心情感。

其实，中国古代的道家很早也意识到人体激素与健康的关联。道家练功冥想，试图用意念激活体内的各大关窍，其位置可以和现代科学发现的人体内分泌腺体一一吻合。一般说来，人体有松果体、脑垂体、甲状腺、胸腺、胰腺、肾上腺、性腺七大内分泌腺。具有现代医学背景的道家修炼者张绪通在《性理之道》一书中说："通过七腺系统，平衡能量水准和提高能量水准，是道学强化免疫系统的方法，通过增加能量来提高免疫系统，我们可以扭转我们现在的虚弱状态，医治自身的疾病，也可以利用高级的能量秩序来打开我们精神中心和防止衰老。"

不仅仅只有强烈的情绪能够唤醒我们身体的潜能，斯腾伯格说："科学家已经发现慈悲冥想能够改善免疫功能，富有同情心、利他主义的活动同样能够让参加活动的人达到更佳的健康状态。"正如道家所做的那样，平静安详、浑然忘我的心理状态或许能够促使体内激素的分泌达到某种平衡和谐的状态，提高人体的免疫能力。

由此看来，我们的情绪管理的确是一项重要的工作。医学博士亚瑟·布朗斯坦（Art Brownstein）在《唤醒沉睡的自愈力》（*Extraordinary Healing*）一书中说："心理是疗愈系统最强大的同盟，通过大脑和神经系统，你的心理可以对你的身体发送强大的信息，强烈影响疗愈系统的运作……你的心理活动和想法能引起你身体真正的生理反应。"

多年前，我在关于现代新儒家的学习阅读中发现了一件有趣的事情：活跃于20世纪上半叶的一帮国学和哲学大师们，他们不仅拥有精深博大的学识，寿命也大都长寿，梁漱溟、马一浮、熊十力、张君劢、冯友兰、钱穆、金岳霖、牟宗三、张岱年、季羡林等等皆高寿在八十多岁至百岁之间。这些文化大师们身处中国激烈动荡的时代，一生都经历着巨大的人生波折却能得享天年，我想，这种集体性的长寿现象应该有着某种必然的原因。

梁漱溟先生曾在自传中写道："胸中恒有一股清刚之气，使外面病邪好像无隙可乘，反之，偶尔患病，细想起来总是先由自己生命失其清明刚劲，有所疏忽而致。”有人曾询问季羡林先生的养生之道，季先生给了一个有趣的回答，他说：“我有一个三不主义：不运动，不挑食，不嘀咕。”或许这就是秘密所在，无论环境如何变迁，生活如何顺逆，这些大师们用他们的精神境界构建起了一个平衡稳定的心灵世界。

我们当然应当关注我们周围的环境，尽力为自己和家人营造出优美的物理空间，但我们还要了解，为我们遮风挡雨的不仅是水泥的建筑，重要的还有我们用信念构筑的精神空间，正如斯腾伯格在本书的最后一句所说：“拥有最强大愈合能力的地方就是我们的大脑和心灵”。

《选对好地方，汲取正能量》可以说是近年来我读到过的最精彩的书籍，在这本书里，斯腾伯格以她细腻优美的文笔，结合最新的生物医学成果，为我们讲述了一个个关于环境与健康的绝好故事。如果说阅读是一次精神的遨游，你展卷阅读，会意于心，这本身就成了一次绝好的康复之旅。

丁 东：

自由学人，问学启蒙于当代新儒家，践行汇融中西、返本开新之路径，冀以科学实证观念察照传统思辨学术，于旧学商量中涵养新知新见。现居重庆。

第一章

康复的空间：环境能致病，也能治病

在康复的过程中存在着一个转折点。当你处于这个转折点，你会感觉自己好像从黑暗走向了光明；你对这个世界重新产生了兴趣，希望也代替了绝望。当你躺在床上，你会突然开始注意窗帘上斑驳的阳光，而不是像以往那样转过头闭上眼睛。你开始注意到窗外传来的鸟鸣声，大厅里的通风系统发出的舒缓的呼呼声。你不再害怕起床，而开始像小孩子那样小心翼翼，谨言慎行，探索自己周遭的新鲜事物。食物的气味不再让你感到一阵阵恶心或反胃，而是让你感到饥饿，让你有大快朵颐的欲望。你感到床单变得清凉而舒爽——床单的触感不再像黑板上粉笔的吱吱声那样让你感到不寒而栗。你不再独自一人蜷缩在病房里，你开始乐于与护士聊天。

在这个转折点，疾病所造成的破坏力已经被愈合力所取代。从任何意义来看，它都是一个转折点——从此开始，你的意识核心不再集中于内在自我，而是集中于外部物质世界。医生和护士们都知道，如果一名患者突然开始对外在物质感兴趣，这就标志着他的病痛已经开始愈合了。相反的，我们周围的环境能否对我们造成影响呢？我们周围的空间可以帮助我们治愈病痛么？我们能否设计我们周围的环境，从而提高它们的治愈性呢？如果我们忽略了物理环境的品质，是否会在无意中导致愈合过程的延缓，甚至是让病痛进一步恶化呢？

有观点称物理空间可能有助于治疗。随后，这一观点得到了事实和科学依据的证明。针对这一问题所进行的科学研究最初于1984年发表在《科学》（*Science*）杂志上，该研究文章表明，当医院病房中有面对自然世界的窗户时，病人可以痊愈得更快。

巴扎德湾（Buzzard's Bay）上空的太阳缓缓落下，与会者们在夜幕降临时聚集在了一起。天空中闪烁着耀眼的星光，人们手里的塑料酒杯中的白色酒液似乎也映照着火光。

“看看吧，这儿有治愈的效果！”罗杰·乌尔里希（Roger Ulrich）在此美景前挥舞着他的双臂——几十艘帆船停泊在平静而又波光粼粼的海面上。他站在科德角（Cape Cod）南端的一个悬崖上，俯瞰着整个海湾。他的面前是一片一望无际的灰色盐盒式房屋：这些建筑是美国国家科学院（the National Academy of Sciences，NAS）的疗养和会议中心。2002年的8月，在美国马萨诸塞州（Massachusetts）伍兹霍尔（Woods Hole）的老捕鲸村（the old whaling village）附近，美国建筑师协会（the American Institute of Architects，AIA）的研究主任约翰·埃伯哈德（John Eberhard）组织举办了一场科学家和建筑师的合作研讨会，以探索建筑学与神经科学之间的关系。这也是后来的美国建筑神经科学协会（the Academy of Neuroscience for Architecture，ANFA）举办的第一次研讨会。

乌尔里希那轻松的神态和孩子气的脸庞总是会让人忘记他是建筑神经科学方面的权威人物。他不会做出轻率的评论或是进行随意的猜测。他在1984年提出了里程碑式的研究结论，他证明了窗户可能影响身体的愈合能力。此时，他正在回到这个问题：是什么启发了他进行该项研究？

“这看起来似乎只是一个常识问题，”他说，“患者们已经存在，他们的各项身体指标受到了监控——根据心脏律、心电图、血压、体温——

或者是其他任何你可以想象的东西。因此，我们运用这些数字来衡量窗户能否对愈合效果产生影响。我们验证了它。而它确实对人体的治愈能力产生了积极的影响。”

他调查了1972年-1982年间在宾夕法尼亚州（Pennsylvania）的郊外医院接受胆囊手术的患者们的住院记录。他选择了46个病例，其中有30名女性患者，16名男性患者。这些患者的病床紧邻着窗户，有的病房窗户外是一片小树林，有的则是砖墙。一半的病人可以透过窗户看到自然风光，而另一半人则看不到。

乌尔里希记录了每个病人的生命体征和各项生命指标，包括用药剂量、使用的止痛药类型和住院时间长短。他发现能够在病床窗外看到小树林的病人比看到砖墙的病人的康复时间快了整整一天。不仅如此，能够看到自然风景的病人所使用的中浓度或者高浓度止痛药的剂量更少。这些数据充满了戏剧性。而且，从统计学的角度来看，它们也具有相当程度的显著性。乌尔里希之所以会选择46名患者作为研究对象，是因为他尝试着控制那些可能会影响研究结果的变量，比如说年龄、性别、患者是否吸烟、他们以前住院治疗的情况、他们接受手术的情况，甚至是他们的病房位于第几层。每两个患者——一个可以看到自然风景，另一个只能看到砖墙——都会接受相同的护士的专业护理，因此，护理上的差异并非导致康复时间不同的原因。那些对此研究结果持怀疑态度的人也不得不坐下来好好观察乌尔里希的实验结论。

自然环境对于愈合能力具有十分重要的作用，这一概念已经流传了数千年——早在古典时代，象征着希腊治愈之神的阿斯克勒庇俄斯（Asclepius）神庙就被建在了远离城镇喧嚣、可以俯瞰大海的高山之上。直到20世纪后期，最优秀的医院才开始引进最先进的医疗设备。医院拥有了更多的扫描仪和X射线设备，能够进行更多的脑电图和心电图测试，能够进行更为复杂的血液和尿液的生化检测，能够提供更加先进的医疗服务。通常，医院的物理空间似乎意味着医疗设备的优化，而非优化对病人的护理水平。在20世纪70年代早期，人们可以发现医院里最早安装空调设备的部门是放射科，因为这些精密的仪器无法在炎热的夏季正常运作。20世纪中叶以来，人们对于医疗技术的依赖和敬畏正在逐渐增加，而病人的舒适感在某种意义上受到了排挤，医院周围的环境也往往被人们所忽视。医院的规划者们总是想当然地认为病人能够适应技术的需求，而不是从相反的角度看待这一问题。这种观念是在什么时候形成的呢？为什么关注的重点从病人变成了疾病本身，从愈合变成了诊断和治疗呢？

在19世纪，医院都建有大型窗户，甚至是天窗。尽管在强大的电能光源得到完善之前，这样做是为了提高医院内部的能见度，但这样做也能够帮助患者康复。诊所和医院在每个病房朝南的方向修建了大型窗户，在每个病房的末端修建了日光浴室，旨在最大程度上利用现有的阳光。甚至是"日光浴室"（它指的是一个房间，病人可以坐在这间房间里，吸收自然光线中的健康射线）这个词也来源于拉丁语中"太阳（sol）"一词。

19世纪末20世纪初，太阳光有助于治愈的观念开始变得非常盛行。在抗生素的研究成果得到发展之前，人们视各种传染性疾病为洪水猛兽，尤其是肺结核。日光照射和开窗换气被认为是净化空气的最佳手段。1860年，弗洛伦斯·南丁格尔（Florence Nightingale）写道：黑暗的房间对健康有害，而阳光明媚的房间对健康有益。宽敞明亮、通风良好的房间后来被人们认为是"弗洛伦斯·南丁格尔"式病房的标志。1877年，一份向位于伦敦（London）的英国皇家学会（the Royal Society）提交的文件指出，阳光可以杀死细菌。1903年，奥古斯特·罗莱尔（Auguste Rollier）医生在瑞士阿尔卑斯山脉（Alps）上创建了一家阳光诊所。这一建筑可能给20世纪20年代和30年代的现代主义建筑师带来了灵感，引领他们设计了一大批能够充分利用阳光的住宅和医院。

罗杰·乌尔里希在1984年提出的研究结论延续了这一传统观念，

并且为人们带来了额外的收获。他想要研究自然风景是否有助于平静情绪，减少住院环境的压力能否提升身体的健康水平。他的思想建立在拥有悠久历史传统的现代建筑学之上，这种现代建筑学主张将建筑学、健康和自然密切地关联在一起。类似于弗兰克·劳埃德·赖特（Frank Lloyd Wright）的大草原学派建筑师以及类似于理查德·努特拉（Richard Neutra）和阿尔瓦·阿尔托（Alvar Aalto）的现代主义设计师所设计的建筑物似乎产生于自然景观之中。在努特拉所设计的建筑结构之中，玻璃幕墙似乎融化消失，室内空间合并在一起，从而与室外空间连接得天衣无缝。

无论是阿尔托还是努特拉都十分清楚精心设计的建筑构造对健康有益，也明确知道自然和自然景观对于健康和康复的重要性。这个概念被运用到19世纪和20世纪初期的结核病疗养院中，那时人们还没有开始使用抗生素。感染了肺结核的病人被送往位于高山之上的医院中，人们希望山上的清新空气可以杀死那些传染性病毒。当然这些医院还有一个意想不到的优势，那就是它们都坐落于美丽而与世隔绝的自然景观之中。

事实上，阿尔瓦· 阿尔托所设计的，并于1929年-1932年建造在他的家乡芬兰小镇拜米欧（Paimio）的结核病疗养院，后来成为了所有医院的建造标准。它为病人提供了明亮的房间，房间窗户朝南，窗外可以看到一整片松树林。疗养院中的休息室也十分明亮，通过休息室里的一大片玻璃墙可以看到窗外美丽的森林美景。阿尔托细心地确保医院周围的环境保持愉快而宁静。他甚至在设计家具的时候也将病人的舒适感考虑其中，他设计了背部倾斜圆滑的夹层木“拜米欧式”椅子，以此帮助病人缓解呼吸上的压力。

尽管理查德·努特拉钦佩并效仿了弗兰克·劳埃德·赖特将建筑融入自然环境中的设计方式，但是他在某种意义上也超越了赖特。他采用钢筋混凝土与玻璃墙来作为建筑材料，以此让建筑物内部变得更加明亮，空气更加流通，同时也让户内外的差异变得更小。他在洛杉矶（Los Angeles）设计的“洛弗尔健康之家”——即他为《洛杉矶时代杂志》（*Los Angeles Times*）健康专栏作家菲利普·洛弗尔（Philip Lovell）医生和他的妻子李（Lea）所设计的房屋——符合了这对夫妇对于健康所持有的信念。在这幢房屋的任何方向，都可以看到自然风光。

虽然这些现代主义建筑师以健康与设计之间的理论联系为基础完成了建筑作品设计，但是罗杰·乌尔里希是第一个实际测量环境对病人的愈合过程所产生的影响的人。在伍兹霍尔会议上所提出的问题，不仅仅是窗户和自然风景能否帮助患者愈合，而是愈合机制是如何运作的。窗户和窗户外的自然风景激活了哪种大脑神经通路？而它又是如何对免疫系统及其康复过程产生影响的呢？

约翰·埃伯哈德在举办会议的时候已经超过75岁了，他是一个让人捉摸不透的人。他曾经担任许多重要职务，其中包括了卡耐基梅隆大学（Carnegie Mellon University）的建筑系主任。他从一个白人新教教徒掌控着建筑设计的职权范围的时代中脱颖而出。在那个时代，即便是世界著名的建筑师弗兰克·盖瑞（Frank Gehry）也为了出人头地而在妻子的劝说下将姓氏改为了戈德堡（Goldberg）。也许正是因为他的身世，他无时无刻不流露出权威之感。他是一名善于挥舞权利的人，他要求尽可能快地取得成果，有时甚至要求他的下属含着泪也要把事情做好。但是，在他严厉的外表之下还藏有温柔的一面。当他谈论到他的遗产和他为自己钟爱的建筑领域所设计的蓝图时，他几乎落下了眼泪。他博览群书，兴趣广泛，还是一名天才艺术家，可以快速地、细致地完成建筑物素描。而在此刻，最能引起他的兴趣的就是神经科学领域。

在2002年，埃伯哈德作为美国建筑师协会的研究部主任的头衔显得有一些矛盾，因为那时美国建筑师协会正处于探索自身角色定位的阶段。它的首要任务应该是制定和维护建筑的最高标准，而不是对研究活动进行监督或支持。但是，美国建筑师协会赋予了CEO（首席执行长官）为“知识社区”设置优先管理方案的权利，其中包含了与医院、教堂、学校、科技院和科学设施有关的建筑物。诺曼·昆斯（Norman Koonce），时任美国建筑师协会 CEO，是一名来自路易斯安那州（Lousiana）的博学而亲切的绅士。长期以来，他就对建筑物如何丰富人类的生活经验产生了浓厚的兴趣。事实上，他招募埃伯哈德的部分原因就是为了实现他心中的目标。研究建筑物与神经科学之间的关联是实现目标的理想途径，因此昆斯乐于支持研究，以便探索这两个截然不同的领域是如何相互影响的。在伍兹霍尔举办的研讨会将建筑师、神经学家和心理学家汇聚一堂，他们的专业知识让他们得以跨越压力研究、视觉感知和环境心理学等多个领域。

如果他们能够理解物理环境是如何影响人的情绪以及建筑构造所引起的情绪波动如何影响人类身体健康，那么他们就可以在进行建筑设计的时候将影响人体健康的因素考虑在内。也许当建筑师尝试说服客户选择更大的窗户和更多的自然景观的时候，他们能够拥有更为客观的理由。也许“绿色”建筑设计将不仅仅有利于人体健康，而且有利于整个地球的健康发展。

在 1954 年出版的《生存设计》（*Survival through Design*）中，理查德·努特拉写道：“如果我们对人类的身体机制有明确的了解，并掌握外界自然物质对身体机制所产生的影响，那么毫无疑问，设计师们就可以将这些信息牢记于胸。”那个阶段，神经科学和免疫学尚未发展到足够的高度来辅助设计师进行建筑设计。现在，它们已经发展到足够的高度。而这正是伍兹霍尔会议所讨论的重点问题：如何利用这些学科知识来探索神经科学与建筑学领域的关系，并以此达到促进病患愈合的效果。

各领域的学者在和睦的气氛中做出了决定，像罗杰·乌尔里希这样的环境心理学家也对会议决定表示了赞同。几十年来，心理学家一直致力于研究物理空间对于人类情绪、解决问题的方式和生产力所产生的各种影响。但在科学界中，心理学家们所采取的研究方法大多基于对参与者的调查问卷的统计，这种调查方式被更重视生物导向的研究者称为“软科学”。对建筑师而言，这种研究方法毫无新意，因为他们早已知道这些调查结果所提供的讯息。尽管如此，研究会提供了一个交流各种思想看法的论坛——它为各个领域的学者提供了一个研究机会，以此研究大脑对建筑环境做出了怎样的回应、物理环境如何促进身体健康、生产能源和创造性思维的发展。

在伍兹霍尔召开了一系列介绍性讲座之后，与会者分成了几个工作小组，每个小组由一名神经科学家和一名建筑师共同主持。罗杰·乌尔里希主持了“窗户”小组。这些小组又集思广益，分出若干更小的议题加以讨论。“窗户”小组花时间自由推断窗户是如何促进身体愈合的，并思考用什么方法对这些学科进行测量。窗外的景色为什么会影响愈合的过程，以及它是如何对愈合过程产生影响的？是因为它提供了更多的自然光，还是更多的气流？是因为它能够带来大自然的声音，还是气味？是因为它更能够让人体感知到日夜交替的节奏，还是因为它分散了成日在病床上过着乏味的生活的病人们的注意力？

首先行动的是小组中的建筑师们。他们能够测量光的强度、波长和颜色、温度，空气对流度以及窗口处的视线范围。他们用可以测量微小细节的精密仪器仔细研究了上述定量，将物理空间中的每一个可以想象的特征进行了量化。这些定量数据能够帮助研究者们设计一套研究方案来测量和控制这些变量，从而分析出用哪种因素或者是哪些因素才能够解释“窗户效应”。

随后开始行动的是神经科学家们。当病人观看风景的时候，神经科学家们可以对病人大脑中的兴奋区域进行监测。他们可以测量类似于压力、松弛等生理反应。他们可以测量唾液中的压力激素的变化，也可以测量心脏心率和呼吸的变化。他们也能够测量一般健康指标，比如说免疫反应、指定药物所使用的剂量以及住院时间长短。

该小组的结论是将神经科学、建筑学和工程学结合在一起可以组成最先进的工具，利用这种工具，人们可以剖析和衡量患者周围的物理环境的每一个功能，以及这些外界因素所产生的刺激是如何被患者的大脑和身体所接收的。随后，研究人员能够识别物理环境中的要素，以此帮助患者促进身体的康复。

但是，这一切真的能够实现么？从物理环境中分离出有助于康复的一个要素或几个要素的想法真的可行么？或者是它将转变成为某些无形的物质——这种物质能够让有的地方变得有助于康复，将另外的地方变得对康复有害？也许，最重要的一点就是窗口提供了一个门户——它能够让患者逃离现实中可怕而痛苦的疾病，或者是窗口能够让患者回想起一段美好的时光和一个美好的地方。也许，窗户之所以能够发挥其功效，是因为它能够让患者进入某种冥想的空间——这种冥想不仅能够带来娱乐，还能带来宽慰。而宽慰能够帮助患者复原，依靠从大脑流经身体各处的有益化学物质，将疾病转变成健康。该小组认为，上述假设都有可能是合理的，而研究能够确定究竟哪些因素真正有效。

伍兹霍尔的与会者决非首先提倡将神经科学与建筑学结合在一起来解决这些问题的人。一个新兴领域决不会因为几个人的努力就出现，它还需要有远见、有勇气、有毅力的人来创建它、支持它。一个新兴领域通常在数年、数十年的知识积累后才能产生，当然在某些时候知识的积累会成倍增长。即便如此，一个新兴领域的产生还得益于千百年来的隐性知识积累，人们对其所持有的疑问也在大众文化中流传已久。

有观点认为，直到20世纪末期，科学家们逐渐发现大脑和免疫系统之间的关联对于维持健康是必不可少的因素，他们才可以用科学术语调查研究那些能够对健康产生影响的物理环境。在关于身心之间联系的理解中隐含着一种假设，即物理环境能够让心灵放松，对身体健康有益，而那些负面情绪则会导致疾病的产生。如果能够阐明大脑是如何感知物理空间，我们是如何记忆和浏览我们周围的世界，以及这些因素是如何对我们的情绪产生影响的，那么，那些通过设计物理空间来研究大脑对物理空间所作出的反应的人就能够为一个全新的领域奠定基础，从而获得显著的进步。神经科学家和建筑师共同努力协作所获得的智慧财产并非全新的收获。从科学家们第一次研究大脑的那一天起，建筑师们就在绘制大脑和它那神秘的结构中发挥了突出的作用。

英国建筑师克里斯托弗·韦恩爵士（Sir Christopher Wren）在四个世纪以前设计建造了圣保罗大教堂（St. Paul's Cathedral），他还设计了400余级穿过圣保罗大教堂穹顶的阶梯。攀登完所有的阶梯，你可以到达围绕在圆顶内部的狭窄阳台，它就在距离顶部半中央的位置上。这就是所谓的回音壁：因为即便是两个人站在巨大的空间中的两侧用低语进行交谈，他们所说的每一个字仍然清晰明了。到圆顶参观的小孩子们总是快乐地尝试着回音壁的声音效果。

但是，韦恩爵士建造的圣保罗大教堂并不是为了让人们玩游戏。他创建了它，许多周围的教堂——伦敦人把它们称为“韦恩的信徒”——也用它来取代在1666年的伦敦大火中摧毁的建筑结构。如果你在唱诗班练习的时候到大教堂中徜徉，你可能会听到如水晶般清透的男高音在回音壁与圆顶最顶端的地方之间环绕——这种声音是如此的清晰，以至于无论你站在教堂中的什么地方，你都会觉得歌唱者就在你身边唱歌，而这是在没有麦克风或扩音器的情况下也能够达到的效果。当你置身于这广阔的空间之中，你会感到敬畏感和平和感，而这正是韦恩设计圆顶的初衷。

从圣保罗教堂向西走，经过法院和圣殿关（Temple Bar）法律办公室的沉稳的石头建筑，你很快就能够到达牛津街（Oxford Street）上最繁华的购物区。陈列着来自世界各地的商品的橱窗吸引着你的目光。沿着牛津街往前走，经过牛津环（Oxford Circus），在卡文迪什广场

（Cavendish Square）上慢跑一番，然后你就会到达英国皇家医学会（the Royal Society of Medicine），英国皇家医学会的部分建筑的建造时间与韦恩建造圣保罗大教堂的时间相当。托马斯·威利斯爵士（Sir Thomas Willis）是英国皇家医学会的创始人之一，他是一名解剖学家，他绘制的复杂而精细的大脑图画在1664年得到出版，他首次向世人展示了大脑的内部构造。在威利斯打开尸体的头颅并解剖其内部构造之前，医生和科学家们对大脑的内部构造没有任何的概念，对大脑真正的作用更是知之甚少。直到今天，医学专业的学生们仍然知道威利斯的名字是因为他与大脑底部供给营养的血管环有着密切的联系——这种血管环被称为“大脑动脉环（Circle of Willis）”。这组动脉看起来不太重要，但它的任何一个分支的破裂几乎可以导致人体瞬间死亡，这是因为它与大脑区域如此接近，并且为这个重要的器官提供着能量。

类似于此的解剖学知识帮助人们构造了现代医学知识体系——人们意识到解剖学异常可能导致疾病的产生。要发现这一原理，解剖学家们首先必须准确地绘制出人体解剖图案。为了完成这一任务，他们解剖尸体（通常是从墓地中偷来的尸体）并仔细地绘制了他们所看到的人体构造。他们拥有的开颅工具仅有钢锯、锤子和凿子。在完成了开颅工作之后，他们所使用的解剖脆弱的大脑组织的工具仅有最简单的刀、剪刀和镊子。然而，威利斯仍然完成了如此详细、如此精确、如此精雕细琢的大脑图画，直到今天，人们仍然把这些图画当做指南来研究大脑中的每一个角落。

威利斯的论文《脑的解剖》（*Cerebri Anatome*）改变了整个医学界，书中提供了各个角度的大脑图案：大脑的上面和下面，前面、后面和侧面，以及每个部位的剖面图。这些插图——被清晰地雕刻，并印刷在了折叠式厚布浆纸上——页面上使用了拉丁文进行标注。如果你到英国皇家医学会图书馆参观，你可以要求阅读这一册书，带上白色棉质手套，在你空闲的时间中翻阅它。在这本书的最前面，你会有一个惊奇的发现，威利斯特地用拉丁文进行标注：本书的插图画家之一就是克里斯托弗·韦恩爵士。

威利斯和韦恩是朋友也是同事。在那个时候，学者们并非固守在自己的学科范围之中，他们也常常涉足其他专业领域。韦恩在最初的时候是一名解剖学家，他痴迷于人体结构。只是后来他发现他对建筑学也拥有浓厚的兴趣。当然，在建筑学实践和解剖学实践之间存在着许多相似之处。它们都需要一种从三维空间角度设想物质结构的能力，然后将它在纸上以二维的方式呈现出来，这样那些缺乏空间想象能力的人就能够理解这种内部构造。它们都需要一种在想象中旋转客体的能力，以便从不同的剖面来观察客体。正是基于这个原因，当威利斯需要将他所看到的图像绘制下来的时候，他向身为建筑师的韦恩寻求了帮助。

韦恩自身在解剖学方面也拥有超乎常人的能力，当然他还有创造性的头脑。他曾帮助他人开发了一种在动脉中注入墨水的技术，以便研究血流量。威利斯和韦恩共同完成了注入、切割工作，并将血管从脑组织中分离出来，从而明确地区分每一个微小的结构，这样韦恩才能够运用其艺术手段将这些构造呈现在白纸之上。

当这些卓越的艺术科学家在世的时候，要认识到颅骨内的器官是如何影响人类的思维和感觉似乎还是不可能的。然而，人们已逐渐认识到大脑在人体的这些活动中发挥着核心作用。在《脑的解剖》出版前20年，法国哲学家勒内·笛卡尔（René Descartes）绘制了一幅草图，在这幅草图中，观察者用眼睛看到某种事物，然后通过大脑让手臂动起来。这幅草图可能是第一幅明确显示了大脑从周围的环境接收感觉输入，然后通过某种神秘的方式让身体运动起来的图画。

现在，距离笛卡尔完成他的基础绘图、克里斯托弗·韦恩设计他那宏伟的大教堂并为托马斯·威利斯爵士的书绘制插图已经有四个世纪之久，事实上利用现代科学工具，我们可以清楚地知道我们的感觉器官如何从我们周围的环境接收信号，以及大脑中的细胞和分子如何将这些信号转变成为一种感知能力，从而使我们能够感知和接触周围的世界。当我们对周围环境所作出的反应可能会反过来影响体内那些能够帮助我们康复的免疫系统，我们就可以辨别大脑是如何产生这些神经化学物质的。如果没有打破头骨那一步，我们就无法完成这一切。

通过使用磁场检测仪器、放射仪器或者光学仪器，同时利用现代影像工具，我们可以在不接触大脑的情况下从任何角度观察大脑的切片图。我们可以认识到大脑中的各个不同部分是如何在一起工作的，大脑中心是如何产生和控制情感并与大脑的其他部分相互作用共同促成思想和记忆的产生。利用现代生物化学技术、细胞生物学和分子生物学，我们可以逐步认识到我们通过感官所感知到的周围环境中的元素是如何刺激大脑中的不同区域，从而促成敬畏、恐惧、平和、舒适等不同感觉的产生。

利用这些新兴技术，我们可以证明我们的生存空间——整个世界环境——在我们巩固记忆的过程中发挥着十分重要的作用。当我们身体不舒服的时候，我们可以测量免疫系统如何释放分子改变我们记忆环境和空间的能力。尤其是当我们生病的时候，我们可以认识到这些分子是如何改变我们的情绪。最终，当我们再次进入某个能够唤起某种特定情绪的空间时，我们就能够认识到情感记忆可以促进力量的恢复，改变大脑中的荷尔蒙与神经化学物质的含量，从而促进或阻碍我们的康复过程。

为了了解上述步骤是如何产生的，我们首先必须掌握愈合是什么，空间又意味着什么。如果说疾病和健康是名词，那么愈合就是动词。它是一种朝着预期方向进展的运动——它是一场带领你远离疾病走向健康的旅程。正如身体中存在着许多不同的细胞和器官，能够影响它们的疾病和治愈方式也多种多样，但正是它们使身体处于一个平衡的状态。事实上，愈合每时每刻都存在——每一天，每一刻，愈合的微小分子都在发挥着功效。我们得以生存的现实意义就是我们的每一个动作、我们接触到的每一个刺激都可能给我们造成冲击或伤害。伤口愈合的失败最终意味着死亡的到来。这就像是当你走上一个自动向下的扶梯，为了保证自己停留在相同的位置，你必须不断朝扶梯上方行走。健康状态就是那个位置，而愈合就是你为了保持健康而不断付出的努力。

愈合存在于身体中的不同部位。不难想象患病的肝部、心脏或肺部逐步从患病状态转变为健康状态，即便是它在患病时长满了瘢痕、脂肪沉积或是传染性脓包。感染渐次清除，脂肪逐一溶解，瘢痕缓慢萎缩，器官又恢复到了完全正常的状态。大脑是否也会遇到同样的问题呢？大脑也有可能长满肿瘤、血块或是炎症，而这些问题同样可以得到解决。当然还有心理上的疾病——这种疾病与我们的思想和情绪有关。这些疾病同样可以得到治愈。在类似的康复过程中，大脑产生的化学物质和大脑细胞能够帮助它们达到一种平衡的状态。

大脑细胞和大脑所产生的化学物质是如何促使思想和情绪的产生的？这个过程正是我们所不能理解的。我们所知道的是，促使情绪和情绪失衡产生的神经化学物质和细胞，与我们对周围环境的看法之间存在着复杂的关系。我们以自身感官所接收的信息为基础在脑海中构思出某个特定地点的印象，它们在某个地方（实际上是大脑中的许多地方）以某种方式结合在一起，从而产生了我们对某个地点的印象。正如愈合是一个持续不断的过程，我们对地点的印象也在不断改变。我们对某个地方的看法不仅仅因为类似于自身的地理位置、天气情况和具体时间这些空间物理元素的改变而改变，我们的心情和健康状况也同样影响着我们的看法。我们不断在头脑中创造和再创造自己对身处的某个地点的看法，这一切取决于当前的情况和我们的记忆上的变化。

设想一名结婚多年的妇人在最近丧失了配偶。她来到了一个度假胜地，当她的丈夫身体健康的时候，她和丈夫每年都到这里度假。在丈夫生命的最后几年，他的健康水平每况愈下，导致他们无法再到这个地方旅行；而在丈夫去世后的几个月，她沉浸在悲伤之中无法自拔；直到现在，丈夫去世后的一年，她又回到了这个地方。她渴望重游那家小小的餐馆，因为她和丈夫过去常常到那里用餐。尽管那家餐馆装潢简陋且十分狭小，通常只有当地人才会在那里用餐。在过去，他们在每个夜晚都来到那家餐馆享用简单的晚餐——用特殊香料烤制的大明虾是丈夫的最爱。他们也有最喜爱的服务员，他总是为他们选择并展示最新鲜的海产，他让主厨烹制的料理也正好符合他们的口味。餐馆离她现在居住的地方很远，但是她不得不去那里，记忆和渴望驱使她去重温以前的时光。她记不清饭店确切的位置是哪里，因为从前他们总是从旅馆步行到那里。而现在，当出租车穿过蜿蜒、黑暗而又狭窄的街道，她认出了餐馆周围的建筑。带着一丝兴奋与不安，她最终看见了餐厅的雨篷和从餐厅里洒落到街道上的微弱灯光。餐馆没有窗户，甚至没有门，它仅凭一道开放式墙壁便将其与街道分隔开来，餐馆中的玻璃冷柜里装满了刚从海湾上捕捉到的新鲜的鱼、螃蟹、明虾和章鱼。她略带惶恐地走出计程车，上前与那名服务员打招呼，服务员立即认出了她。在同一瞬间，他注意到她的丈夫没有与她一同前来。他们拥抱在一起，留下了悲伤的眼泪，这让她回忆起了丈夫在世的美好时光和失去他的悲伤心境。服务员把她安排在了她与丈夫以前最喜欢的餐桌上。她环顾餐馆四周，心中百感交集——与丈夫一同在这里拥有的欢乐回忆夹杂着当下悲伤心情。无论是光线、气味，还是声音都与过去一模一样。前一刻，她回忆起过去的美好时光并沉浸其中；而下一刻，她意识到丈夫已然离世，不禁流下眼泪。但再次来到这家餐馆带给她的还有安慰。她内心中翻滚的情绪正在帮助她走出丧夫之痛，让她重新回到正常的生活轨迹之中。

在大脑和心灵这个层次上，愈合和物理空间相互作用。愈合有节奏和循环性。有的疾病停止发展，而有的疾病刚刚开始；有的疾病正处于逐步愈合的过程中，而有的疾病已经痊愈。作为改善机体突发性状况的后备步骤，痊愈的过程通常让人觉得缓慢而痛苦。想象一下罗杰·乌尔里希的一位胆囊疾病患者在窗户边的病床上清醒之前经历了些什么样的痛苦。

在手术室中，外科医生在手术灯的强光照射下快速而仔细地用手术刀切开了皮肤。医生划了坚定的一刀，刀片划过了皮肤表层，划开了黄白色脂肪的最底层，到达腹部肌肉所在的位置。接下来的一刀划开了肌肉层，露出了肝脏上方的腹腔。在20世纪80年代，当乌尔里希进行研究的时候，切口足有几英寸长，因为这样才能够暴露出肝脏那闪闪发光的红褐色表面。而现在的切口则不足一英寸，它的大小只需刚够插入一种光学装置——有放大作用的摄像头——外科医生可以通过它进行观察。一旦胆囊变得像一个装满了鹅卵石的绿色气球，它将从肉柄处被切除然后移出体外，随后医生对患者的肌肉层、脂肪层和表层皮肤进行伤口缝合。

这些切割行为会让机体开始一系列的活动，这些活动会让人体内的能量集中在“愈合伤口”这个唯一的目标上。机体恢复的过程通常比较混乱，当类似于感染的并发症出现的时候它就会变得更加混乱。

人体的免疫系统提供了愈合机制。免疫系统中有许多不同种类的免疫细胞，它们就像是舞台上精心编排的演员那样清楚地掌握了自己的台词和位置，它们有着其特殊的功能和作用。当医生的手术刀切过皮肤和皮下组织，它也切断了血管。尽管这些刀片锋利而干净，仍然不可避免地杀死了皮肤表层紧密连接在一起的细胞。当细胞死亡，它们会释放出胞内物质，其中包含了能够将其他细胞召唤过来的化学物质。它们召唤的细胞是被称为单核白血球的不规则球状白血细胞。单核白血球通过血液流动到达死亡细胞处。现在它们不再随着血液的流动而沉浮，而是开始呈现出不同的形状，并与血管内表面碰撞。由于它们不断地滚动、碰撞，在它们的表面产生了蛋白质使其粘连在血管壁上。随后，它们就像远古时代的鱼类第一次踏上陆地那样进一步改变了自己的形状。它们的表面像足迹一般一点一点地伸展开来，并开始缓慢地移动和渗入，它们沿着血管修复细胞之间的裂缝，随后再使血管恢复如初。它们所利用的这种脚状增生被称为伪足，死亡细胞释放出的化学物质气息能够使它们移动并穿过血管下方的组织，直达伤口所在的位置。

单核白血球表面分泌出的能够促使其移动的物质是被称为“趋化因子（chemokines）”的蛋白质——这个词语来源于希腊词语，意味着“化学的”和“运动的”，字面意思为“能够使细胞移动的化学物质”。这些分子拥有召唤细胞的神奇力量，它们对于人体“护卫”吞噬细胞（意味着具有积极摄食作用的血细胞）来说是至关重要的。吞噬细胞当然能够以其自己的方法消化外来物质。单核白血球一旦被激活并开始在组织中移动，就变成了巨噬细胞，并开始吞噬它在移动过程中所遇到的碎片。它伸出的触角抓住并吞噬了其在移动过程中接触到的死细胞和外来物质。你可以在显微镜上实时观察到这戏剧性的一幕，你甚至可以使用微小的乳胶珠给这些细胞喂食。它们会将这些乳胶珠包裹起来，直到它们膨胀、爆裂。当它们吞噬了死细胞或外来物质，它们将其吸收到细胞质内部微小气泡中的酶池里——即细胞内部的液体。这些气泡被称为溶菌酶，一旦它的内部液体溢出，它所释放的化学物质会破坏周围的组织。事实上，这正是外科医生的手术刀划破细胞的时候所发生的现象。但如果酶安全地停留在皮肤内部的皮肤里——即停留在吞噬细胞中的溶菌酶内部——它们便成为了细胞的垃圾处理中心。它们迅速地将碎片分解为蛋白质，将蛋白质拆成一些零碎的物质，然后再将这些零碎的物质拆分为能够构成蛋白质的分子构建模块（氨基酸）。按照这样的方式，死细胞和垂死的组织得到了分解、回收和清除，为下一阶段的机体愈合做好了准备。

新生的细胞汇集在这个位置中——这些细胞的任务是填补空洞，将伤口的边缘粘合在一起。这些细胞被称为纤维细胞，它们能够产生一种被称为胶原蛋白的胶状蛋白质。胶原蛋白能够将细胞按规律紧密地结合在一起，从而创建皮肤组织、肌腱组织、脂肪组织和肌肉组织。胶原蛋白能够使我们的肌肤保持水嫩、紧致有弹性。它也是疤痕产生的原因。

在所有活动中，其他细胞的到来是为了防止伤口感染。这些细胞就是淋巴细胞，淋巴细胞有许多不同的种类。它们能够产生抗体，攻击病毒，抵御细菌的侵害。每个淋巴细胞在完成自己的使命的同时还会成长和分裂，因此在伤口处聚集了许多各种类型的细胞，它们推进了愈合的进程。在伤口愈合处所进行的活动导致了发红、发热、肿胀以及疼痛感。到后来，一个疤痕便产生了。

这一切活动所消耗的时间长短是可以预测的。虽然你只接受了一个非常轻微的手术——比如说，将你鼻子上的痣摘除——但是当你回家的时候你将得到一份说明书，它告知你什么时候才能够拆除外面的加压包扎（通常在 24 ～ 48 小时之后）；你在什么时候才可以清洗脸颊或是头发（通常在 5-7 日之后）；你在什么时候应该回到医院并拆除缝线（通常在 7-10 天之内）。医生能够如此准确地预测康复的每一步的原因是愈合过程通常遵循一套时间表。

愈合的速度很难被提升，但它可能受到阻碍——通过药物、感染，甚至是压力。如果你的父亲患上了阿尔茨海默氏症（Alzheimer’s disease，老年痴呆症），而你是他的主要看护人，你每一天都反反复复地觉得非常伤心。尽管他仍然是你这一生中最熟悉的男人，但现在他的身体只是一个躯壳。随着时间无情地推移，你能够从他的脸庞上找到的属于他的个性特点也越来越少。你担心他的健康状况，你担心他变得越来越神游天外，你担心他攻击那些尝试着帮助他的人。你变得睡眠不足，忽冷忽热，你每一天每一刻都觉得非常疲惫。你感到非常沮丧，也失去了食欲。这所有的一切会影响你的免疫系统和免疫系统的愈合能力。

环境同样能够影响愈合能力。如果你居住在黑暗、狭窄、拥挤而充满了噪音的角落，你会倍感压力。如果你被孤立，远离了你的家人和朋友，你也会倍感压力。在这些情况下，你的免疫系统受到了重压，愈合过程变得缓慢。无论你是在生病的过程中还是在康复的过程中，你周围的物理环境能够改变你的感觉，从而改变你的康复速度。在上述的所有情况中，大脑和免疫系统之间的沟通是极其关键的。免疫细胞在感染过程中所释放出的分子除了能够产生新的细胞、提升抵御细菌的能力之外，还能够影响大脑，改变大脑的运作方式。我们在生病的时候，免疫分子对我们造成的一个影响是它抹去了我们对周围环境所拥有的记忆。侧重于感知的那一部分大脑和内部器官变得更加活跃，而侧重于外部世界的那一部分则暂停发挥其功效。因此我们变得对胃、咽喉或者肺这一类内部器官所释放出的信号极其敏感，并且能够更加敏锐地感觉到每一次呼吸或刺痛，而对自身之外的其他物质丧失了兴趣。

反过来，大脑将自己的信号传送给免疫细胞——激素和神经化学物质可以调整免疫细胞抵御疾病的能力。有许多物质能够对大脑造成影响，从而促使大脑释放这些化学信号。在这个过程中，我们周围的环境发挥着重要的作用。世界中的光亮与黑暗、声音与气味、温度与触觉等特性，通过我们的感官进入大脑，触发大脑中的情感中心，从而使我们的身体产生反应，影响我们如何去看待周围的世界。这些情感中心释放出的神经化学物质和激素，能够改变免疫细胞抵御疾病的能力。反过来，正是通过这种沟通方式，我们在生病的时候对空间和环境的意识才发生了改变，伤口在开始愈合的时候也发生了改变。

我们还没有完全理解窗户是如何影响愈合能力的。窗户的作用可能源于窗户提供的光线，病人通过窗户看到的色彩、听到的声音和闻到的气味。或是因为它能够让病人从无聊中解放出来——也有可能是由于上述的部分原因或全部原因，这因个人经历的不同而不同。但值得注意的是，神经科学、免疫学、心理学、建筑学和工程学领域中的学者和实际工作者已经达成了共识，他们愿意彼此交谈并相互学习。通过这样做，他们更容易找到环境对康复造成影响的原因。

免疫学家和病毒学家乔纳斯·索尔克（Jonas Salk）凭借其根据自身经验所做出的请求和伍兹霍尔那鼓舞人心的自然风光，将专家们聚集在了那里。在20世纪50年代，当索尔克在他那位于匹兹堡（Pittsburgh）的地下实验室中致力于研究脊髓灰质炎疫苗的时候，他陷入了僵局。他感到沮丧而意志消沉，决定到意大利的阿西西（Assisi）小镇度假。他在阿西西镇的美丽风光和灵性光环中获得了灵感，找到了解决问题的方案。他匆匆忙忙地赶回了他的实验室，创造了他的疫苗。现在，这种疫苗已经挽救了无数人的生命。

索尔克并没有获得诺贝尔奖，甚至没有得到著名的国家科学院的承认。但是他得到了圣地亚哥（San Diego）议会赠与的土地，也从美国联合航空公司（the March of Dimes）处得到了足够的资金，从而创建了他自己的研究中心。索尔克信誓旦旦地说，在阿西西的精神引导下，他将在这个映满了光芒且美景环绕的地方修建科研设施——这些设施将像阿西西为索尔克带来灵感那样启迪其他科学家的想象力。他选择了加利福尼亚州（California）南部靠近圣地亚哥市的拉霍亚（La Jolla），他与建筑师路易斯•康努(Louis Kahn)共同设计建造了索尔克研究所(the Salk Institute）。索尔克研究所被许多建筑师认为是20世纪最伟大的建筑成就之一。

研究所位于能够俯瞰太平洋的峭壁之上，它由两排长长的、耸立于垂直峭壁之上的四层建筑物组成。它们看上去像是由与岩壁相同的白垩岩构建而成，实际上它们是由混凝土构建而成的——康努将这种混凝土设计得与天然石灰石相似。根据索尔克的要求，每个研究员不仅在主层中拥有实验室，还可以在二楼中拥有能够俯瞰大海的私人办公室。镶有木板的办公室能够给人带来安静和平和之感，是沉思的理想空间。两幢建筑物之间是用石灰石铺制而成的长廊，它很好地将悬崖峭壁与室外空间结合在一起，使整个建筑结构成为一个统一的整体。这两幢建筑物是完全平行的，当太阳从海面跌落，它的光芒会直直地洒落在建筑物之间。一条与长廊长短相当的狭窄管道将水引入倒影池中，水面映射出如火一般的阳光。该研究所现在成为了建筑师和科学家们的圣地，它也因为其在基础科学、分子科学和神经科学方面的研究而举世闻名。

1992年，索尔克来到华盛顿特区（Washington,D.C.）接受美国建筑基金会（the American Architectural Foundation）为其经历时间考验的建筑物所赋予的殊荣。他向基金会的工作人员谈及了他在阿西西的经历，以及这一段经历促使他联合康努在拉霍亚的峭壁上重塑了阿西西式氛围。他描述了阿西西的氛围是怎样的，以及那个地方所带给他的精神体验如何激发了他的直觉，让他找到了研究的最后突破。他要求建筑师们继续研究建筑空间与创造力之间的联系。他在索尔克研究院组织了一系列聚会，以便找出建筑物丰富人类经验的神奇力量。索尔克希望能够加强科学家与建筑师之间的联系，这样研究员们才能够更好地捕捉和理解他所发现的鼓舞人心的氛围。

在索尔克行将辞世之际，他将上述要求列入了自己的遗嘱。出席这次基金会颁奖仪式和之后的集会的在场人士也记住了索尔克的要求。2003 年，一位来自圣地亚哥的名为埃利森・怀特洛（Alison Whitelaw）的建筑师提出了成立美国建筑神经科学协会的想法。

当怀特洛当选为圣地亚哥市建筑基金会（the San Diego Architectural Foundation）的主席时，她已经成为了可持续性公共设施设计者中的领先人物。她对圣地亚哥地区丰富的神经科学研究十分熟悉——她不仅在索尔克研究所从事神经科学研究，也在斯科利普斯诊所（Scripps Clinic），以及位于圣地亚哥市的加利福尼亚大学（the University of California）和神经科学研究所（the Neurosciences Institute）从事科研工作。作为主席，怀特洛负责为下一届美国建筑师协会国际会议发展“传统性项目”。该会议将于秋季之后在圣地亚哥市举办。当怀特洛从诺曼・昆斯处听闻了索尔克的设想，她决定建设一幢能够将神经科学家和建筑师结合在一起共同研究这两个领域之间的联系的虚拟大厦，而不是建设一幢由水泥和砖块构建而成的研究所。幸运的是，昆斯当时身为美国建筑师基金会（the American Architectural Foundation）的主席及首席执行长官，曾于 1992 年参加了乔纳斯・索尔克的颁奖晚会，也参加了索尔克的许多后续会议。当怀特洛向昆斯寻求支持，昆斯回忆起了索尔克得到灵感的故事和索尔克曾提出建设一个神经科学家与建筑师联盟的建议。他知道约翰・埃伯哈德与怀特洛追寻着相同的目标，因而随即安排他们两人取得了联系。埃伯哈德与怀特洛联合在一起，共同创办了位于圣地亚哥市的美国建筑神经科学协会。它也是圣地亚哥建筑基金会（the San Diego Architectural Foundation）的传统性项目之一。怀特洛风度翩翩，说着一口轻柔的英式英语，对个性深沉的约翰·埃伯哈德来说是一位非同寻常的合作伙伴。他们的项目得到了位于圣地亚哥市的加利福尼亚大学和新建筑学院（the New School of Architecture）的鼓励，也吸引了该地域中所有主要神经科学研究中心的科学家，以及来自加利福尼亚州南部乃至全国的建筑师们。现在，昆斯作为美国建筑学院的首席执行长官，非常乐意为美国建筑神经科学协会的建设提供建筑学方面的支持。因此，索尔克的设想终于得到了发展。

虽然仍有大量的研究工作有待完成，但是我们已经为研究奠定了基础。学科之间也开始相互学习。只有具备了这些知识，研究活动才能够继续发展，新的方案才能得到设计和实施。科学家们已经发现了环境能够对我们的大脑和身体产生许多不同的影响，它也有促进伤病愈合的功能。我们可以将这些难题结合在一起，从而理解我们的感官如何从周围的环境中吸收刺激；大脑中的不同部位如何变得活跃，从而使我们能够看、听、摸、闻。我们能够理解感知如何触发情绪，并使情绪分子通过血液和神经细胞的流动到达身体的各个部位。我们能够理解这些分子如何影响免疫系统以及免疫系统的愈合能力。因此，我们才能开始真正地理解空间和环境，理解像窗户、小树林那样的简单事物也能够愈合疾病、促进健康的过程。

第二章
科学风水术：建筑神经学与视觉的魔力

如果你是一名躺在医院病床上的患者，你刚刚从外科手术麻醉中清醒过来，那么当你睁开双眼的时候你希望自己能够看到些什么，是一座砖墙，还是一片小树林？你选择似乎十分明显，或许也不那么明显。或许你喜欢数砖块的排数和胶砂的列数，或许你喜欢浏览建筑物的表面图案、颜色变化和小瑕疵。但是，如果罗杰·乌尔里希的观察是正确的话，那么树木的某种特性就能够促进机体愈合。难道是因为树木的颜色——自然而令人舒缓的绿色？难道是因为树木为你提供了更多可以观察的运动、活动和生命形式，这样你就不用凭借玩数数游戏来让自己变得更加充实？难道是因为树木的形状能够让人感到冷静和放松？难道是因为透过窗户的光束改变了你的感知方式以及愈合方式？

因为哈佛医学院（Harvard Medical School）神经生物学系的卡拉·夏兹（Carla Shatz）在视觉科学研究方面有卓越的发现，她受邀参加了2004年8月举办的第二届建筑学与神经科学研讨会。如果研究者们想要找出建筑空间如何对大脑造成影响，那么拥有视觉专业知识的神经科学家也应该参与其中。夏兹非常好奇，她带着一丝怀疑又开放的心态参加了这次研讨会。

她所拥有的专业知识是无可挑剔的。她曾接受托斯坦·维厄瑟尔（Torsten Wiesel）和大卫·休伯尔（David Hubel）的培训——这两名神经科学家因为发现了视网膜细胞和大脑中的视觉神经细胞是观察和识别光明与黑暗的主要人体部位而共同获得了1981年的诺贝尔医学奖。休伯尔和维厄瑟尔在猫的大脑中植入了电极，其植入的部位（大脑后方的视觉皮层）能够从眼睛接收信号。当他们向植入电极的猫展示含有单一黑色条纹的卡片，猫的视觉皮层中的神经细胞也产生了与条纹相匹配的电流活动。当他们向猫展示含有多种条纹的卡片，电流活动同样产生了多种条纹形式。这些图案是彼此相同的，但视觉皮层上形成的图案是由电脉冲形成的，而不是由黑白条纹的阴影形成的。对应向猫展示的卡片的黑白条纹，猫的视觉皮层中的某些神经细胞行被打开了，同时某些神经细胞行被关闭了。

当卡拉·夏兹与休伯尔和维厄瑟尔一同工作的时候，她是一名神经科学专业的博士学生。她解决了这个问题：大量不同种类的细胞、视网膜细胞和神经细胞如何能够在眼部后方和大脑后方保持其空间组织结构——这样的构造让那些黑白条纹映射到视网膜上，从而使大脑接受到相同的条纹状信号。夏兹得到了一个重要的发现："细胞同时接受刺激，并且彼此之间相互联系。"在早期发育过程中，如果神经细胞没有接收到信号，它们就会死亡；它们只能在电流活动存在的情况下才能得以生存。这样的电流活动建立了人体内的其他电流路径。而神经细胞在整个电流路径中始终保持相同的组织结构。

夏兹拥有奇异的创造力。当她谈论到她对神经科学所拥有的热情的时候，她就会变得极富吸引力。她的求知欲、一丝不苟的学术精神和极富感染力的工作热情让她迅速成为该领域的顶尖人物，她成为了哈佛医学院神经生物学系的第一位女主席。她还当选为神经科学联合会（the Society for Neuroscience）的第一位女性主席——该协会是最负盛名的国际神经科学研究组织，它拥有大概30万名成员。在伍兹霍尔的研讨会上，夏兹在视觉系统方面的知识对于了解建筑空间究竟如何影响大脑中的视觉通路、窗户视角如何对人体康复能力产生影响是必不可少的。

当你看着一个物体时，物体表面反射的光射到了视网膜的细胞上，而视网膜细胞上含有一种名为色素的化学物质。有一部分细胞被称为杆细胞，只对光明和黑暗的转化有反应；有一部分细胞被称为视锥细胞，它对不同波长的光有反应——也就是说它对颜色有反应（杆细胞和视锥细胞都是根据它们的形状来命名的）。当光照射在视网膜细胞的色素上，它就会产生化学反应，从而触发一种沿着细胞丝状纤维（也被称为轴突）进行传播的电信号，其最终会到达细胞的两端，而其他的化学物质则被储藏在小囊袋中。当电脉冲刺激这些囊泡，它们就会向神经细胞之间的通道释放化学物质。按照这种方式，光被转化成电信号，迅速地从一个神经细胞传递到另外一个神经细胞，并传播到大脑中的许多区域。

许多的神经纤维束组合在一起构成了一个大型电缆状系统结构，它被称为视神经。其中有一半的神经纤维来自左眼，并与右侧大脑相连接；而右眼则与左眼相反。在传播到位于脑干的转换站中的第二个神经细胞之后，电信号来到了大脑中控制视觉的部分——该区域被称为枕叶，位于头部后方。那么，这些电信号如何转变成你所看到的东西呢？

在你识别一个物体之前，你的眼睛看到了它的一些零星碎片——鲜明的边缘和线条。视觉皮层把这些零星碎片组合成一个完整的整体。如果你没有获得足够的信息来形成完整的线条，那么你的大脑会帮助你将碎片连接在一起，然后你就看到了形状。几乎在同一时间，大脑中的另一部分尝试着将你看到的图案与你记忆中的图案联系起来。其中最匹配的图案就是你识别出来的图案。随后，大脑中的其他部分会识别出这个物体是什么，并告知你应该对它做些什么。

大脑不断在你的视野范围内浏览着物体，并将它们与你记忆中的图案相匹配，这与你点击电脑中的“搜索”功能来寻找一个词语是相同的道理。当大脑找到记忆中与其相匹配的图案，连接得以完成，我们就识别出了我们所看到的物体。大脑是一个匹配机器，它储藏着不同地点中不同种类物体的记忆和识别方法。根据大脑中放置物体种类的不同，其不同部分会变得活跃起来——血流量增加；神经细胞发射电脉冲；基因开始生成蛋白质；神经末梢释放化学物质，并从一个神经细胞传递到另一个神经细胞。随后，你真正将这些零星碎片连接在一起，并识别出你所看到的物体。

当罗杰·乌尔里希的患者从窗户向外看，他们所看到的物体的某些部分是否能够促进或阻碍愈合的进行呢？这会取决于物体的形状，还是颜色，抑或它们组合的方式？为了解答这些问题，我们需要知道那个物体究竟是什么。观察一个锤子或者一副眼镜（或是观察它们的图像），你马上便知道两个事实：一是它们不是生物，二是你可以用它们来做点儿事情——将钉子钉入一块厚木板，或是改善视力。你知道这些物体是什么，也知道它们不是什么。你知道它们是工具而不是动物。当你看着一只小鸟或是小鸟的图案，你立即就知道它是动物而不是工具。现在，你看着一张顶部形状类似于小鸟的锤子的图案，你可能把锤子上的小圆点设想为小鸟的眼睛。但你仍然知道它只是一个锤子。但是，如果把锤子的手柄部变得更宽更圆润，甚至为它画上一对细细的腿，也许你的大脑就会把这个物体认成是一只小鸟，即便是该物体的顶部仍然与锤子相似。

当你识别出锤子是一种工具，如果你曾经使用过这种工具，那么你大脑中的某个区域就会变得活跃起来，迸发出大量的电子活动。这个区域就是运动皮层，它控制着手臂肌肉的运动。这就好像你正准备使用这个锤子。但是改变这个物体，使它看起来像是一只小鸟——在锤子的顶部添加眼睛，让尖叉部位看起来像是鸟嘴——大脑中的运动皮层就会逐渐沉静下来，识别动物的部分就会变得活跃起来。

你所看见的每种不同种类的物体都由大脑中的不同区域进行识别。大脑中的一个部位能够识别面部，而另外一个部位能够识别物体。科学家们之所以能够发现这一结论，是因为他们利用了正电子放射断层造影术（PET 扫描）、核磁共振成像（MRI 扫描）和计算机轴向断层扫描（CAT 扫描）技术来获得大脑的功能性图片。科学家们通过扫描发现，当人类在看印有面部的图片时，大脑中只有颞叶中的一小部分区域变得活跃起来，该区域被称为梭状回脸孔区。梭状回脸孔区受到撞击或损坏时，病人无法识别面部，可以识别其他物体。相反的，大脑受到破坏而梭状回脸孔区没有受到破坏的病人能够识别面部，无法识别其他物体。

一位名叫 C.K. 的 27 岁男子在慢跑的时候被汽车撞伤，他的头部遭受了一次封闭性伤害。从这次事故中康复以后，当印有面部的照片从他右侧由下往上展示的时候，C.K. 识别面部的能力变得高于一般水平。而当图片由上往下进行展示的时候，他就无法识别出面部——甚至不知道自己现在看着的是面部图片。此外，C.K. 还有另外一个奇怪的问题。当他在自助餐馆选择食物的时候，他发现食物的排列令人感到可怕，因为他所识别出的都是彩色的“斑点”（根据他自己所说）。在他认出这些“斑点”究竟是什么之后，他才能做出选择。

加拿大的研究者在 1997 年研究了 C.K. 的病状，他们想要知道 C.K. 是否能够区分物体和面部。他们向他展示了 16 世纪意大利艺术家阿尔钦博托（Arcimboldo）的作品，阿尔钦博托通过描绘水果、蔬菜、动物或书本来完成极富创造力的绘画作品。研究者们向 C.K. 展示了一系列以这种物品组成的面部图案，他能够认出这些作品描绘的是面部，但他无法识别出组成面部的物体是什么，在他眼中它们只是一些彩色的斑点。在进一步识别这些物体之后，他不能认出的仅有眼部下方的眼袋——他无法辨认出这些眼袋是由樱桃组成的。C.K. 在车祸中造成的选择性损伤能够清楚地证明大脑中识别面部的区域与识别物体的区域不同。

值得注意的是，大脑中甚至有一个区域能够识别建筑物。该区域受到损害的病人变得容易迷路，因为他们无法识别建筑物并把建筑物当作路标，但是他们能够识别出其他物体。为了弥补这方面的缺陷，他们在旅行的时候通常会把周围环境中较小的物质特征当作路标，比如门把手或长椅。在针对正常人的脑部成像研究中，研究人员向被测试者展示了一张建筑物图片，但当被测试者看到一张脸或一辆车的时候该建筑物保持不变，结果显示这个小区域中的神经细胞活动增加、血流量增加。我们很难想象为什么大脑中会进化出识别建筑物的特定区域，特别是由于建筑物出现在人类进化史中相对较近的时期。也许这种进化并不是为了识别我们所看到的建筑物，而是为了辨认能够在较远距离之外就看到的角度有限的大型物，体比如山或悬崖这一类可以在史前景观中当作标志的物体。

大脑中识别建筑物的区域正好位于被称为海马旁区的大脑组成部分下方，该区域有识别场景的功能——所谓场景，是指由很多物体组合而成的空间环境。一些研究人员提出大脑使用建筑物等大型结构来定义局部空间的几何形状，再使用更小的物体组来确定一个完整的场景。美国宾夕法尼亚大学（the University of Pennsylvania）教授罗素·艾普斯顿（Russell Epstein）在另一场建筑神经科学协会的研讨会上提出了这一观点。该研讨会于2003年12月在华盛顿举行，重点研究老年人的医疗设施改革。它探讨了随着年龄的增长，视觉感知障碍逐渐增多——这为设计师们针对老年人进行建筑设计提供了重要信息。

艾普斯顿描述了他的研究工作，他向志愿者们展示了不同的图片，并获得了他们的大脑扫描图。他发现当人们看见场景的时候，海马旁区会变得活跃起来；当人们看见单一物体的时候，海马旁区的活跃度十分微弱；当人们看见面部的时候，海马旁区没有任何反应。在另外一项研究中，他向大学生们展示了熟悉或陌生的大学校园图片，并要求他们标志出他们所看到的地方。艾普斯顿发现识别熟悉的地点与识别陌生的地点是由大脑中的两个不同区域来完成的。很明显，记忆对于识别一个熟悉的场景来说十分重要，而对于识别一个陌生的场景则并非必要条件。

这种识别现象存在于我们的日常生活之中，尤其是当我们浏览周围环境的时候。假如你要从停车场进入百货商店，而百货商店有很多个看起来差不多的入口，那么离开的时候你如何找到你想要选择的那个出口呢？在从最方便的入口进入百货商店的时候，你记住了你所看到的事物。你的大脑将陈列的货品作为物体记忆下来——包括一块手表、一条围巾或是一瓶女士香水。但当它们作为一个整体——饰品、配饰、香水——它们就成为了场景中的一部分，也成了你找到出口的路标。

当你看到一个场景，你首先认识到的是它的一般特性，你会根据它所包含的物体类型来识别出它是一条城市街道、一个郊区或一片农田。如果它是你所熟悉的地点，你可能会识别出特定的建筑物。但是，即便你对它并不熟悉，你仍然可以知道它究竟是什么地方，因为场景中的物质，比如说灯柱、园圃前的草坪或孤岛，会告诉你这个地方究竟是用来做什么的。我们通常不会在田野或者森林的中央发现一根灯柱，同样的，我们通常也不会在街道中间发现一排玉米。当我们看着一个场景的时候，我们不仅会寻找上述的物体线索，我们还会寻找将这些物体联系在一起的叙述或故事。如果场景中存在某些不协调的物体，这样的场景会令我们感到不安或神秘。当C.S. 路易斯（C.S.Lewis）在作品《狮子·女巫·魔衣橱》（*The Lion, the Witch and the Wardrobe*）里的纳尼亚森林（the woods of Narnia）中添加了一根灯柱，他的读者们立即就知道了这片森林并非传统的英国森林，而是一个非凡、神奇的世界。

大脑也通过不同的方式来感知附近的东西和遥远的东西。当我们站在山坡上俯瞰山谷，大脑用不同的部分来识别远处、中程和近距离的物体。近处的景物（房子、树木、喷泉）通常被看作物体，而远处的景物（山脉、天际线）通常被视为场景。我们可以不断细细地观察地平线上引人注目的景物。那种景物——那些与众不同的景物——吸引了我们的注意力，我们将目光聚集在这些景物上。随后我们移开视线，将场景作为一个整体进行观察，同时浏览所有的景物。电影导演知道这一点。当电影导演通过摄影机镜头来观看，镜头就变成了他的眼睛的衍生物——它不仅成为了电影导演的眼睛，也成了那些后来观看这部电影的观众们的眼睛。如果通过长镜头或者仅以一个角度拍摄一部电影，那么这部电影就容易引起视觉乏味。导演应该将焦点放在场景中的不同部分——由远及近，再到极度特写，随后再回到远方——这样才能反映出深度和逼真的效果。这是因为我们的眼睛就是以这样的方式观察的。

场景结构中是否存在着某些因素能够造成内在的不和谐或是促进放松，从而改变人们的心情或影响愈合效果？事实上，在大脑底部存在着一条连接视觉皮层和海马旁区的路径——从视网膜第一次接收到信号的区域，传递到最终在大脑中构建了相应场景的区域。沿着此条路径的神经细胞向受体释放出密度不断增加的内啡肽——它也是大脑自行生成的类吗啡分子。来自洛杉矶南加州大学（the University of Southern California）的欧文·毕得曼（Irving Biederman）教授发现，当人们看见普遍所青睐的景观，比如说一片美丽的远景、一轮美丽的夕阳或一片葱郁的树木，那些能够产生内啡肽的路径中的神经细胞就会变得活跃起来。这就意味着当你看着一片美丽的景色，你的大脑会自动向你提供吗啡！不仅如此，当颜色、纵深、运动等元素被添加到景色之中，越来越多的神经细胞就会变得活跃起来，进一步促进了内啡肽的分泌。

对某个场景中的物体进行不同的排列能否对观察者的反应造成影响，这种影响是有意识的还是无意识的呢？来自京都大学（the University of Kyoto）的一组日本研究人员解决了这个问题，他们使用复杂的数学计算方法分析了古老的日本坐禅花园（Japanese Zen Meditation Garden）的结构。他们在2002年的《自然》（*Nature*）杂志上发表了自己的研究成果。位于京都龙安寺（the Ryoanji Temple）的旱景园林设计于室町时代（the Muromachi era），该园林在14世纪初期到16世纪晚期之间得到了扩建与完善。这个园林由5个不规则的岩石群组成，它们看似随意地按倾斜分层模式分布在一块裸露的覆盖着细砂粒的矩形土地上。园林中没有其他的色彩或植物，也没有花朵来分散目光。按照设计，在寺庙大厅的正中央就可以看到该场景，而寺庙大厅奇怪而倾斜地设置在花园稍微靠左的地方。数百年来，人们认为岩石的分布象征着不同的内容：一只母老虎带着它的幼崽渡海；或是代表着中国汉字中的“心”。但是没有人真正知道这样的分布有什么意义，或者为何这个场景能够让人感到宁静。

当京都的研究者们利用一种名叫内侧轴转换的图像处理方法分析岩石堆之间的对称轴，他们发现了一个惊人的结论。这些轴线形成了树的形状，它的树干经过了寺庙的中央大厅，精确地经过了设计中能够看到园林场景的地点。树干延伸出了一些“分枝”，“分枝”与轴线按照同样的方式通过了岩石群。由于分叉，它们显得更小。当研究者们利用电子技术打乱整个图像的分布，并让图像中岩石堆随机分布，对称轴就消失了。也有人在抽象艺术作品中发现了类似的情形。

人们在自然界中发现尺寸较小的物体上也存在着这种分支、自我相似模式，这种模式不仅存在于树木上，也存在于波浪、雪花、贝壳和鲜花上。它们被称为分形（fractals）。19世纪伟大的日本艺术家葛饰北斋（Katsushika Hokusai）在他著名的木刻版画作品中应用了分形，在《神奈川巨浪》（*The Great Wave Off Kanagawa*）这幅版画中，澎湃的海浪与远处的富士山（Mount Fuji）相映成趣。仔细观察这幅作品，你会发现波浪的花式图案似乎按很小的尺度无休止地重复着。自然界中的其他分形结构还包括了山脉、海岸线、叶片上的叶脉，以及人体中的细胞。神经细胞也拥有分形结构，它们拥有更小的分支；循环系统也是如此，它拥有许多自我相似的血管分支。即便是人体的大脑也是分形，因为它的表面有无数相似的褶皱。

我们不知道为什么重复图案会给我们带来视觉愉悦。也许，它们在自然界中的存在与自然给人带来的平静之感有着部分关联。我们通常能够在创造性活动和艺术活动中发现类似的模式。哈佛医学院的心脏病学教授阿里·戈德伯格（Ary Goldberger）同时也是一名研究心脏的心率变异性、复杂性和混沌理论的研究人员，他提出分形能够给人带来心灵上的满足。1996年，他在发表与《分子精神病学》（*Molecular Psychiatry*）的论文中指出，哥特式建筑是分形——它们有锯齿状点缀；有许多自我相似的重复性设计；有“多孔式设计”和“雕刻出的外形”；它们有类似于拱门和尖塔的重复多变、大小各异的造型。戈德伯格指出，当我们凝视分形结构，无论是哥特式大教堂还是葛饰北斋的波浪，我们的心灵对这些复杂的、重复性的、不断增加或不断减少的模式做出了回应。在摆脱了规模的刚性边界之后，我们的心灵可以根据我们的意愿向内或向外、向上或向下移动。

与禅宗旱景园林（Zen dry-landscape gardens）或哥特式大教堂（Gothic cathedrals）中的大片深浅不一的灰色元素不同，大多数自然景观中充满了各种色彩。其他类型的花园中通常会充满了红色的玫瑰和橙色的罂粟花、蓝色的紫罗兰和紫色的蝴蝶兰、粉红色及白色的凤仙花和黄色的水仙花，还有大片的绿色阴影。通常花园中也布满了阳光——斑驳的阳光，充裕的阳光，还有柔和的夕阳之光。教堂也拥有自己的色彩点缀，它们主要集中于窗户上的那些色调强烈的彩绘玻璃。为什么我们会觉得自己需要被阳光和色彩环绕？我们周围的环境和我们生活的世界中是否有色彩和阳光？阳光和色彩能否对我们的心情造成影响？如果确有影响，它又是如何造成的呢？

颜色可以影响情绪并非新兴概念。我们周围墙壁上的颜色，我们穿着的衣服的颜色，我们看见的所有物体的颜色，以及环境中的各种波长不同的光——都能够对我们的情绪造成影响。

视网膜上的视锥细胞帮助我们识别不同的颜色，视锥细胞中含有的色素能够吸收不同波长的光。其中有三种不同的色素，每一种能够识别出一种波长，包括蓝色波长、绿色波长和红色波长。

之所以能够发现不同的色素对于颜色识别是必不可少的要素，是因为人们发现有些人（其中大多数为男性）是色盲——这就是说，他们在识别颜色上有困难，容易将一些颜色与另外的颜色搞混。1785年，英国国王乔治三世（George III）在写给他的一名臣子的信中惊叹道："马尔伯勒公爵（the Duke of Marlborough）实际上无法区分红色与绿色！"他还在信中补充道，他认为公爵家族有这样的缺陷。

最著名的色盲病例是化学家约翰·道尔顿（John Dalton），他1766年生于英国，1803年因为详细阐述了原子理论而闻名世界，该理论是所有现代化学的理论基础。直到现在，人们仍然使用"道尔顿"或"千道尔顿"来衡量原子的重量。但是，他的名字还与遗传性色盲症有关，该病症又被称为道尔顿症。道尔顿认为红色蜡封与绿色月桂叶有着相同的颜色，粉红色的天竺葵与蓝天有着相同的颜色。1798年，他向曼彻斯特文学与哲学学会（the Manchester Literary and Philosophical Society）提交了一份文件，并在文件中描述了他在识别颜色上所遇到的困难。他推测在他眼球内的玻璃体——指视网膜和晶状体之间的液体——是蓝色的，能够吸收较长的（红色）波长。他在他的遗嘱中提出，希望能够在他死后解剖自己的眼睛，并检查其眼睛内部的玻璃体。他的医生约瑟夫·兰萨姆（Joseph Ransome）遵循了他的遗嘱，将道尔顿的一个眼球进行了切片处理，最后发现里面的玻璃体是无色而透明的。道尔顿的另外一个眼球几乎被完好无损地保留了下来。它最初被储藏在道尔顿大厅（Dalton Hall）中，随后被放置在了曼彻斯特文学与哲学学会的储藏室中。它静静地放置了大约两个世纪的时间，最终在空气中自然脱水。直到20世纪90年代，来自伦敦大学（the University of London）和剑桥大学（the Cambridge University）的研究者们分析了它的DNA。他们发现道尔顿缺失了合成一种光敏色素的基因代码，而这种色素能够识别绿色。他们在1995年2月的《科学》（*Science*）杂志上发表了其研究结果，申明道尔顿是一名绿色色盲者——指那些视网膜中缺乏能够识别中等波长的色素的人。

道尔顿的兄弟与他一样，不能识别某些特定的颜色。乔治三世提出色盲症存在于整个家族之中的推测也是正确的。现在，我们知道色盲基因是能够遗传的，并且通常存在于X染色体中。这种不足通常出现在男性身上，其原因是，男孩通常会从他的母亲那里继承一个X染色体，当一个人只有一个基因拷贝且该基因拷贝是有缺陷的，那么该有缺陷的基因拷贝就得到了显性表达。只有在继承了两个突变基因拷贝的情况下女性才会成为色盲症患者，其中一个突变基因来自母亲，另外一个来自父亲——而这种情况是非常罕见的。

每个色素分子的基因编码由两部分组成。第一部分是一种叫做视蛋白的蛋白质，它能够对某种波长的光产生反应；另一部分是由维生素A派生出来的分子，胡萝卜和菠菜中含有丰富的维生素A。当光子（组成光波的光的小分子或小碎片）掉落到与之相对应的色素上，它的能量让色素分子振动并发生了形状的改变。这将触发细胞表面的一系列生化反应，并将电子脉冲传送到大脑中识别颜色的区域。当正确的光波长击中了与之相匹配的色素，细胞就会发射出电信号。波长与色素的匹配度越低，细胞释放的电信号的速率就越慢。因此，深浅不一的颜色被翻译成了不同频率的电信号。随后，电信号跟随神经细胞链向上移动，最终到达视觉皮层。根据这些活动，人体的感知能力得到了完善。我们看到的图像在深度、纹理、轮廓、颜色方面得到了“补充”——正是掌握了这些特性，我们才能够识别出特定的物体。

有了这三种光敏色素，我们就能够看到彩虹的所有颜色和画家的调色板上的所有色彩。这种能力源于大脑融合和比较它从每种色素细胞处接收信号的两种方法：加法混色和减法混色。涂料是由色素组成的，是能够吸收特定波长的光并将这些光反应出来的可见颜色。当你看着一幅描绘着绿叶的图画，绿色的颜料反映出绿色波长并吸收了绿色以外的其他波长。这就是所谓的减法混色。当你将所有的颜料混合在一起，所有的颜色都被吸收了，你所看到的就只有黑色了。但是当你看到彩色光，就像彩虹的颜色或是在电脑液晶显示屏上所看到的颜色，你直视的正是光的波长。将黄色的光和蓝色的光混合在一起，你能看到绿色。这就是所谓的加法混色。如果你将彩虹中的所有颜色混合在一起，你就可以看到白色——这就是在阳光灿烂的日子天空显得明亮透白的原因。我们能够看到彩虹中的不同颜色是因为空气中的每一滴小水珠形成了一个小棱镜，它们将光分离成了不同的波长。

关于为什么人类（也包括某些灵长类动物）细胞中仅有三种颜色的光敏色素却能够反映出整个视觉光谱，存在着许多不同的理论。与之相关的线索来自我们的基因发展史。事实证明，在进化过程中，每一种色素基因出现于不同的时期。遗传学家知道这一点，因为基因到达特定的比率时才会发生变异。因此，一个基因存在的时间越长，它在测序上发生变化的可能性就越大。由于基因发生变异所需要的时间是相当标准的，所以科学家们可以根据基因现在的结构推算出基因首次出现的时间。

受光色素基因在进化历史中首次出现的时间应该是生物开始对太阳光的光谱分布感到敏感、对绿色植物反射的光波长感到敏感的时期。受光色素基因的第二次出现大约在500万年前，它的出现让我们能够区别深浅不同的绿色，它能够反映出波长较短的光（蓝色的范围）。受光色素的最后一次出现大约在30～40万年前，它能够反映出波长较长的光（橙色—红色的范围）。最后的色素基因和其编码形成的色素可能出现在灵长类动物身上。当灵长类生物开始吃水果，它们就必须学会从森林里的大片绿色背景中找到黄色、橙色和红色的果实。

如果这个关于基因进化的故事是真实的，那么眼睛的构造能够看到绿色的波长也就没有什么好奇怪的了。人类作为一个物种，在森林、田野等充满了无尽绿意的空间中成长。当一个小孩子用简单的绿色画出一棵树，这幅图画看起来显得十分单调。为了捕捉现实，画家需要在作品中添加许多细微的色彩——而这正是我们面对一片森林或一片田野时所看到的景色。你可以凭借树荫区别出不同的季节。自然界中存在着新鲜嫩叶的淡黄绿色，成熟树叶的深绿色，银杉针叶的蓝绿色，树荫下部的墨绿色，夏末草原上随风翻滚的斑驳的黄色和绿色。你也可以通过观察树木的绿荫来分辨一天中不同的时间：当阳光在清晨的时候射过半透明的树叶，它看起来就是黄绿色的；正午的阳光照在树叶上，反射出的是闪闪发光的、明亮的绿色；黄昏时分，随着光照的消失，树叶也逐渐变为了阴暗、深沉的绿色。

直到近代，我们才开始用其他色彩来填充周围的景观，城市环境中的绿色大都被反光玻璃和青铜色的钢材、红色的砖块和灰色的混凝土、黑色的路面和白色的人行道所取代了。也许绿色是我们的大脑默认的模式。绿色是我们在洪荒时代就滋养着我们的背景色彩，它告诉我们周围的环境是安全的，当天空逐渐暗下来的时候，它让我们感到困意而逐渐入睡。难道这就是绿色让我们觉得如此放松的原因吗？难道这就是看见树林的患者比看见砖墙的患者康复得更快的原因吗？

尤其是对那些正在寻找果实的动物来说，快速识别出对比鲜明的颜色对野外生存是非常必要的。大多数果实与它们周围的绿叶形成鲜明对比绝非偶然现象。因为果实的颜色，以这些果实为食的动物可以快速地注意到它们，并在消化和排泄的过程中传播果实的种子。进化的惊人之处在于，这种行为实际上是植物为了其自身的利益对动物进行引诱，它利用了动物在神经系统方面所拥有的技能，因此，无论是动物还是植物都得到了生命的延续。

如果你缺少编码绿色色素的基因，你是否不容易感受到绿色所带来的那种心灵上的安慰？如果你缺少编码红色色素的基因，你是否不容易感受到红色所带来的兴奋？阳光和颜色是如何与人的心情产生联系的？我们是否天生就因绿色感到舒缓，因红色感到兴奋，还是说这种反应是我们在后天学习掌握的？也许它们都有一定的影响。多年来，手术室被涂成了绿色，它可以让长时间紧张地盯着一块红色区域（病人红色的血液和身体组织）的手术医生得到视觉上的放松，因为红色和绿色是相互补充的——这两种颜色在色轮上处于完全相反的位置，彼此之间的反差也最大。因为绿色反映了大自然的色调，所以它被认为是最舒缓的颜色。而红色和黄色被认为是最具刺激性的颜色，它们能够提高人们的警觉性。小范围内的系统研究已经证明了这些概念，得出的观点非常有意义。现有的大部分信息来自市场研究和商业调研，其一致的结论是波长较长的颜色（比如蓝色、紫色）比波长较短的颜色（比如橙色、红色）对购物者来说更有吸引力。波长越长的长波颜色和波长越短的短波颜色带来的刺激性越大，处于中间阶段的颜色则更能让人感到平静。

2006 年 3 月，在纽约市（New York City）举办的建筑精华家庭设计展（the Architectural Digest Home Design Show）上进行了一个巧妙而特别的研究。研究者包括了设计师、建筑师、技术人员、一名心理学家、一名色彩科学家和一名彩色照明专家，他们为这次会展打造了一个现场的色彩实验室。他们建造了三间完全相同的全白房间，房间有 20 英尺宽、10 英尺高；就像所有的鸡尾酒派对场所那样，每间房间里有相同的吧台和 12 个吧台凳，在基座上有 4 台电脑。研究者还邀请了几家大型的涂料公司，并请他们提供了其最受消费者喜爱的红色、蓝色和黄色的涂料清单。每种颜色选择一种涂料，每家公司提供三种颜色，研究者根据清单选择颜色。每个房间外面的门板涂上了一种颜色，而房间内部则使用了与之相匹配的灯光。参观设计展的观众们可以自由进入他们所喜爱的那间房间，选择自己喜欢的食物，想在里面停留多久都可以。随后，观察员们开始记录进入房间的参观者的一系列行为，包括：他们在食物和饮料方面的摄入量、他们最初选择进入的房间、房间内的环境噪音水平和参观者之间的交际活动。研究者们通过腕带监视器获得了参观者的心率，参观者们还填写了关于他们的情绪和心情的问卷调查表。

这项研究的结果似乎支持了上文提到的普遍性共识：蓝色给人带来平静，而红色和黄色则令人感到刺激。进入黄色房间的人数是进入蓝色房间的两倍。人们同时认为，身处红色房间更容易感到饥饿和口渴——数据显示，红色房间中的食物和饮料的消耗量是黄色房间的两倍。蓝色房间中的人感到了平静，或者说他们在问卷调查中用到“平静”这个词语的频率显然比黄色房间和红色房间里的人多。参观者在三间房间中的集中度也有所不同。蓝色房间中的人花费了更多时间站在房间的外围区域，黄色房间和红色房间中的人则花费了更多的时间站在房间的中间区域。黄色房间中的人是最活跃的，他们比其他房间中的人活动得更多，也花费了更多的时间在小群体中说说笑笑。他们用“积极”、“爱玩耍”、“精力充沛”等词语来描述自己的心情。根据生理测量，参观者的心率没有发生改变。虽然此项研究拥有许多优势，尤其是它对人们对有着不同颜色的相同空间的反应进行了比较客观的测量和对比，但是它更像是在测量不同波长的光对人们所产生的影响，而不是墙壁的颜色对人们造成的影响。因此，尽管它无法证明不同颜色的房间如何对人的行为和心情产生影响，但是该研究表明不同波长的光能够对人的行为和心情产生影响。如果将不同颜色的灯光改变成不同颜色的墙壁，再重新进行本次试验，那么一定可以得到有趣的结果。

如果颜色可以唤起情绪，那么这两者之间的联系很有可能是我们曾经拥有的经历。当视锥细胞向大脑中能够识别颜色的视觉中心发送信号，沿途产生的电脉冲就到达了大脑中的情感中心，一种颜色就触发了一种心情。当我们看着一张甜美果实的图片，我们会感到兴奋与渴望，这些感觉来自大脑中能够控制任何形式欲望的部分。当一名巧克力爱好者渴望吃巧克力，一名烟民渴望抽烟，一个酒鬼渴望摄入酒精，或是一名吸毒者渴望吸食海洛因，大脑中的控制欲望的部分就会变得活跃起来。它们是大脑中的奖赏通道。当我们渴望性的时候，它们也会变得活跃起来。这部分大脑中的神经细胞所释放的化学物质被称为多巴胺。

大脑奖赏通道中的活动可以通过一种名为条件反射的学习形式与颜色联系在一起。俄罗斯科学家和内科医生伊万·巴甫洛夫（Ivan

Pavlov）在19世纪90年代首次描述了这种学习方式，因为这项发现，他获得了1904年的诺贝尔生理学奖。任何养过宠物的人都会对这种学习情形感到熟悉。这就解释了为什么狗或猫听到开罐器的声音就知道吃饭的时间到了。巴甫洛夫的方法是所有行为训练的基础。向一只狗展示一块牛排，它会流口水；而向它摇铃，则没有任何反应。在向狗展示牛排的同时摇响铃铛，狗就会流口水。将这个动作重复几次后，只向狗摇铃，它也会流口水。因为狗已经学会了将铃声与美味的牛排联系在一起。这种情况同样发生在人类身上，只是大部分时间我们没有意识到它的存在。颜色和某种特定心情之间的联系就属于这种情况。

巴甫洛夫的试验证明，一种类似于敲击铃铛的中性刺激可以与类似于流口水、饥饿的生理反应结合在一起。科学家们花费了一个多世纪的时间来研究这一规则是如何对人类的食欲产生影响的。事实证明，胃部释放的激素发挥着至关重要的作用，它放大并改变了大脑中涉及此种反应的途径。

看着一张印有苹果的图片，只有在饥饿的时候，你的大脑中的奖励性区域才会变得活跃起来；如果你刚刚吃了一顿饱餐，你的大脑中的欲望区域就会保持平静。当你的胃部充满了食物，胃壁神经细胞会告知大脑：胃部肌肉已经被拉伸，你已经觉得自己吃饱了。由于食物被不断分解，你的身体释放出许多化学物质和激素，它们是告知大脑停止进食的信号——这些物质包括了糖分、胰岛素、脑肠肽激素和瘦素。当你感到饥饿的时候，脑肠肽会帮助你增加食欲。而在你进食之后，胃部细胞会分泌瘦素，它经过血液到达下丘脑以及大脑中其他控制食欲的部分，从而减少你进食的欲望。如果向一名饥饿的人注射瘦素，那么在他大脑中先前因为看到成熟多汁的水果而变得活跃的部分，就会逐渐平静下来。

我们看到的东西能够引起自身强烈的情绪反应这一特性已经得到了世界各地营销人员的广泛利用。人人都知道一句古老的谚语——“不要在你感到饥饿的时候去杂货店”，否则你购买的食物会比预期的多很多。

这是因为食品容器上的图片在吸引你购买它们，当你感到饥饿的时候，它们对你的吸引力就变得越大。军队花费了很长一段时间才将这一原则适用到其发放给部队的食品包装袋上。多年来，卡其绿包装的即食餐令人感到沉闷。一名重压下的士兵一般没有太大的食欲，而接收到传统包装口粮的部队通常会扔掉大部分食物。当美国陆军的食品科学家研制出像杂货店货架上那样具有吸引力的食品包装时，士兵们对他们的食物展现出极大的兴趣，他们的进食量也得到了改善。营销人员们充分利用了视觉感知功能的其他特征，比如大小和位置。当你走进一家百货商店，你被那些相互竞争着吸引你的注意力的事物所包围。你会发现那些最先出现在你的视线范围内的商品往往是大型的、明亮的、闪闪发光的或者是高度对比的。

当然，不仅仅是颜色，具有刺激性的图像形状和组合也能对我们的食欲产生影响。当你感到饥饿的时候，一张红苹果的图片会让你的大脑变得兴奋，但是一张红砖的图片则不会有这样的效果。这是因为你已经学会将红苹果的图像与某种甜美好吃的口感结合在一起。研究人员利用这一原则训练人们将玻璃杯的颜色和玻璃杯中的液体联系在一起，玻璃杯中的液体是酒精或糖水。一旦某个人掌握了这种联系，当他在喝一种酒精饮料的时候，他就会对玻璃杯中的特定颜色做出反应（轻微的渴望，皮肤出汗，注意力集中在玻璃杯上）；即便是他现在喝的仅仅是糖水，他也会有类似的反应。

如果你无法看到红色会怎么样呢？你是否不大可能受到苹果或饮料的诱惑呢？我们向患有色盲症的人询问了这个问题，他们强调自己当然能够受到食物的引诱。他们仍然可以认出苹果，并且知道它吃起来十分美味。他们仍然可以学会将有颜色的玻璃杯与一种酒精饮料联系在一起。试想一下当你处在一个只能看到黑白电视节目的年代，你很快就忘记了它是黑白的，你的大脑会自动将它与你想看到的深浅不一的颜色联系在一起。一生下来就缺少某种光敏色素的人与那些视觉完好的人一样，同样会受到甜美多汁的红苹果的诱惑。他们所看到的颜色也许与我们看到的颜色有所不同，但是他们仍然可以学会将特定的情绪反应与苹果联系在一起。

要明确说明不同色调能否影响心情、如何影响心情是十分困难的，但是要测定心情如何对不同的波长、强度、节奏的光做出反应就容易得多。几个世纪以来，北欧人会在冬季的时候前往意大利、希腊和西班牙度假，以此逃离自己国家的黑暗冬季。那里的阳光吸引着他们，因此，许多画家在自己的作品中描绘了相同的阳光，这些画家包括丁托列托（Tintoretto）、贝里尼（Bellini）、提香（Titian）、雷昂纳多・达・芬奇（Leonardo da Vinci）。当然，地中海国家几乎成为了阳光的代名词。每年，整个北半球的“雪候鸟们”来到南方，缩短他们的冬天，并释放自己的情绪。

北方艺术家，比如伦布朗特（Rembrandt），因为其绘画作品充满了阴暗色调，尤其是突出单轴光或闪烁火焰轮廓而闻名世界。北方国家饱受忧愁的折磨，这一点不仅体现在天气上，也体现在心情上。在斯堪的纳维亚（Scandinavian）国家中，人们罹患抑郁症和自杀的比例较高，有人说这是因为漫长的冬季和北极夜晚。这种形式的抑郁就是所谓的季节性情感障碍症（seasonal affective disorder，SAD），它是由缺乏阳光、长时间处于人造光线或黑暗中所引起的。患有季节性情感障碍症的人容易感到疲劳、沮丧和无精打采。他们大脑中的应激激素处于比较低迷的状态，分泌量低。这听起来似乎是不错的——事实上，你需要应激激素给你提供能量，让你时刻保持警惕。暴露在阳光下，或是暴露在与阳光有着相同强度和波长频率的灯光下，可以帮助患者治疗这种抑郁症，防止情绪陷入低迷，恢复精力，并让应激激素含量恢复到正常水平。

大脑中各种神经中心所释放的激素和神经化学物质兴衰起伏，它们与光明和黑暗的交替更迭同步，就像潮汐的涨落与月亮、太阳交替变化的时间有关那样。我们身体中的这些节奏与太阳的节奏相一致。当白昼消退，激素也会减少。在黎明开始之前，这些激素又再次开始流动；它们在清晨的时候到达顶峰，在白天的时候逐渐下降，在夜晚的时候到达低谷。这就是你需要在下午结束的时候喝一杯咖啡的原因。这种自然循环被称为昼夜节律，这个词语来源于拉丁文中的“大约一天”。

如果你体内的生物时钟脱离了正常状态，你就会在半夜醒来。想想你乘飞机从纽约飞往檀香山（Honolulu）的时候发生了些什么事情。在最初的几天，你在下午 4 点就觉得昏昏欲睡，在凌晨 2 点就从睡梦中醒来，这是因为你体内的荷尔蒙仍然按照纽约的时间进行分泌。你的大脑需要几天的时间来适应新的工作循环周期。你可以通过强迫自己保持清醒、在明亮的阳光下行走来加速这一进程。褪黑激素也可以帮助你重新设定体内的生物时钟。

褪黑激素是由色氨酸生成的一种微小分子。夜晚的时候，它在血液中流动并帮助你进入睡眠。它的含量在傍晚的时候逐渐增加，在半夜到凌晨 4 点期间达到最高值；在黎明到来前，其含量又逐渐回落到最低。对于在夜间显得更为活跃的“夜猫子”来说，这个周期发生的时间相对较晚；对于在清晨更为活跃的“晨咏的云雀”来说，褪黑素含量会在更早的时间达到最高峰。对于青少年来说，该模式运转的时间较晚，因此他们总是对在中午前起床感到困扰。

褪黑激素由松果体中的细胞释放产生。松果体是大脑中控制生物钟的中心之一。松果体并非真正的脑组织；它是埋藏在大脑中心的一个腺体，正好位于两个脑半球之间。很久以前，人们认为松果体就是原始祖先所说的“第三只眼睛”（比如说独眼巨人）的原型，因为尽管它位于颅骨深处，它却能对光的节奏作出回应。当你从纽约飞往檀香山，你体内的松果体按照你在纽约时的节奏和时间不断分泌出褪黑激素，除非它有机会进行重新设置。这就像是反向时间旅行：你的身体已经到达了檀香山，你的松果体仍然待在纽约。

在罹患抑郁症的临床病例中，大脑中的生物钟中心和压力中心同样被进行了重新设置。对于患有季节性情感障碍症的人，它们被设定得太低，从而使节奏变得十分平缓。在更为常见的抑郁型忧郁症中，它们被设定得太高，并在夜晚中较早的时间变得过于活跃。如果你是狂躁抑郁症患者，你会无缘无故在半夜中醒来，并觉得异常清醒。而随后，在白天的时候，你觉得情绪非常低迷，当你开始工作、做家务或是处理一些日常杂事的时候，你会变得昏昏欲睡。当你在凌晨中醒来，你可能会注意到床头的钟表显示的时间，然后你看向窗外，发现外面仍然是一片漆黑。你开始不断在头脑中担心一些事情——担心你自己，担心你本该做但实际上没有做的事情。你感到你的心脏跳动变得越来越快；在你起床前往洗手间之后，你就会开始不断踱步——你觉得自己精力太过充沛，而无法再次进入睡眠。应激激素导致你产生了上述行为，在它们的作用下，大脑中的生物钟也开始在夜间较早的时间运作起来。

该循环中的某些部分与眼睛里的光敏感蛋白有关系，它们与那些能够识别颜色的蛋白质相似。这些光敏感蛋白位于视网膜的神经细胞中，它们位于杆细胞和视锥细胞下方2、3层的位置。它们对光所作出的反应比识别颜色的蛋白质显得更为缓慢而均匀；比起颜色，它们更擅长识别光的强度。这些细胞可能与人体内按照光的周期进行运转的生物钟有关。这些位于眼部的细胞与大脑中控制生理节律的部分还有着直接的神经联系。视网膜中的神经细胞将其较长的神经纤维发送到了大脑的压力中心和主要生物钟控制中心。它们所产生的其他神经纤维则到达了脑干中调节心跳频率的区域。

除了应激激素能够转换和改变心情之外，全光谱的阳光也能够改变患有季节性情感障碍症的人的心律——不是心率，而是心脏每次跳动所间隔的时间。这些间隔反映了心脏在快速和缓慢运动状态中的神经活动状态——其中包括了交感神经系统中的类肾上腺素神经和迷走神经（the vagus nerve）。特定波长的光也能够改变没有罹患抑郁症的人的心脏节律。在一项研究中，研究者们将健康的测试者暴露在红色、绿色或蓝色的波长光中，维持10分钟的时间，然后测量被测试者的心率变化。他们发现红色和绿色的波长有刺激性效果，而在蓝光中的人则变得更为平静。这与被测试者的主观感受相匹配：他们认为蓝色的光令他们感到放松，而红色和绿色的光则令其感到有活力。这一发现与上文中提到的市场研究结果有着惊人的相似之处，因为购物者们也认为比起红色和黄色，他们更偏爱蓝色和紫色。

正如阳光可以激励情绪、促进生理反应，缺乏阳光也可以导致情绪的低落和生理反应的减少。长时间暴露在荧光灯照明下而非长时间暴露在自然光下（这是办公场所里的常见情况）会令大多数人变得沮丧，即便是这些人并非季节性情感障碍症的临床病例。这一情况在晚秋和冬季中显得尤为突出。这是因为这段时期的白昼缩短，许多人在黎明前就离家开始工作，花一天的时间待在人工照明下，当他们回家的时候天已经黑了。哥伦比亚大学（Columbia University）的研究人员迈克尔·特曼（Michael Terman）发现，不仅北半球的居民罹患抑郁症和情绪障碍症的发生率较高，而且生活在每个时区的西部边缘地区的人患抑郁症和情绪障碍症的可能性也比较大，因为在这些地方，太阳升起的时间要比东部边缘地区晚一个小时。这似乎意味着，我们体内的松果体时钟重置基于黎明出现的时间和我们在清醒的情况下暴露在自然光中的时间长短，而并非基于日落的时间。

事实证明，光照不仅可以影响上班族和购物者的心情，还可以影响抑郁症患者在医院住院的时长，即便是他们所患的抑郁症并非季节性情感障碍症。研究人员在医院病房中对抑郁症患者进行了两次研究：研究中一半的房间充满了明亮的自然光，而另一半的房间只有微弱的灯光。他们的研究报告显示，待在阳光灿烂的病房中的患者的住院时间被大大缩短。两次研究所选择的地理位置相距不远：其中一次研究于1996年在加拿大德蒙顿(Edmonton)举行，那里冬天的气温可以低至零下25摄氏度，但由于雪的反射，那里的光照强度在冬季的4个月中得到了增强。另外一次研究于2001年在意大利米兰（Milan）举行。在米兰，初夏早晨的阳光强度超过了15,000勒克斯（人工光源的强度通常在2,500～5,000勒克斯之间）。在位于意大利的研究中，一侧的病房面向东方，收到了晨光的直射；而另一侧的病房则面向西方，其接受到的只有夕阳光，光照强度通常只有150～3,000勒克斯。在位于加拿大的研究中，所有的房间都有巨大的窗户，但与罗杰·乌尔里希在1984年完成的研究相似的地方是：其中一半的房间面对着一座有着玻璃屋顶的庭院，而另外一半房间则可以看到户外风光。在位于意大利的研究中，住在面向东方的病房中的双相抑郁症患者比住在面向西方病房中的患者提前3天半的时间出院。这与针对单相抑郁症患者进行的研究有所不同，因为经观察，阳光对单相抑郁症患者没有十分突出的效果。在艾伯塔省（Alberta），所有类型的抑郁症患者都被列入了研究之中，研究结果显示，住在比较明亮的房间中的抑郁症患者比住在比较阴暗的房间中的患者提前2天半的时间出院。

夜班工作会对健康产生有害的影响。其他需要花费大量时间倒时差的工作也会对健康产生危害，比如说飞行员和空中乘务员的工作。2005年，康涅狄格大学（the University of Connecticut）的理查德·史蒂芬斯（Richard Stevens）发现，从事夜班工作的女性罹患乳腺癌的几率比按照正常作息时间工作的女性高30～80个百分点。2006年9月，史蒂芬斯和全美环境卫生科学研究所（the National Institute of Environmental Health Sciences）召集的科学家们推断出：全光谱照明可以用于治疗阳光不足或在阳光下暴露时间过短所引发的许多综合症和情绪性障碍。他们的研究成果为国际癌症研究机构（the International Agency for Research on Cancer）带来了灵感、作为世界卫生组织（the World Health Organization）的下属委员会，该机构开始研究这一课题。它找到了强有力的证据证明夜班工作与癌症有关，尽管直到现在仍然没有人能够解释这种联系存在的原因，或是光疗法是否能够改善这种情况。

阳光除了能够改变我们的心情和行为之外，还会对我们的免疫系统产生影响。在产生影响的同时，它就转变了我们的愈合方式。20世纪初期，日光疗法的支持者们认为，阳光能够帮助患者愈合，尽管它对结核病没有太大的效果。当阳光接触到我们的身体，就像它能够触发眼睛里光感受器中的化学反应那样，它触发了其所接触到的身体细胞中的化学反应。我们都知道过多的日晒会对皮肤造成损伤，即晒伤。当过多的阳光照射在我们身上——比如说热带地区正午时分明亮的阳光——大量阳光穿透了皮肤细胞中的DNA分子，并将它们分解开来。这个灼烧的过程触发了炎症。免疫系统把DNA分子的碎片看作外来物质，认为它不是人体内部的物质，因此，免疫系统释放出炎性细胞将这些碎片清理干净。这导致血管扩张，被晒伤的皮肤变得肿胀、充血、一触就痛。随后，白血球继续清理被破坏的细胞组织。如果其已经造成了大面积的损害，血清会从血管中渗透出来，水泡随之就出现了。最后，随着DNA的重复和修补，遗传代码出现了错误，结果导致了皮肤癌的产生。

尽管过多的阳光对身体有害，但皮肤接受适当的日照对健康有益。如果有足够的能量帮助分子进行振动，而不是毁坏它们，这种能量就能够帮助我们愈合。维生素D是照射在皮肤上的阳光所激活的分子之一——但仅限于紫外线范围内波长较短的光。维生素D对于骨骼吸收钙质也是必不可少的。它也可以增强我们体内的免疫系统，尤其是促进巨噬细胞的生成，巨噬细胞能够吞噬炎症过程中所产生的碎片。当我们食用维生素D，这些细胞会分泌出免疫分子，将其他的免疫细胞召集起来，从而加快愈合的速度。

因此，我们面对着一个两难的选择：我们如何才能避免长时间的短波暴晒（可能的话，如何预防皮肤癌），同时保证自己获得足够的日晒，以便激活我们在生长和愈合过程中所需要的维生素D？这对于儿童来说是一个至关重要的问题，因为他们可能由于缺乏维生素D而遭受严重的生理缺陷：骨骼脆弱，身材矮小，骨骼生长异常，尤其是在腿部生长方面。

维生素D缺乏所造成的疾病被称为佝偻症，这种病症在17世纪就得到了确认，但直到20世纪初期才发现了它的病因。该病症可以通过食用大量添加了维生素D的牛奶和其他食物得到根除。

近年来，许多国家患有维生素D缺乏症的人正以惊人的速度增加。儿童会因此患上佝偻症；成年女性会出现疲劳和虚弱、肌肉关节疼痛、骨骼脆弱等症状——这些症状重叠在一起产生了慢性疲劳综合症以及纤维肌痛综合征，还有可能引发抑郁症。梅奥诊所（the Mayo Clinic）的研究人员在2003年公布了其针对美国妇女进行的调查研究，他们指出上述疾病的大幅增加可能由于牛奶与乳制品的消耗量的减少。同一本杂志上的一篇论文指出，过度使用防晒霜以及癌症恐惧导致人们避免阳光直晒可能也是原因之一。这些研究都在强调平衡的重要性：尽管过多的日晒会导致DNA损伤，过少的日晒会造成维生素缺乏，但是一定量的阳光对人体健康有益。

我们大脑和身体中的机制允许我们周围的阳光改变我们的心情，也改变了我们的应激反应节奏，改变了我们体内的免疫细胞抵抗感染的方式。阳光下的直晒和某种特定的视觉场景可能在某种意义上解释了为何通过医院窗口所看到的景色能够促进疾病的愈合。但是声音呢，鸟儿的鸣叫声，雨水滴落在窗台上的声音，树叶在微风中摆动所发出的沙沙声，也能帮助我们愈合么？

第三章
空间与听觉：好声音，能治病

寂静，是否意味着无意义？是否意味着什么都没有？当你身处一个安静的地方，你仔细聆听自己周围的寂静，实际上，你真正听到的是非常微弱的声音，它们通常淹没于背景噪音之中：风吹动路面上的干燥树叶的声音，你的双脚踩在鹅卵石上所发出的嘎吱声，鸟鸣声，小昆虫飞掠而过的声音，微风吹拂树木的声音。如果你闭上眼睛，你可以分辨出季节或一天之中的时间。你可以根据风吹过树木所发出的声响分辨出这是春天还是秋天。在秋天，叶子的声音变得清脆；在春天，柔嫩的叶子如丝绸般柔软，当微风拂过，它们几乎不发出任何声响。在夏天的夜晚，蟋蟀那有节奏的鸣叫声似乎从四面八方传来，像波浪一般在空气中此起彼伏。鸟儿们在清晨啼叫——你永远无法在正午的时候听到它们那清脆的鸣叫声。在安静的地方，我们可以听到自己周围的生命所发出的声音，这让我们与整个世界有了更为亲密的接触。我们与大自然进行接触，我们让自己的思想与自然保持协调一致，我们意识到自然中存在着许多比我们强大的力量。就像亨利·大卫·梭罗（Henry David Thoreau）在《瓦尔登湖》（*Walden*，写于1854年，本书是梭罗独自居住在森林时所写的）中所说的那样："我希望我可以聆听到夜晚的寂静，因为寂静是真实存在的，是可以被聆听的……寂静在歌唱。它是一种音乐，它让我感到兴奋、颤抖。"

但是，当你因疾病躺在医院病房中，你不会听到这些声音。当然，你也听不到寂静的声音。恰恰在你渴望平和与安静的时刻，你听到了各种各样的噪声——巨大的噪音。重症监护室中的声音范围处于45～98分贝之间：机器所发出的嗒嗒声和呼呼声，高跟鞋敲击地板所发出的声音，电话铃声，墙壁、天花板和金属桌面所回荡的人的说话声。整个夜晚，你听见医生和护士日常查房发出的声音，游客在走廊里发出的喋喋不休的说话声，其他患者在痛苦中发出的呻吟声。这些声音令人感到不舒服，不会让你想到家庭和健康。

耳朵，是为了感知声音而特别存在的感觉器官——它是一个精妙、复杂到令人难以置信的仪器，它能够察觉空气分子的运动，能够识别运动造成的不同的频率和音调。当声音到达耳朵附近，而后通过耳廓进入外耳道。耳廓就是小学生都能够画出的紧贴在脑袋两面的半圆形肉质突起物。人类的耳廓没有狗或猫或蝙蝠的耳廓灵活，它们可以迅速地将耳廓转向声音传来的方向并接收声音信号。接下来，声波撞击耳膜。耳膜是位于外耳道底部的紧密拉伸的膜，它像鼓一般振动，因此又被称为鼓膜。空气敲击耳膜，让耳膜按照声音的频率振动，这跟立体声扬声器与音乐共振的原理相同。但与耳膜相连的并非扬声器，它与位于下腔的中耳相连；中耳是由三块微小、松散的骨骼构成的骨链。每一块骨骼都非常精妙，有着完美的形状。其中一块看起来像一把鼓锤，它以拉丁文命名，被称为锤骨；另外一块看上去像一块铁砧，被称为砧骨；而最后一块因形似马镫，被称为镫骨。当耳膜振动的时候，这些骨骼让其运动节奏与空气的流动方式相协调一致。

内耳室位于耳腔的最内部，声波进入内耳室，到达了一片细胞“地毯”。这些细胞有着很长的细丝，它们能够像草坪上的草那样摆动。它们被称为毛细胞。而覆盖着毛细胞的器官才是真正的听觉器官，它是如蜗牛壳（在希腊语中它被称为螺旋壳）一般蜿蜒环绕的平面带状结构。每一根细丝有着不同的厚度，因此在不同的频率下其振动效果更好，这就跟吉他弦的工作原理相同：振动频率随着弦的厚度而改变。最后，这些振动的细毛触发了它们所在的听觉神经细胞纤维中的电脉冲。同时，通过从耳膜到中耳再到内耳之间的微小的“乐器链”，空气运动被转化为了电信号，并沿着整个大脑中的神经通路传递。

由于这些电信号从一个神经细胞传递到下一个神经细胞，神经细胞能够分辨出这些电流来自何处（神经细胞能够告诉你声音来源于何处）以及这些电流是由什么产生的（神经细胞能够告诉你是什么发出了声音）。蝙蝠善于识别声音来源于何处，而包括人类的灵长类动物善于识别声音是由什么发出的。我们可以找到声音来自何处——反之，我们可以利用它为自己的空间位置定位——因为我们所听到的声音是立体声。声音到达一只耳朵的速度只比其到达另一只耳朵的速度快几千分之一秒。而我们大脑中的听觉中枢可以察觉到这种细微的出入，并据之确定该声音源自何处。声音移动得离我们越近，它就变得越刺耳；反之，离我们越远，就变得更柔缓。想象一下在城市街道上行驶的救护车——你可以根据警笛声的大小来确定救护车离你的距离有多远。

大脑中识别声音的部分就是所谓的听觉皮层。它位于大脑中的颞叶区。如其名字所示，该区域位于太阳穴后方、靠近头部中央的位置，正好处于耳朵后的头骨下方。正如视网膜中产生的视觉信号在整个大脑路径中维持了其自身的空间结构，耳蜗中如钢琴键盘一般的毛细胞也是如此。这些毛细胞由低音到高音进行排列，构成了通往听觉皮层的听觉转换器。听觉皮层中也含有一个与耳蜗构造相类似的音调键盘。在那里，这些音调按低频到高频进行排列，这种排列方式被称为频率拓扑图结构。

马克·雷切尔（Marc Raichle）是来自圣路易斯（St.Louis）华盛顿大学（Washington University）的神经学家，同时也是一名多才多艺的钢琴家。他是最早证明频率拓扑图结构的研究者之一。在 20 世纪 70 年代末期到 20 世纪 80 年代早期，他是一小群先驱者中的一员。这些先驱者利用正电子发射层析扫描技术研究大脑功能和血液流动。在这种类型的大脑成像技术中，高能量的放射性化合物被注射进入血液，并在几分钟内溶解于血液中。检测放射性元素的扫描仪捕捉到神经细胞活跃区域中的血流量的瞬间图片。雷切尔为研究参与者提供了钢琴式系列纯音调，研究结果令他感到惊讶：变得活跃的区域中的血流量排列模式看上去就像是钢琴键盘一般。这张血流量分布图片与大脑中相对应的区域有关，神经细胞在那里按照音调进行了有序的排列。他获得了第一张血流量的频率拓扑图！

在此过程的早期，在声音信号离开毛细胞到达声音皮层这段过程期间，神经细胞流进行了分配，一些分支与大脑中的话语区相连接，其他分支则与大脑中专门识别音乐特性的区域相连接。特性识别对于我们如何识别声音非常重要，对于我们如何识别自己所看到的东西也十分重要。话语区将声音拆分为组建成语言的各个元件——就像组成词语的音素那样——而音乐区域则可以识别出构建为音乐的声音元素，包括了音调、音色、旋律轮廓和节奏。有些神经细胞分支直接与大脑中控制时间的部分进行连接。其他的神经细胞分支则流向了大脑中各个不同的情感中枢。因而声音，特别是音乐，能够触发许多不同的情绪反应。

在波士顿（Boston）以北，连绵起伏的丘陵地带里的森林中隐藏着一个小小的椭圆形池塘。从19世纪末期开始，当地人使用这个深水潭来逃离夏季的炎热。潭水出奇的温暖。但是，当你推着游泳圈游向湖泊中央以逃离水岸底部湿软的杂草，你的手指会碰到湖心冰冷的水。这些是池底的泉眼所涌出来的水，它们填充了整个池塘。

这个小池塘通过南端的一条无名小溪排水，它贯穿了整个湿地。夏天，湿地里长满了紫千屈菜、地涌金莲、美丽的凤仙花和圣约翰草。这条小溪流向南部，最终汇入一条名为斯皮科特（Spicket）的小河，再流进梅里马克河（Merrimack）。蜿蜒曲折的梅里马克河在流经沙滩之后，最终在波士顿最北部汇入大西洋（the Atlantic Ocean）。从过去到现在，梅里马克河一直都是新英格兰（New England）地区中部一条主要的商业运输路线。

这是因为在19世纪中期，德国、爱尔兰、法国和加拿大的殖民者来到了这片区域，梅里马克河和它的分支决定了该区域工业革命发展的高度。在这里，他们建造了以棉花、羊毛和亚麻为原料的服装制造工厂。溪水和河水下落的重力为水车的运转提供了能量，从而带动了织布机上梭子的运动。直到今天，这些巨大的红砖建筑物仍然耸立在各个分散于丘陵地带中的小城市里——其中包括了曼彻斯特（Manchester）、洛威尔（Lowell）、劳伦斯（Lawrence）、梅休因（Methuen）、黑弗里尔（Haverhill）。

如果你沿着这条无名的小溪走到斯皮科特河，然后沿着河水的流向往南走，你就会到达一个约有40英尺高的瀑布旁。这个瀑布是梅休因小镇中心地带的标志。这里曾经矗立着一座老工厂，而现在它是一个停车场。停车场的一侧矗立着一幢醒目的红砖建筑物，看上去像是一个教堂或是市政厅（the Town Hall），实际上它两者都不是。一位名为爱德华•瑟尔斯（Edward Searles）的室内设计师、铁路大王和房地产开发商在1909年建造了它，而他建造这样一幢建筑物的唯一目的是，放置一台管风琴。

走上阶梯，穿过一个平凡的大堂入口，你会发现自己位于一个足有两层楼那么高的阳光明媚的礼堂背后。礼堂北部最显眼的地方放置着一台巨大的美国黑胡桃木管风琴，它快跟房顶一样高了。这个场景是如此的惊人，以至于你不得不停下脚步痴痴凝望。管风琴底部的木箱支撑着轮廓优美的30英寸高的风琴管，木箱上的雕刻带着浓厚的米开朗基罗式（Michelangelo）风格。两个阿特拉斯（Atlas）式人体躯干雕塑支撑着位于键盘左右两边的最高的风琴管。在较小的风琴管底部，雕刻着一对世界闻名的作曲家。每一个底座的侧面，雕刻着有着日耳曼人（Teutonic）

的长辫子、面孔严厉坚定的女武神（Valkyries）。木箱的正中央雕刻着巴赫（J. S. Bach）的半身像，他沉默地审视着眼前的一切。

如果你碰巧在7月4日的庆祝活动前夕来到排练大厅徜徉，你可能有幸看到合唱团在教堂牧师的指导下练习的场景。牧师迅速地来回移动，或是坐在管风琴前的凳子上，指挥合唱团演唱。当他的手脚做好准备后，他向合唱团点头以示开始。他将双手放到分层键盘上，弓步向前，在按下琴键的同时踩下了踏板。突然，大厅里充满了巨大的回荡声。振动似乎通过地板传了上来，而你整个人则被振动所吞没。你一动不动地站在那里，它的振动带动了你的脊椎，让你觉得兴奋不已。在爱德华·瑟尔斯死前，他是唯一一名有幸听到这种声音的人。他购买这架管风琴，修建这座礼堂，是为了纪念他那已逝的热爱音乐的妻子。当瑟尔斯独自坐在一个地方，他会不由自主地陷入遐思；而当他沐浴在这架巨大的管风琴的声音中时，他能够重新感受到妻子在世时的情绪，同样也能感受到妻子去世所给他带来的巨大悲痛。

音乐为何能够唤起人们的情绪和记忆？为什么管风琴所发出的第一声和弦的回荡能够给聆听者带来如此深远的撼动？当你听到管风琴所发出的第一个声音后，那种敬畏、惊奇以及颤动的感觉究竟来自何处？

“鸡皮疙瘩。鸡皮疙瘩。鸡皮疙瘩。”这是丹尼尔·列维京（Daniel Levitin）与音乐家卡洛斯·桑塔纳（Carlos Santana）一起工作时的反应。正是这些反应让他离开了作为一名成功的加州唱片制作人的工作，转而开始研究神经科学。列维京回忆起了那一刻，当桑塔纳弹奏乐器的时候，他正准备捣鼓那些录音设备。他感到自己身上冒起了鸡皮疙瘩，他自己问自己：为什么音乐会对他产生这样的效果？他的大脑内部发生了些什么反应？

就像视觉那样，听觉在有反差的时候效果最好。而反差需要出其不意的元素——也就是让我们感到震惊，比如说，当我们从一个狭窄局促的空间进入一个大型的开放式空间，或当一个异常安静的礼堂里突然响起了声音。当我们在温暖的新英格兰地区的马萨诸塞州乡村中突然发现了一个巨大的管风琴，我们所感到的是惊讶。当我们在低矮黑暗的空间中看到明亮的阳光，当我们在安静、无声的环境中听到回荡的声音，当我们在田野风光中看到巨大的管风琴，我们所作出的回应不仅是身体上的而且是情绪上的。首先，你会感到你的脊椎传来一阵颤栗，也许你的手指还会传来刺痛感。随后，你感到自己屏住了呼吸。同时，你受到了鼓舞和启发。

这是寂静和喧闹之间的对比所产生的效果。如果在曼哈顿（Manhattan）的交通高峰期弹奏这架巨大的管风琴，几乎无人会察觉它所发出的声音。事实上，这正是纽约官方在噪音污染增加时所一直努力解决的问题——如何让紧急救援车辆的警笛声在喧哗中显得更为明显。警报器不仅需要变得更大声，而且需要改变一种声音模式，从而让其他人听到它的声音。

产生这种现象的原因是各级神经系统——单一的神经细胞、神经细胞群和整个大脑区域——最能识别的对象有所不同。比起同样种类或同样强度的反复性刺激，神经细胞能够更好地应对突然性变化。我们所有的感觉器官都存在这样的现象。

神经细胞对声音所产生的放射速率与神经细胞背景所产生的放射速率之间的差异被称为信噪比。在这种情况下，“噪声”是指低层次神经细胞的电子活动所产生的声音，这些电子活动无时无刻不在进行中。特定声音信号和背景活动之间的差异越大，我们所听到的声音就更加明显。响亮的声音能够让神经细胞产生更高的放射率，同时也拥有更高的信噪比，相较于柔和的声音则显得更为清晰明了。但是，在非常安静的环境中，柔和的声音也拥有相对明显的信噪比，我们也可以清楚地听到它。

突然的改变，比如声音的改变、空气的膨胀，能够让所有的动物产生听觉刺激惊跳反射——这样的反射与医生用橡胶锤敲击你的膝盖所产生的条件反射相类似。你坐在你的椅子上，努力完成电脑上的工作。你的同事恶作剧般出现在你背后，突然拍击双手发出巨大的声音。你跳了起来，几乎从你的椅子上飞跃而出。如果你在你的坐垫上放置了一个电子刻度表，你会发现身体所产生的反射与声音的强度成正比：声音越大，你跳得越高，降落的时候也显得更困难。事实上，这是一种测量动物听觉刺激惊跳反射的标准方法：科学家们在动物笼子中的地板上嵌入了一块刻度表。对人类来说，可以通过在眼睑上粘贴小电极来测量这种反射的强度。当你跳跃的时候，你也会眨动眼睛，而眨动的强度与惊吓的程度有着密切的联系。

为什么研究人员要通过这些长度来测试动物和人类的听觉刺激惊跳反射呢？这是因为这个简单的反射通过耳朵进入大脑路径中的神经细胞，再经由脑干中的转换中心直接到达大脑中控制恐惧情绪的中枢——杏仁核。测量这种反射能够说明对恐惧强度所作出的反应，它通常被运用于测试抗焦虑药物的疗效。

听觉刺激惊跳反射是一种非常原始的自救型反射，因为每当环境突然变化，动物一定会将注意力集中到场景中，并时刻准备抵抗或选择逃跑。形成这一应激行为的大脑部分与在整个应急过程中控制注意力、让身体做好准备以便逃跑的部分是相同的。如果我们已经经历过一次可怕的事件，大脑中的压力中枢——下丘脑就会立即与大脑路径进行连接，并让身体作出惊跳反射。这同样能够拯救生命。当你发现自己处于一个与曾经经历的危险情况相似的处境中，大脑中的压力中枢会立即进行瞬间设置，并提醒你时刻保持警惕。

有时候，我们实际上在寻找那种惊吓和恐惧的感觉，因为它们是敬畏的组成部分，而敬畏能够让我们感到兴奋——指因害怕而感到兴奋，而非因害怕而受到惊吓。然而，反复接触令人吃惊的事件，会导致我们不再产生应激反应，因为当不断的对比变得毫无变化，大脑就会进入一种平静的状态。当我们接触到许多拥有同样音调、同样强度的喧哗声，大脑中控制惊吓反射和神经细胞放射速率的区域所识别的声音就会逐渐变得越来越少，直到最后，它们将不再注意到这些声音。这就是所谓的习惯化。

通过使用在火中拉制而成的极细玻璃管所制成的电极接触神经细胞，来测量单一神经细胞的电子反应是有可能实现的。这些电极能够记录神经细胞对任何干扰所做出的反应，并将其通过示波器显示出来，类似机枪般的光点。但是在单调、重复的干扰下，神经细胞所产生的放射速率会逐渐减小，最终消失殆尽。一旦细胞产生了习惯，它将不再产生应激反应，除非出现了新的刺激，或是声音在音调、音色或模式上发生了改变。

这就是为什么我们能够抵挡单调重复的声音、为什么像空调这样的机器所产生的白噪声能够让我们感到放松的原因。想象一下在夜晚的时候，你躺在床上，因为无法停止奔腾的思绪而辗转反侧，难以入睡。一场暴风雨来临了——没有打雷和闪电，只有雨水重重敲击屋顶和玻璃窗所发出的声音。你裹在舒适温暖的羽绒被中，专注地听着屋外的雨声，很快就进入了梦乡。也许，令你入睡的是海浪拍打海滩所发出的声音，或者是小溪潺潺的流水声。这些声音都具有同样的效果。“平静（lull）”这个词，意味着短时间间隔内的安静，也意味着无聊，它是“摇篮曲”的起源——摇篮曲是指能够让婴儿平静并逐渐入睡的歌曲。有的母亲甚至指出，真空吸尘器的声音能够帮助她们的孩子入睡。

大脑能够对声音产生习惯的能力已经催生了一个互联网产业，它提供了可下载的自然声音，这种声音被称为粉红色噪音。你可以将它们储存在你的ipod或MP3播放器中，它们能够在需要的时候帮助你进入睡眠。这些录音也可以用于治疗一种被称为“耳鸣”的听力障碍症。耳鸣是指患者的听力神经受损，从而导致耳朵中发出了恼人和令人不安的声音。当患者在听粉红色噪音的时候，它会覆盖耳鸣所产生的刺耳音符，从而让病人感到放松，直到患者的大脑最终习惯耳鸣，并把它当作一种背景噪音。

总之，大脑会因突然的改变而产生爆发性电子活动，当这些电流经过大脑中的恐惧和压力中枢的时候，我们感到恐惧，浑身瑟瑟发抖，从而产生逃离的想法。这种反差增加了我们对自己周遭世界的认识。当一切都是平静的时候，就像黄昏下的湖泊表面或万里无云的天空，我们很难意识到空气的存在。但是，当天空中突然刮起吹拂云朵的微风，湖面突然泛起了阵阵波纹，我们突然就意识到了空气的存在。这就与我们因为在平静的背景音乐中突然听到出其不意的声音而感到惊讶是相同的道理。但是，如果所有的音乐都被注入了恐惧，或是所有的音乐都因为习惯化而令人感到无聊，那么我们为什么还会如此沉迷于音乐呢？它是如何令我们感到兴奋的呢？

人们在很早以前就知道音乐可以改变人的心情。从乐器最早被发明出来的那一刻起，人们就开始使用音乐来让人感到平静或害怕。古希腊人在他们的疗愈之神——阿斯克勒庇俄斯的神庙中用音乐帮助病人进行治疗。亚里士多德（Aristotle）和柏拉图（Plato）都曾写过关于音乐的治愈力量的文章。几千年来，军队用音乐鼓舞士兵的士气，增强部队进入战斗的决心。笛子、鼓、风笛和小号的声音激发了战士们的斗志，也让敌人感到胆怯。伴随着音乐跳动的祭祀舞蹈能够让人们感到性狂热。我们知道这一切来源于祖祖辈辈的艺术和文化，但是直到近年来，科学家们才研发出相关技术来理解音乐和情感是如何彼此联系的，并证明了音乐能够影响人们的心情。

当丹尼尔·列维京决定转行，追寻这些由来已久的问题的答案之时，他首次查出了大脑接收声音刺激的路径，并将它们组合成可以识别的音乐。随后，他查出了声音到达大脑中的情感中枢的路径。丹尼尔·列维京毕业于伯克利音乐学院（the Berklee College of Music），作为一名成为了唱片制作人的摇滚音乐家，他最终成为了神经科学家，现在是麦吉尔大学（McGill University）的教授。

20世纪70年代，列维京在大学毕业后加入了一个乐队，他们录制了几张唱片，并迅速在旧金山（San Francisco）地区走红。他花费了大量的时间与他的录音师一起待在控制室中，学习该行业的主要元素。当乐队解散之后，他开始为其他的音乐人制作唱片，这些音乐人包括了史蒂夫·汪德（Stevie Wonder）、卡洛斯·桑塔纳和斯迪利·丹（Steely Dan），他还受邀为好莱坞电影评分。

列维京痴迷于解决这些问题：为什么有的歌曲能够打动我们而有的却不能？当人们在听音乐或制作音乐的时候，伟大的音乐家与普通人有什么不同之处？他坐在斯坦福大学（Stanford）神经心理学教授卡尔·普力本（Karl Pribram）的心理学课堂中。最终，他又回到了学校读书，并在俄勒冈大学获得了认知心理学的博士学位。他选择直接将大脑作为研究重点。他选择了功能性磁振造影技术（functional magnetic resonance imaging，fMRI），来捕捉人们在听音乐时的大脑功能图像。

正如磁共振成像技术通常被运用于检测大脑和身体的解剖结构，以达到诊断疾病的目的；功能性磁振造影技术则利用了分子会在强大的磁场中发生旋转的事实。这种类型的成像技术不仅可以显示解剖结构，也可以显示这些结构是否活跃以及它们有多活跃。这些信息被转变成为了图像中不同强度、不同深浅的颜色，这样放射科医生就可以看到这些信息。

与正电子发射层析扫描技术不同，功能性磁振造影技术不需要在血液中注入放射性示踪剂，其工作原理依赖于血液中的成分——血红蛋白。血红蛋白含有略带磁性的铁元素。被扫描的身体部位进入一个巨大且强大的磁场之中时，铁原子开始旋转起来。当红血球在血管中流动的时候，与功能性磁振造影仪相连的电脑跟踪并记录了红血球在磁场中所发生的改变。当功能性磁振造影图中显示某个区域亮了起来，这就说明该区域中血液流量有所增加——这就意味着更多的神经细胞变得活跃起来，并正在使用血液所供应的能量。正如列维京在他的书《音乐感知的科学：用理性解释感性》（*This Is Your Brain on Music*）中所指出的那样：让人感到讽刺的是，这种方法是由英国百代唱片公司（EMI）研发而成，而该公司直到现在仍然依靠披头士（Beatles）的唱片销量获取利润。

利用这种技术，当一个人在听音乐的时候，列维京就能够识别大脑中的哪些区域变得活跃起来，尤其是大脑中的情感区域。他对此产生了兴趣：大脑在识别出单独的声音特质（比如说音调、振幅、方向、音色、节奏等）之后，如何将它们结合在一起从而创造出一种对音乐的感知。他也想知道音乐是如何引发人体的情感反应的。

事实证明，大脑中没有专门对音乐进行处理的单一区域。大脑是一个并行的处理器，它不断地从耳朵接收信号，分析它们，并对其所产生的认知进行重建和修改。这与其他所有感觉器官的运作方式相似。我们对听觉景观的认知是不断改变的，因为这种认知不仅取决于我们所接触到的声音，也取决于我们的内部状态。

在20世纪90年代，麦吉尔大学的研究人员安·布鲁德（Ann Blood）和罗伯特·查图尔（Robert Zatorre）利用正电子发射层析扫描技术发现，当一个人在听令人振奋的音乐时，大脑中与情感有关的几个区域就变得活跃起来，其中包括了杏仁核（恐惧中枢）、腹侧纹状体（奖赏中枢）。这些区域构成了边缘系统。它是大脑中最原始的情感通路，能够引导积极的情感，比如说性欲和奖励性情感；也有可能导致无法控制的欲望，比如说成瘾。

列维京对伏隔核特别感兴趣，它是位于大脑中的主要奖赏性区域之一。布鲁德的研究没有涉及这一部分，因为正电子发射层析扫描技术不能识别如此微小的区域。但是，功能性磁振造影技术可以做到。因此，列维京进行了一项研究。在该研究中，列维京向被测试人播放令人振奋的音乐，然后使用功能性磁振造影技术检测大脑中哪些部分变得活跃。正如他的预测，首先变得活跃的部分是听觉皮层——该区域有识别声音特征的功能。其次变得活跃的部分是位于大脑前部能够进行思考和译解的结构组织。最后变得活跃的是大脑中的情感中枢，其中包括了伏隔核，它们能够产生兴奋与快感。这些区域能够释放出与人体欲望有关的化学物质多巴胺，以及人体自然分泌的阿片肽和内酚酞。这样看来，无论是从电子的角度还是从化学的角度来看，音乐刺激了我们的大脑，并且就像其他奖励性刺激那样，它能够产生强烈的情感欲望。在列维京发表了他那里程碑式的论文之后，一家新闻媒体宣布其发现了大脑中能够对"性、毒品和摇滚乐"产生反应的中心。

当我们对声音产生情绪反应时，还会产生其他神经化学物质。情绪低落的时候，我们体内的5-羟色胺含量会下降，而类肾上腺素化学物质去甲肾上腺素的含量在压力期间会增加。它本身与声音的识别没有太大的关联，但可以对大脑识别声音特性的能力产生深远的影响。它们也会对视力产生影响。在5-羟色胺存在的情况下，神经细胞由模糊、宽泛的频率调整到较窄的范围。信号得到了锐化处理，我们的感知能力也变得更为清晰。

列维京发现小脑也会变得活跃。事实上，一些声音信号直接进入小脑，并完全通过了听觉皮层。这个发现令人感到吃惊，因为多年以来，小脑一直被认为是主要控制运动和平衡的神经中枢。我们跳舞的时候，这个神经路径发挥了重要的作用，它将音乐与运动、情绪连接在了一起；因为，正如我们所知，小脑也是产生情绪的一部分。当小脑识别出命令，我们在某种意义上感到了满足，因为小脑是与大脑中的奖励性神经中枢连接在一起的。它还能够为我们带来小惊讶，正如音乐一直以来所带给我们的那样——大脑一旦接受了一种固定的节奏或模式，改变就不在大脑的预计之中。如果作曲家加入某些全新的元素来改变原有的模式，我们就会因改变而感到刺激，甚至是兴奋，而这就产生了我们从音乐中所获得的快感。

大脑中的另外两部分也在声音的识别过程中发挥着重要的作用：它

们是管理着不同类型记忆功能的海马体和前额叶皮层。为了破译一个音调，大脑会将它所听到的音符连同其所有特征保留下来，同时努力将这些特征融合在一起，从而识别出一种固定的声音模式。这个过程被称为工作记忆，它发生在前额叶皮层中。在这里，储存的记忆是短暂的，其停留的时间通常与大脑形成认知所需要的时间相同。而我们通常提到的"记忆"——比如童年的回忆，昨天的午餐食谱——产生于大脑中的另外一个部分，它被称为海马体（其来源于希腊语中的"海马"，这是因为它卷曲的形状令16世纪的解剖学家想起了海马这种动物）。当你听到一曲音乐，这曲音乐是很久以前你读高中时就听过的，那个时候你正好第一次陷入爱河：那么，即便是在几十年以后，当你再次听到它时，仍然可以在你心中触发相同的情绪。它已经浸入了你大脑中的海马体，并触发了迷恋、兴奋的情绪。这就是为什么管风琴发出的声音让爱德华·瑟尔斯想起了他死去的妻子，让他想起了记忆中爱情、幸福和悲伤的滋味。

大脑中控制情绪的区域是如何与复杂的康复过程联系在一起的？情绪是否有助于康复？在研究人员找到这些问题的答案之前，他们必须开发出新技术来测量大脑中的情感流出途径——这种途径与令丹·列维京感兴趣的产生鸡皮疙瘩的情感流出途径是相同的。这些都是将情绪反应传播到身体中其他部分（其中包括了愈合细胞和愈合器官）的神经路线。另一位音乐家出身的科学家——朱利安·赛耶（Julian Thayer）选择了解决这个问题。

赛耶经常穿着夹克衫和没有领带的黑色丝绸无领衬衫出席医疗会议，他几乎没有正式的会议装束。他看起来更像是一名爵士音乐家，而不是著名的心理生理学家。事实上，他两者都是。他利用数学方法分析复杂的心脏速率信号，改变了研究人员以往解释和测量应激反应的方式。选择这样一条职业道路需要勇气——他的勇气来源于他的家庭经历。他的祖父母住在森林的深处，以至于他们不得不想法吸取更多的阳光。直到赛耶长大成人，他才意识到为什么一名非洲裔男子要与一名白人妇女结婚，并在20世纪30年代生活在遥远而与世隔绝的南方地区中。

赛耶的生活与常人没有什么不同。他最初是一名古典乐作曲家和低音大提琴演奏者。他曾在位于波士顿的伯克利音乐学院学习，但最终没有完成他的学位。当他到麻省理工学院（the Massachusetts Institute of Technology）、剑桥大学闲逛的时候，他的兴趣发生了转变。

他注意到人们聆听他的音乐作品时会表现出各种各样的情绪。就像列维京那样，赛耶开始猜测音乐是否可以真正影响人们的情绪反应。他说服了他的导师——心理学家罗伯特·列文森（Robert Levenson），现任教于加州大学伯克利分校（University of California, Berkeley）——对正在听音乐的人进行研究。在完成这项研究之后，他决定前往位于布鲁明顿（Bloomington）的印第安纳大学（Indiana University）学习心理学、音乐和化学课程。最终，他获得了心理学博士学位。他根据早期研究经验所写的论文于1983年发表于《心理音乐学周刊》（*the Journal of Psychomusicology*）。论文表明，音乐的确能够影响人的情绪，也能对其他类似于心律的生理反应产生影响。

这项研究有着非常巧妙的设计。赛耶选择了一部无声电影，并为其谱写了两首截然不同的乐曲——其中一首的旋律比较紧张，另一首则比较轻松。然后，他向一定数量的志愿者播放了这部电影。与看到无声电影的志愿者相比，那些观看了搭配着紧张音乐的电影的志愿者显示出应激反应被激活的迹象，而那些听到轻松的配乐的志愿者则表现出镇定的效果。显然，音乐能够对观看者的应激反应造成或增或减的影响。1980年，当赛耶开始他的研究时，用这种方法测量该环境中的应激反应是比较原始的。他能够测量心率和皮肤电传导（一种测量出汗率的方法，通常被使用于测谎仪中）。但在那时，更为精密的测量心律的仪器仍然在研发之中。

赛耶意识到如果他要从事这样的研究，他需要找到一种更为精准的测量方法来对大脑就压力所做出的反应进行测量。他与意大利的生物工程小组进行了合作研究，小组成员阿尔贝托·马里阿尼（Alberto Malliani）和马西莫·帕加宁（Massimo Pagani）致力于研究一种通过神经系统测量心率控制度的方法。他们将一个小型心脏监视器连接到志愿者身上，以便在24小时中连续不断地对心跳进行记录。心跳间隔的变化率是关键性因素，因为心跳速率和心跳之间的间隔时长是由神经系统中的不同部分进行控制。马里阿尼和帕加宁分析，如果他们能够设计出一种可以准确测量心跳间隔的易于穿戴的仪器，他们就能够使用数学公式推导出神经系统中的哪一部分在什么时间变得活跃且对心脏进行了控制。在超过3年的时间中，赛耶来回奔波于米兰（Milan），协助发展新的测量技术。

这些细微的心率变化通常只持续几毫秒的时间，而现在我们已能测量它们并利用变化模式计算它们。当赛耶进入该领域的时候，研究人员认为只有类肾上腺素神经的输入量能够通过此项技术进行测量。类肾上腺素神经及它们所释放的化学物质加速了心脏的跳动，减少了心脏跳动之间的变化率。赛耶所发现的是，通过复杂的数学分析，他能够识别出其他对心脏产生影响的神经——迷走神经，它通过释放一种名为乙酰胆碱的神经化学物质来减缓心脏跳动的速率。它是副交感神经系统的组成部分，当肾上腺素交感神经系统加速了心脏的跳动，它可以起到一种“刹车”的作用。

这样的经历让赛耶选择了“转行”——尽管他从来没有彻底放弃音乐，现在仍然在一个爵士乐队中担任低音大提琴手。他和他的合作伙伴们研制出了一种装置，你可以像携带ipod那样随身携带这种装置。当然它并不是用来听音乐的，它可以根据心脏跳动的节奏记录心跳之间的间隔时间。这样的装置实现了在任何条件下对神经系统组成部分的活动进行测量——其组成包括了交感神经系统（压力）部分和副交感神经系统（放松）

部分。

赛耶继续研究了其他不同类型的音乐对神经系统产生的影响，并用许多其他的研究测量了音乐对心脏所造成的影响。在所有情况中，当音乐使一个人从压力模式转变到轻松模式，心率的变化受到了肾上腺素的控制，交感神经模式转变成为了更为多变的副交感神经模式，从而产生了放松反应。

我们发现，有些音乐之所以令人感到平静，有些音乐之所以令人感到不愉快，可能还存在其他的原因。它与我们所发现的视觉平静模式相似，即那些人们在自然界中所发现的无限重复的被称为分形的模式。阿里·戈德伯格建议人们观看能够让人类心灵感到愉悦的分形，他指出这种方法可能同样适用于听音乐。

戈德伯格已经表明能够产生混乱的心率变异模式是可以通过数学计算进行分析的，从而转变为相对简单的方程式。他指出，身体越健康，体内系统就会变得越复杂、越多变。他同时指出，我们可以就体内复杂的节奏进行分析，并将其作为一种测量健康程度的方式。这些节奏类似于朱利安·赛耶所测量的心率变化性。

戈德伯格喜欢在他的演讲中向观众们展示一系列图形模式，并要求观众们选择一张自己认为看起来最健康的图形和一张看起来最容易致病的图形。通常，人们选择了最光滑、线条量最少或有着最规则的波浪花纹式图案作为健康模式。戈德伯格，这名快速眨动眼睛的、总是自豪的承认自己与格劳乔·马克思(Groucho Marx)有着相似之处的小个子男人，用笑容回复了观众们。这正是他所希望听到的答案，因为它简直就是大错特错（使用了一个恰当的短语）。他指出当心率的变化性最小的时候，就意味着死亡的来临。在死亡之后，心脏不再有任何节奏——身体中能产生的只有直线。理想化图像中的变化率是最大的，有很多的波浪线在水平线上下波动，从而显示出一种混乱的模式。而这就是健康的标志。

戈德伯格猜测，如果将音符添加到每个心率间隔之间，是否音乐就能够使这些模式变得平静或不和谐呢？他与他的儿子（一名演奏家、作曲家，后来成为了医学专业的学生）进行合作，将心率变化性节奏添加到了音乐之中。他们制作了两张基于健康心跳节奏而制成的舒缓的音乐光碟。而患病的心脏节奏则产生了不和谐的声音。这再次证明，当我们与自然界中所存在的模式同步的时候，无论是视觉上还是听觉上，我们都会感到平和与镇定。

心跳变化性和能够控制心跳节奏的类肾上腺素或由迷走神经所分泌的乙酰胆碱，是在声音进入你的耳廓之后所产生的一系列反应的终点。这些神经通路中所发生的改变以及它们所释放的神经化学物质，改变了大脑中的情感中心，从而对我们体内的免疫系统和愈合能力产生了影响。

那么，听音乐或待在寂静的环境中是否能够真正促进人体的愈合呢？从逻辑上来说，答案是肯定的，但还没有确凿的研究能够证明它。许多研究人员针对音乐对疼痛的效果进行了研究，这些疼痛包括了医疗过程中产生的疼痛、术后产生的疼痛或是癌症所造成的慢性疼痛。总的来说，研究人员对成千上万的病人进行了研究，研究结果中存在着很大的变动。造成这种变动的部分原因是，事实上许多不同的条件被混为一谈。一个针对音乐在疼痛强度减少方面所发挥的效果的分析报告显示，音乐的确对身体有益，但其产生的效果非常细微：如果将疼痛划分为 1 ～ 10 级，音乐所减少的疼痛强度只有 0.4 级。同时，音乐能够减少患者对镇静类药物的摄入量——与没有听音乐的病人相比，听音乐的患者的镇静类药物摄入量减少了 15% ～ 20%。这是一个非常小的影响，如果让没有听音乐的患者服食额外的非镇静类药物，那么他们对镇静类药物的摄入量会减少 50%。但是从病人的角度来看，尤其是在不摄入其他药物的情况下，20% 的减少量仍然是十分可观的。如果不将这些条件混为一谈，那么结果就会更具戏剧性。几个瑞典人做了一项研究：向一部分接受了疝气修补手术后处于麻醉状态下的患者播放舒缓的音乐，另一部分患者则在术后一小时就立即前往康复病房。研究表明，采取这两种不同措施的患者对吗啡的需求量有着显著的区别：前者仅需三分之一的剂量，而后者需要二分之一的剂量。如果像听音乐这种简单又安全的方法能够有效减少人体对止痛药的需求量，那么它的确是对人体有益的“治愈师”。

即便是在治疗环境中添加音乐并不能直接对愈合产生太大的影响，它也能够消除对人造成压力的喧哗声，从而加快身体康复的速度。压力对免疫系统有许多有害的影响，它会延长伤口愈合所需的时间，减弱身体产生抗体的能力，并损害免疫系统抵抗各方面的感染的能力。因此，按理来说，消除医院环境中嘈杂的、令人感到压力的声音对于患者的健康来说是有益的。

增强声音的正面影响同样对健康有益。像舒缓的音乐那样激活迷走神经，也可以影响身体的免疫反应。凯文·特蕾西（Kevin Tracey）是长岛（Long Island）范斯坦医学研究所（the Feinstein Institute for Medical Research）的一名研究人员。她通过研究指出，用电流刺激迷走神经能够对腹腔中的炎症产生深远的影响，能够抑制过于活跃的免疫反应。我们还不知道那些能够使迷走神经变活跃的温和干预媒介（比如说音乐）是否强大到足以影响体内的免疫系统，但是，音乐通过这种直接路径对免疫反应和愈合过程产生影响是可能的。

许多研究表明，听音乐能够对唾液中某些抗体的分泌产生可衡量的影响：这就是所谓的免疫球蛋白 A（IgA）抗体，它是保护人体免受感染的第一道防线。这些研究指出，音乐不仅可以影响我们的情绪和大脑中的情感流出途径，还能对免疫细胞抵抗感染的能力产生影响。

它同样表明，唱歌能够对这些情绪反应和免疫反应产生深远的影响，但这些影响产生的背景有所不同。在合唱队中表演的业余歌手体内的应激反应会减少，心情会变得更为愉悦；而在舞台上表演的职业歌手体内的应激反应却呈现出增加的趋势。在这两种情况中，唾液中免疫球蛋白 A 的含量都增加了。相反的，在职业歌手的体内，另外一种能够触发炎症的免疫分子随着应激激素皮质醇的增加而增加了；而在业余歌手体内，无论是免疫分子还是皮质醇的含量都有所减少。这些研究告诉我们，就像其他能够对我们的心情和愈合能力造成影响的因素那样，个人经历、记忆和期望也对其产生了重要的作用。

声音与寂静对神经系统、我们对周围环境所产生的情绪反应、情感中心所释放的神经化学物质和激素产生了深远的影响，最终对我们的治愈系统和康复过程产生了影响。那么，我们的其他感官，比如触觉和嗅觉，是否也能够对愈合产生积极的影响呢？

第四章
空间中的触觉与嗅觉：健康的气味可以触摸

在我们感知世界的所有途径中，触觉和嗅觉是仅有的两种可以直接与周围事物进行接触的感知方式。这一点在触摸的情况中显得尤为明显：将手指放在砖墙上才能感觉到砖墙的粗糙；坐在石凳上才能感觉到石凳的坚硬；走进浴室才能体会到温水冲刷皮肤的感觉。同样，气味与之相同。当你在纽约的街头漫步，你会闻到烤花生、腐烂的垃圾、烤牛肉、食用油混合着柴油车尾气所散发的味道，这说明你接触到了这些物质的微小粒子。或者，如果你在一个凉风习习的日子坐在山坡上，你会闻到被割掉的新鲜干草、湖水、沟渠中的泥土、金银花和松树所散发出来的味道，这是因为它们都乘着风到达了你的身边。在上述两种情况中，空气将这些物质的一些粒子带到了你的身边，而你的鼻子就闻到了它们。

当你正常呼吸的时候，首先发生的一件事情就是空气进入了你的鼻孔。由于呼入的空气是朝着咽喉尾部流动的，它会经过鼻子内部的三个肉质结构。一部分空气还经过了更深的结构组织，这些组织位于最顶层肉质结构之后、靠近颅底的位置。这就是能够识别气味的嗅觉器官。它的神经细胞埋藏在黏膜之中，与神经细胞相连的纤维向上通过了颅骨中的穿孔膜；这种膜非常薄，很容易产生裂痕。如果头骨发生断裂就很容易诱发脑膜炎，因为在此时，大脑十分接近于外面这个充满了细菌的世界。在骨的修补过程中，它必须是薄而穿孔的，这样嗅觉神经细胞的长纤维才能进入大脑之中。

当你在闻一朵花的时候，你比正常呼吸吸入了更多的空气。空气在你的嗅觉器官中流动、旋转。对哺乳动物来说，一次嗅闻可以持续0.1～0.25秒，这段时间足够大脑中的嗅觉中枢识别并分析所闻到的气味。老鼠在这方面的能力强于人类，它们能够在少于0.1秒的时间中准确识别出一种气味。尽管人类识别气味的速度较慢，但在识别和区分气味的精准度上显得尤为擅长；即便是气味的含量微乎其微，人类也能够识别和区分近万种气味。

当你触摸一种物质，你会感受到它的质地。这种感觉给你提供一点线索，你知道它可能是什么物质，但是你不知道它是由什么制作而成的。当你在嗅闻某种物质的时候，你就对其化学结构进行了鉴定。嗅觉器官是一种极其敏锐的化学探测器，它能够根据空气中所漂浮的少许粒子识别一种物质。你是否猜想过，炎热的夏季傍晚，大雨后的空气的味道闻起来为什么有些不同？这是因为雨水覆盖了所有的物质，其中包括了树叶、路面、泥土、草坪；雨水洒落在这些物质的表面，分解了这些物质的一小部分。随着水分的蒸发，这些粒子混合物也进入了空气之中，而你则通过嗅觉器官感知了它们。在不同的温度下，溶于水和释放在空气中的分子混合物也有所不同。因此，在和煦的春天、炎热的夏季、寒冷的隆冬，空气的味道闻起来也是不同的。空气的味道会告诉你现在是什么季节，现在是什么时间，和你所处的地理位置——乡村或城市街道，海洋沙滩或高山湖泊。栀子花、金银花、橙花和茉莉花会在夏季夜晚散发出更为浓郁的香气。被割掉的新鲜青草和干草的气味也象征着夏天。壁炉中燃烧的木材所散发出来的味道则代表着秋天和冬天。

即便是你从未到过佛罗里达州（Florida）南部或是在春天的夜晚沿着意大利阿马尔菲海岸（Amalfi Coast）漫步，你也可以立即识别出邻氨基苯甲酸甲酯和土味素的气味。即便是你从未在情人节那天收到过十二朵芬芳的花朵，你也知道香叶醇乙酸酯的特性：香叶醇乙酸酯与邻氨基苯甲酸甲酯有关，却是两种截然不同的物质。你知道这两种气味都是花香，但它们来自两种不同的花朵。香叶醇乙酸酯是使玫瑰散发香气的化学物质，而邻氨基苯甲酸甲酯则来自橙花。土味素（字面意思为“土壤的味道”）是一种从藻类中提炼而来的三级醇，它让泥土拥有了自己的气味。你的鼻子和大脑只需 0.2 秒的时间就能够识别出这些气味在化学成分上的不同之处和相似之处。嗅觉系统识别气味的方式与视觉系统识别图像、听觉系统识别声音的方式基本相同。首先，鼻子识别出气味的组成部分及特性；随后，大脑将这些特性组合在一起，从而形成周围环境的嗅觉形象。

当气味分子进入嗅觉器官中的粘膜，它们溶解到了神经细胞周围的粘膜液体中，并根据它们的大小在毛细作用中发生了移动。这正是化学家通过色谱仪评价分子相对大小的原理：不同质量、不同电荷含量的化学物质在水中运动的速度也有所不同。体积较大、可溶性最低、电荷含量最少的化学物质运动的速度最慢；而体形较小、高度带点的粒子移动的速度最快。

当气味分子进入嗅觉器官之中，它与嗅觉神经细胞进行了接触。这些细胞有着微小的触角和毛发状结构，这些结构中含有不同形状的蛋白质。蛋白质是气味分子的受体。为何我们能够识别近万种气味？我们如何在不到一秒钟的时间内识别一种气味呢？嗅觉是科学家们最后理解的一种感官。单一器官能够如此准确、灵敏、快速地识别出如此多的气味，这似乎是一件不可能完成的事情。

人们在 1991 年得到了答案。琳达·巴克（Linda Buck）和理查德·阿克塞尔（Richard Axel）发现了一个“超级家庭”——一种含有 1000 多种决定我们识别和分辨气味的能力的基因。因为此项发现，他们在 2004 年获得了诺贝尔奖。这些基因中的绝大部分在鼠类和其他动物的体内发挥了作用。而在人类体内，只有大约 350 种基因是活跃的，但它们已经足够了。它们进行了排列和组合，使我们能够识别我们所生存的环境中的所有气味。

这个大型的基因族与产生蛋白质的基因有着密切联系。每个蛋白质折叠成略微不同的结构，在其褶皱的中央含有一个形状独特的微小口袋。它可以检测到单一的水分子、特定类型的碳原子、特定构造的苯环的存在。它的工作原理是每个气味分子正好有其恰当的形状，以便填补裂缝。

一旦形状适当的香气分子停留到某个蛋白质上，它与蛋白质中的口袋紧密结合在一起，就像将一把钥匙插进锁里那样。一个形状不适合的香气分子就不会与口袋结合在一起，或者是如果香气分子不是完美地与之相适应，它们结合的紧密程度就会变弱。一旦它成功到达某个位置，香气分子就会改变它所在的受体蛋白质的形状，促使细胞内部发生一系列生化反应：细胞表面形成了一个通道，从而允许带电钠离子和钙离子进入细胞之中；在细胞膜上产生的这种变化，触发了一个前往神经末梢的电脉冲。这就是整个转换过程的开始部分，香气在大脑中转变成了电脉冲。

鼻子不仅可以检测它所闻到的化学物质的类型，还可以识别该化学物质的浓度。浓度越低，就意味着在一定空气中溶解的分子量越少，气味也就越淡。浓度越高，气味就越浓。鼻子与气味的源头相距越近，闻到的味道就更加刺鼻，这是因为在源头部分聚集了更多的气味分子。随着你与气味之间的距离不断增加，气味的浓度梯度也由高变低：分子数量逐渐减少，气味逐渐消散。当你看到巴士尾部所放出的废气，你会发现那团密集的烟云追着空气的漂浮而逐渐变得稀薄。你所看到的正是废气的浓度梯度变化。你能看到这些烟雾是因为它们是由大型粒子组成的，但小粒子也会发生相同的情况。不同之处在于，对于小粒子，你是用鼻子来识别其梯度变化，而不是用眼睛来对其进行观察。

当狗在追踪一种气味的时候，它会按照由弱到强的轨迹进行追踪。野猪也是按照这样的方法发现了松露——那些美味的法国真菌，每盎司的售价高达成百上千美元。当野猪闻到这种气味，它会不断挖掘直到找到气味的源头。龙虾的触角可以“嗅”水，从而识别出水中所溶解的分子。龙虾用两个触角检测并比较水中所含有的不同浓度，从而识别出分子来自何处，并按照这种轨迹往浓度值较高的地方游去。我们的鼻子也是按照这种方式工作的。

人类与狗、鼠类、猪和龙虾相似，人类所闻到的气味是立体的。我们的每个鼻孔可以识别出香气在浓度上的细微差别，而我们的大脑则可以识别出极其细微的差异。因此，我们可以分辨出香气的来源在哪里。人类在这方面比起狗可差远了，狗可以轻松地跟踪气味，并按照气味进行追踪。但是科学家们已经证明，人类在经过训练之后也可以做到这一点。

来自美国加州大学伯克利分校、美国宾夕法尼亚州立大学（Pennsylvania State University）和以色列魏兹曼研究所（the Weizmann Institute）的研究人员组成了一个小组，他们通过在草坪上滴洒长达十米的巧克力精油，来测试人们能否按照气味进行追踪。32名被测人员不能够依靠视觉、听觉或触觉获取线索——他们被包裹在衣服之中，他们的耳朵和眼睛都被覆盖了。他们凭借手和膝盖进行爬行。其中有21名（包括9名女性，12名男性）被测志愿者在第一次尝试的时候就找到了香味的来源。但当他们的鼻孔被堵塞，他们就无法找到香气的来源了。随后，研究人员让2名男性、2名女性每周3天、每天3次练习对气味进行追踪，该练习持续了2周。通过训练，被测人员在速度和精准度上有了很大的提高。他们选择了与狗在追踪地上的肉香味时所采用的相同方法：它们进行了多次嗅闻，并在草地上来回曲折爬行。尽管人类的鼻孔间隔仅有两公分左右，但这对于人类来说已经足够，人类可以识别气味云团中的细微浓度差异，从而获得关于气味的来源和地理位置的相关信息。

因为在你的一天中，你会遇到许多形状、大小、组成成分不同的气味。你对每种气味强度的看法不仅因为气味的浓度发生改变，还会因为你与此种气味接触速度的不同而发生改变——你花费了多长的时间经过气味云团。当你在嗅闻的时候，你所获得的信息被编码到神经元发射数据库中。发射电信号的速度同样取决于物质在空气中的浓度：气味浓度越高，神经细胞发射电信号的时间越早，速度越快。因此，你知道了自己周围的化学组成成分以及每种化学物质在空气中的空间分布。因为大脑通过个别功能和不同种类来对这些化学物质进行了分类，你同样知道你所遇到的某些味道的基本类别信息——它们是花卉的味道，还是青草、树叶、泥土或海水的味道；是鱼腥味还是肉香味；是细腻的还是刺鼻的味道；是辛辣的还是甜蜜的味道。通过这种方式，你掌握了你周围环境中的化学成分的三维图。你的嗅觉除了能够告诉你周围环境的化学和物理信息，它还能为你提供一些社交信息——在你附近的是谁，他们对你来说是否具有吸引力，是否有什么危险潜伏在你的眼睛和耳朵所不能分辨的范围之中。

在费城（Philadelphia）市中心，从第30号大街火车站（the 30th Street Train Station）开始经过几个街区，城市景观中有一个惊人的场景：矗立着一个巨大的金色鼻子雕像！这个10英尺高的雕像有一对丰满的嘴唇和脸部的一部分，但是没有眼睛和耳朵。它看起来像是人们在埃及墓葬中发现的雕塑。该雕像是雕塑家阿林·勒夫（Arlene Love）在20世纪80年代创造的，它是它的主管机构——美国费城蒙内尔化学感觉中心（the Monell Chemical Senses Center）的完美象征。该研究所成立于1968年，是美国宾夕法尼亚大学的下属机构。该中心完全致力于研究嗅觉和味觉器官。

在20世纪80年代，身为物理学家、癌症研究学家、免疫学家、诗人及科学哲学家的刘易斯·托马斯（Lewis Thomas）成为了该机构的董事会主席。他一直对嗅觉现象特别感兴趣。他的父亲曾经是一名乡村医生。托马斯年幼的时候曾陪伴他的父亲拜访患者，他发现气味对于医生来说是一种非常重要的诊断工具。早在20世纪以前，医生们只能将鼻子作为检测体液中异常物质的工具。为了检测糖尿病，他们会闻，甚至是尝病人的尿液，以确定尿液中是否含有糖分。他们会闻病人呼出的气体，如果有刺鼻的气体则意味着乳酸含量过多，这是糖尿病昏迷的症状。肺炎患者所呼出的气体含有一种怪异的甜味，这是某种细菌所释放出来的气味。直到今天，我们仍然通过呼吸测验检测酒精的含量。对于20世纪早期的医生们来说，他们的鼻子就是呼吸测试仪。

托马斯对于狗在气味识别方面所拥有的敏锐能力非常好奇——比如说，警犬可以仅凭嗅闻服装碎片就可以识别出一个人。作为一名免疫学家，最令他震惊的一件事情是，狗可以区分任何人，除非对象是同卵双胞胎。这正与免疫系统的工作原理相似，具有同样遗传组成的人在免疫系统方面也没有什么太大的区别。除非组织器官产生了病变，同卵双胞胎中的二者可以接受彼此之间的组织器官移植。而其他人则需要进行广泛的测试才能找到与其相匹配的捐赠者。决定匹配与否的分子被称为主要组织相容性复合体（MHC）分子，而它们在每个细胞的表面得到了表达。它们为每个人、每对双胞胎提供了独特的识别标识。托马斯在其所著的《细胞生命的礼赞》（*The Lives of a Cell*，1975）中指出组织相容性抗原可能也对我们的嗅觉器官产生了一定作用。大约在15年之后，证明了此作用的研究者最终获得了诺贝尔奖。

与此同时，相对独立地，来自纪念斯隆-凯特琳癌症中心（the Memorial Sloan-Kettering Cancer Center）的两名研究人员，在培殖组织相容性老鼠进行免疫学研究的时候注意到，雄鼠更喜欢与携带不同类型组织相容性抗原的雌鼠进行交配。该观察结论，以及美国费城蒙内尔化学感觉中心基于这项结论所进行的研究，都证明了托马斯的推论：哺乳动物能够通过它们的鼻子识别免疫分子。这些分子通过尿液排出体外，因此，嗅闻尿液的狗知道这是其他狗所标志的领土。其他分子同样能够吸引狗的注意力。

刘易斯·托马斯在他的论文《费洛蒙的恐惧》（*A Fear of Pheromones*）中谈道，雌蛾分泌产生的蚕蛾性诱醇费洛蒙有着显著的引诱效果。费洛蒙是一种微小的脂肪状无味分子，通常是由动物毛囊周围的汗腺分泌产生的，很容易溶于空气中。对于异性来说，费洛蒙具有非常强烈的诱惑性。刘易斯在论文中写道：经过“仔细的计算”，如果一只雌蛾“一次性将其囊中的蚕蛾性诱醇费洛蒙释放出来，从理论上来说，她会在一瞬间吸引一万亿只雄性蛾子”。“当然，”他苦笑着指出，“这是不可能完成的。”识别这些奇异化合物的是犁鼻器复合体，它比鼻孔更接近嗅觉器官，由鼻中隔两侧的沟组成并直接与大脑相连接，其中还包含了大脑中控制再生产的部分。托马斯在他的论文中提到了一篇前一年已经出版的开创性论文，这篇论文是由拉德克利夫（Radcliffe）的一个名叫玛莎·麦克林托克（Martha McClintock）的年轻学生所写的。

麦克林托克注意到住在同一宿舍的女性似乎会在同一时间进入月经周期。她在《自然》杂志上发表了一篇文章，假设费洛蒙是促使住在同一房间内的女性生理期同步的原因。该现象同样发生在被关在同一笼子中的雌性啮齿类动物身上。麦克林托克更加详细地研究了这一现象，并于1998年在《自然》杂志上发表了另外一篇文章，在该篇文章中，她确认并扩展了原有的事实。她指出，对其他物种来说，费洛蒙支配着许多行为，其中包括了择偶偏好、主导地位关系和断奶。

美国费城蒙内尔化学感觉中心的研究人员发现，人类可以通过自己的嗅觉识别周围人的情绪。这项研究开始被一位名叫丹尼尔·麦奎尔（Daniel McGuire）的七年级学生选作科学项目，他是蒙内尔化学感觉中心的一名研究人员的儿子。后来，蒙内尔化学感觉中心的实验室针对其进行了科学研究，研究人员丹尼斯·陈（Denise Chen）和珍妮特·哈维兰－琼斯（Jeannette Haviland-Jones）撰写了相关文章并发表在《知觉与动作技能》（*Perceptual Motor Skills*）杂志上。在这项研究中，25名处于大学年龄段的男性和女性在他们的手臂下垫了一块纱布，与此同时，他们观看了一部时长为 14 分钟的或悲伤或搞笑的电影。研究人员组织了另外 40 名女性和 37 名男性闻纱布上的气味，并询问他们提供纱布的人的心情是害怕还是愉悦。与预计的可能性相比，参与者更能够识别被测人员在看恐怖视频时的纱布的气味，他们将其称为"恐惧的气味"。经证明，女性在该项任务上比男性表现得更为出色：她们能够更加准确地辨认出"恐惧的气味"和"愉悦的气味"。

尽管要证明人类身体所分泌的气味及挥发性化合物与我们的心情之间的联系仍有大量研究工作要做，但是，我们已经清楚这些无形化合物是我们识别周围景观的重要依据，并且它们能够对许多生理功能产生影响。我们对空气中所漂浮的化合物的认识是如何对我们的身体产生影响的呢？气味有愈合的力量么？

中世纪以来，朝圣者们从巴黎圣雅克（St. Jacques）出发，留下了 1000 千米的足迹。他们穿过了法国中心的中央高原，沿着西班牙北部的海岸线到达了位于圣地亚哥的德孔波斯特拉城（Santiago de Compostela）的大教堂。朝圣者们有许多不同的路线，他们由西欧各个城市出发，比如说法兰克福（Frankfurt）、罗马（Rome）等。大多数朝圣者会穿过法国，经过比利牛斯（Pyrenees）山脉中的卢尔德镇（Lourdes）。其他人则会选择经过夏特尔镇（Chartres）——一个位于巴黎外面的小镇。但是当他们选择穿过比利牛斯山脉，他们都会选择同一条路线：朝圣之路（"法国之路"）。随后，这些人会集中在孔波斯特拉——它靠近欧洲大陆西部地区附近，那里有一个被称为菲尼斯特雷（Finisterre）的微风吹拂的海岸悬崖，它的名字的意思是"土地消失的地方"或"世界的尽头"，而它看起来似乎真的如它的含义一般。

朝圣者的目的是桑特·伊阿古（Sant Iago），又叫圣詹姆斯（Saint James）。他是耶稣的信徒。根据《圣经》的说法，他的遗体被埋葬在了大教堂中。经过长途跋涉，抵达目的地之后，朝圣者变得污秽、潮湿、寒冷和恶臭。他们向教堂寻求庇护。他们蜷缩在地板上，等待着弥撒的开始。但是在祷告声发出之前，6 名修道士会举起一个巨大的银质香炉波达芙美罗（botafumeiro），并用绳索将其悬挂在空中。这个容器是如此重，以至于每个修道士都使劲吊着手中的绳索，大家一同努力拖拽。容器中盛满了乳香（Boswellia），它那翻腾的烟雾可以上升到教堂中的哥特式拱门顶部。随着香炉朝着天花板缓缓上升，修道士们不断增加其左右摆动的弧度，这样香甜、辛辣的香气会迅速飘散，从而落在下方的香客们身上。

直到今天，你仍然可以拜访圣地亚哥的德孔波斯特拉城，并观看这个已经延续了一千多年的仪式。世界各地的天主教大教堂会在圣诞节这一天进行类似的仪式，但是其所使用的香炉通常是体积较小的手握式香炉。当主教和神职人员在通道中慢慢行走，他们的上空漂浮起了一朵幽灵般的乳香云，将朝拜的人群笼罩在它的香气之中。

直到 20 世纪 60 年代的梵蒂冈第二次理事会（the Vatican II council）之后，乳香仪式成为了弥撒期间的日常祈福仪式，而在圣诞节，它被认为是一种召唤贤士（Magi）的馈赠的手段。在 12 世纪的孔波斯特拉，人们认为乳香仪式能够洗去朝圣者身上的传染性疾病。

如果没有意外，贤士在伯利恒（Bethlehem）的马槽里所赠与的最珍贵的三件礼物之中，其中两样可能就是香树脂：没药（Commiphora）和乳香。甚至是在圣经时代，人们就开始认为这两种物质有愈合的功效。它们是从小型多刺灌木中提取的——橄榄科中的乳香属和没药属——它们通常生长在南亚、中东、非洲地区，尤其盛产于索马里、埃塞俄比亚和肯尼亚。能够提取乳香的乳香属植物通常生长于印度和红海（the Red Sea）。这些植物的化学成分因为气候和地点的不同而不同。因此，它们的原产国揭示了它们的化学成分。据说西巴女王（The Queen of Sheba）让所罗门王（King Solomon）与香脂树产生了密切的关联，因为她所使用的增稠胶就是香油。所罗门王在朱迪亚（Judea）种植了这些香脂树。《耶利米书》（*Jeremiah*）8:22 中提及了它们在促进愈合上的优点："难道基列（Gilead）没有香油？难道那里没有医生？那么，为什么我的女儿、我的臣民无法恢复健康？"当罗马人征服了朱迪亚之后，他们将香油看得尤为珍贵，他们将树苗带回了罗马，并派哨兵守护它们。

这三种树脂都会散发出一种安神的香气，并且在整个历史进程中，人们一直把它们用作香水。没药和香油曾被用来治疗伤口——希腊士兵总是随身携带用小瓶子储存的没药。据说乳香可以治疗哮喘病引发的呼吸困难，减缓感冒和支气管炎的相关症状，并有助于消除疤痕。

乳香和没药有以下几种形式：水溶性树胶、醇溶性树脂和各种精油。它们是几十种小分子的混合物，其中包括了容易挥发的类固醇分子和辛辣的气味。有研究表明，当我们在免疫细胞上添加乳香，能够促进免疫细胞活动或减少炎症。其他研究也表明，乳香有抗真菌、细菌的效果。因此，圣地亚哥德孔波斯特拉的僧侣们极有可能正确地利用了乳香，让疲劳而多病的朝圣者沐浴在舒缓的乳香云中。

自古以来，人们就认为许多芳香精油有愈合伤口的特性。当大卫王（King David）在《圣经》的《诗篇》（the Twenty-Third Psalm）第 23 首诗中说道，"你用油膏涂抹我的头"，他很有可能指的是神圣而又愈合功效的精油。在圣经时代，圣油通常混合了橄榄油、甜香料、没药和乳香，《圣经·出埃及记》（*Exodus*，30:23-35）中提到，"在药剂师的艺术中康复"。灵魂的治疗和身体的愈合通常是同时进行的：圣油代表了一种神圣的祝福，它可以消除有害的影响、击退恶魔、驱除疾病。人们通常也会使用薰衣草、檀香、茶树、桉树、天竺葵和甘菊的精油，因为它们也有抗菌的效果。约瑟夫·李斯特（Joseph Lister）是第一名提倡无菌手术的医生，他使用百里香精油清洗伤口。

用芳香精油治疗疾病的疗法被称为芳香疗法（aromatherapy）。它在很大程度上参照了东西方文化中使用此类愈合性精油的历史典故和年代久远的做法。近代药理学研究证明，这些精油中的一部分是有效的，通过单独使用或混合使用，它们能够抵抗特定的细菌。在一项研究中，柚子籽中的提取物和天竺葵精油的混合物能够杀死抗菌素感受性和抗菌素耐性葡萄球菌；薰衣草、茶树和广藿香精油也同样拥有某些疗效。该领域的研究已经非常成熟，并相应产生了一些全新的重要的化合物，它们能够治疗创伤、感染和炎症。

芳香精油不仅被应用到了创口和病变皮肤上，因为其对心情的治疗作用，它们也被运用到了心理治疗之中。弗洛伦斯·南丁格尔（Florence Nightingale）用薰衣草精油涂抹负伤战士的前额，据说这样有舒缓神经的效果，并且薰衣草精油是常用的夜间镇静剂。其他精油据说也有减少压力的功效，比如说：洋甘菊精油、天竺葵精油、玫瑰精油、马郁兰精油和缬草精油。

要设计准确、可控制的研究来测试这些化合物是如何产生功效，以及在什么样的条件下才能发挥功效，这是非常困难的，因为它们的气味识别度非常高。直到现在，大多数出版物仍然依靠个人研究报告（也被称为轶事证据或见证），而所依据的活性化合物的功效并未与其他化合物的功效进行对比研究。

有研究表明，类似于薰衣草的芳香精油的确可以缓解紧张、改善情绪、引导睡眠。比如这项实验：老鼠有敏锐的嗅觉，在其吸入缬草和玫瑰香气之后，香气中的戊巴比妥会引诱老鼠进入长时间的睡眠；而柠檬的香气则会缩短睡眠的长度。研究人员通过脑电图（EEG）测量了这些老鼠的大脑中的电活动，也发生了相应的变化。而对失去嗅觉的老鼠，这类香气则没有太大的作用。该实验提供了确切的证据，证明这些化合物的气味的确有延长睡眠的作用。

另一项研究的对象为 10 名男性和 10 名女性。该研究结果表明，与甜杏仁油相比，薰衣草精油能够帮助人们治疗轻度失眠。吸入薰衣草精油的人的脑电图也发生了改变，其向积极的情绪特征模式进行了转变。

薰衣草同样能够减少记忆和反应的次数，而这正是某种化合物导致嗜睡的原因。在一个仔细研究了人们的情绪和脑电图研究中，薰衣草和洋甘菊让参与者感到舒适，而檀香则减少了他们的舒适感。同时，在嗅闻了薰衣草和洋甘菊的人的大脑中，脑电图显示大脑中使人清醒的 α-1 减少了，尤其是顶叶和颞叶区域——处理气味和其他感官数据的大脑区域。但也有其他研究表明，脑电图显示大脑中使人清醒的 α-1 有所增加。由此可见，要完成这些研究并在不同条件下将其进行对比是非常困难的。

一些研究测量了人体吸入气味分子后，皮肤和激素的应激反应。缬草能够降低应激激素皮质醇水平，也可以减少皮肤接触所产生的过敏反应，这可能是由引发炎症的特定免疫分子水平的降低所造成的。尽管研究人员仅对少数人进行了研究，但是这些研究的结果表明，类似的芳香族化合物可能有利于身体和心情的康复。

难以比较香味对情绪所产生的影响的一个原因，是香味有强大的触发记忆的力量。然而，这个功能也能够增强它的治疗效果。我们的嗅觉器官发育较早，且与记忆产生了不可磨灭的联系。也许，通过母亲乳汁的味道和气味，婴儿与这个世界进行了第一次接触。凭借气味的力量，你可以感到舒适，可以回想起无忧无虑的童年时光，这些气味包括了圣诞节的香脂气味、软糖和奶奶在厨房里制作的鸡汤的香气、全新的洋娃娃或桦木棒球棍散发出来的气味。对于不同文化背景的人来说，能够触发他们的童年记忆的气味也有所不同——也许是咖喱的香味、炸咖喱角的气味、生姜与酱油混合在一起的味道、煮熟的米饭的香气、炸芭蕉的气味。即便是刺鼻的令人感到不愉快的气味也可能与某种积极的情绪紧密联系在一起，也能够让人们回想起过去。有一种被称为榴莲的亚洲水果，当它被剖开，会释放出一种腐肉般的气味，但是它的味道尝起来非常甜美。从小到大吃这种水果的人无论在世界何地都非常喜欢它，因为它会让他们回忆起家乡。而那些从来没有吃过榴莲的人则非常厌恶它，甚至无法大胆尝试它的味道。

美国费城蒙内尔化学感觉中心研究人员发现，这种情感联系在很大程度上因个人经历和文化背景的不同而不同。在这项研究中，他们在温度、湿度和光照得到控制的密闭房间中注入了不同的微量气味分子。被测试者坐在电脑前，实验人员利用摄像机检测了被测试者的反应。这些被测试人员与各种各样的生理测试仪器连接在一起，其中包括了心脏速率和呼吸速率监视器。他们按要求填写了调查问卷，对自身的情绪和感觉进行了评价。有时，研究人员还会测量他们呼出的气体，以检测通常在炎症过程中所产生的分子。按照这种方法，因少量气味分子所产生的生理、情绪反应得到了实时测量。很显然，在这样的研究中，个人经历和记忆对反应的产生起到了极其关键的作用。

通过调解巴甫洛夫条件反射过程，不断重复气味和心情之间的某种联系，可以将两者牢固地联系在一起，就像颜色与心情联系在一起那样。这种联系也会出现在多次重复性经历后，或者说，如果产生的情感足够强大，也可能在一毫秒之间就产生这种情感联系。一旦这样的感觉（无论是好是坏）通过记忆与一种感知认识联系在一起，这两者之间所形成的关系就很难被消除。

同样的，触觉也可以和最早的童年情绪紧密联系在一起。当你年幼生病的时候，你的母亲会轻轻抚摸你发烧的额头，而这种抚摸的触感能够给你的整个生命过程带来抚慰与平静，即便这种触摸以后是来自其他人。尤其对于小型哺乳动物来说，母亲的抚摸对其生存是必不可少的，因为它能够带来温暖。新生的啮齿类动物在与母亲分开后的短短几分钟内，应激反应有了大幅的增加；而将它们放在加热板上，让其恢复原有的体温，就可以大大的改善这种状况。

20世纪60年代和70年代，当新技术被引进新生儿重症监护病房（NICUs）之后，因担心造成新生儿的感染，多余的接触是不被允许的。

但是，迈阿密大学（the University of Miami）的研究人员、心理学家蒂凡尼·菲尔德（Tiffany Field）彻底改变了这一切。

菲尔德发现，当她给自己的女儿（一名早产儿）按摩的时候，婴儿的应激反应立即有了显著的减少。随后，菲尔德开始致力于证明接触早产儿对他们的健康有益。起初，她遇到了阻力：负责管理重症监护的医生和护士更侧重于稳定和维护婴儿的现状，触摸是他们最不感兴趣的事情。触摸被认为是一种玄虚之词、软科学，甚至是潜在的危险。

但是，菲尔德坚持了下去。她发明了一种标准化按摩方法，其中包括了轻轻地抚摸婴儿的手臂、腿部、背部、胸部和腹部，轻轻地弯曲和旋转婴儿的四肢——类似于被动的普拉提（Pilates）常规动作。她每天花35分钟的时间为宝宝按摩。随后，她继续进行研究：她记录了婴儿的成长发育状况、食物摄入量和营养状况，这些都是衡量婴儿整体健康状况的重要措施。生病的婴儿会减少进食，变得越来越瘦，最终无法茁壮成长。

菲尔德发现，与很少接受触摸的婴儿相比，那些得到抚摸的婴儿在生长发育方面有了戏剧性的提高。与按照“最少接触”政策接受看护的婴儿相比，那些接受触摸的婴儿仅仅在接受了5天的按摩治疗之后，每天的体重增长量提高了53%。在过去，他们的睡眠时间较短——这是早产儿的一个生理标志，但在接受按摩之后，他们比正常的婴儿睡得更久。菲尔德开始研究造成这种现象的原因。因为婴儿的各种生理反应已经得到了检测，她能够获得大部分监测数据，其中包括迷走神经的活动，可以将心率变异性从一个压力模式转会为一个比较放松的模式。该神经还可以增加胃部收缩，促进消化。

菲尔德还发现，在接受按摩的婴儿体内，迷走神经的张力和肠胃收缩度得到了提高。因此，她在证明了触摸治疗对婴儿有益之后，又解开了另外一个疑惑：触摸治疗是如何提高婴儿的健康水平的。她的研究令整个医学界相信：按摩应该被添加到早产儿的日常医疗护理之中。尽管仍有部分新生儿重症监护病房坚持“最少触摸”政策，但是，到了2003年，已有近40%的医院将按摩治疗法作为其定期治疗方案中的一部分。今天，采取这种方法的医院就更多了。1992年，菲尔德在迈阿密成立了触觉研究所（the Touch Research Institute）。在那里，按摩和触摸治疗被广泛运用，其中包括了疼痛、压力、抑郁症和出现在老年人身上的不明原因的消瘦。

与其他的感知方式相比，触摸以一种更为细腻的方式让我们更好地认识了自己周围的世界。为了触摸一个物体，你需要靠近它，这样你才能感觉到它的质地、湿度和温度。

当你触摸到某个物体的时候，皮肤中的压力承受体会告诉你按压的物体有多硬。这些压力承受体被称为机械性刺激感受器，它们几乎存在于每一个活细胞之中。细菌的细胞膜上也含有机械性刺激感受器；这就是细菌感知这个世界的方式，它们“知道”自己什么时候会与其他的细菌发生碰撞。这些微小的传感器是由几个分子组成的，它们位于细胞膜之中，并能够对压力产生反应。随着压力导致细胞膜产生形变，机械性刺激感受器中的通道也发生了形变，通道张开，带电离子从而进入细胞内部。这些离子的流动产生了电流。

对于多细胞动物来说，无论是果蝇还是啮齿类动物或者人类，这些电流就是传送到大脑的信号。在哺乳动物体内，接触和压力所导致的通道变形存在于各种各样被皮肤所包裹着的微小器官中。根据它们的结构和位置，其中一部分被称为梅斯纳氏小体（Meissner’s corpuscle），其他部分则被称为巴奇尼氏小体（Pacinian corpuscle）或神经突。梅斯纳氏小体是皮肤中的神经纤维突起；巴奇尼氏小体位于脊髓中的细胞神经纤维两端；而神经突有较长的伸展刺突，它们对机械变形十分敏锐。这些压力传感机关的工作方式相同：压力使通道发生形变，造成离子流入细胞内部。随后，电流沿神经通路进入大脑。

这些原子通道使我们的触觉变得极为敏锐，我们能够感知不同种类的压力，它们涵盖了8个以上的压力等级。这就是为什么你能够感觉到桃子的毛茸茸、苔藓的柔软、花岗岩巨石的粗糙或者是大理石瓷砖的光滑。这就是为什么当你赤脚走在海滩上的时候，你能够分辨出你脚下的是沙子或是鹅卵石或是木质浮桥。

这跟听觉器官的工作原理相似，尽管聆听过程中的机械变形是空气振动对耳蜗中的毛细胞所造成的干扰。与触觉器官相比，毛细胞即为离子通道，它能够对空气的运动产生反应，从而触发听觉神经中的电脉冲，最终产生了相应的听觉认识。

触觉也与视觉有关联。当你看着一块木板，基于其反光特性，你就可以通过判断知道它摸起来是粗糙还是光滑。这种判断能力大都是经过学习得来的。但是盲人，甚至是那些生来就双目失明的人，非常善于通过触觉来“观察”，并描绘出他们所看到的东西。就像视力完好的人可以看到边缘，盲人同样可以通过触摸感知到边缘的存在。当多伦多大学（the University of Toronto）的研究人员要求盲人画出他们通过触觉所感知到的东西，他们画出的草图与那些视力完好的人所画出的草图非常相似：他们通过描绘大体轮廓对边缘进行标记，再描绘出外形和线条来体现距离和角度信息。这种通过触觉来描绘肖像和物体的能力被称为触觉感知。

因此，我们通过视觉、听觉、嗅觉和触觉收集了周围环境的信息。每一种感官都能够识别出我们所感觉到的东西的个别特性。随后，我们的大脑及时将这些特性进行整合，创造了一个三维的、色彩丰富的、立体声的、香气四溢的空间形象，从而使我们得知了自己身处何处。在我们生命的每一秒，我们对周围环境的感知一直在不断改变。相应的，大脑不断获得全新的信息，并将其添加到我们的感知之中，丰富着我们对这个世界的认知。

那么，当我们四处走动的时候会发生些什么？相较于被动地观察环境而言，四处走动是否能够对我们产生不同的影响？它是否能够触发恐惧、压力或一种类似平静的感觉？它是否能够改变我们的感受，改变我们愈合的方式？

第五章
优化迷乱的空间，让感官宁静

在《哈利·波特与火焰杯》（*The Goblet of Fire*）中，当哈利·波特（Harry Potter）进入了三强争霸赛（the Triwizard Tournament）的迷宫（maze）之中，他的神经、他的自信和他的感官立即被笼罩在巨大的压力之下。那些“高耸的障碍物在整个路径上蒙上了黑色的阴影……它们看上去又高又厚……周围的人群也逐渐沉寂下来”。他看不见他身前的任何东西，并且“随着时间一分一秒的流逝，头顶的天空变成了深蓝色，迷宫也变得越来越昏暗”。当他在寻找走出迷宫的道路时，他不断面临选择。他应该选择哪个方向？他所遇到的被施了魔法的生物究竟有多危险？他应该选择什么样的法术与之进行对抗？当他得知他的竞争对手比他走得更快时，他没有时间继续耽搁下去了。如果我们身临这样的场景，我们也会感到“他在不知不觉间所感到的四肢冰冷”。我们可以感到他的恐惧，他那“心脏猛烈跳动的声音”，“血液在耳朵中砰砰搏动的声音”。

哈利所感受到的正是身体对压力所产生的反应。我们能够理解他的感觉——即便我们从未进入那令人迷惑的迷宫，我们在生活中的某些时候肯定有应激反应激活的经历。

1936年，《自然》杂志发表了一篇文章，医生及科学家汉斯·赛来（Hans Selye）第一次使用“压力”这个术语表达如下意义：人体对外部需求所产生的非特异性反应。尽管就我们所知，赛来通常被认为是第一次使用该术语的作者，但实际上无论是这个词语还是它所表达的含义都已经存在很长一段时间了。古罗马人使用过一个意思相似的词语——拉紧（stringere），其含义为“紧紧的挤压”、“擦伤”、“接触”或“损伤”。当该词语在14世纪进入了英语之后，它的含义仍然指周围环境所带来的艰难与困苦。到了19世纪，这个词语的含义变为了自然环境的物理性影响以及人体对它们所产生的反应。随后，在1934年，生物学家沃尔特•B.坎农（Walter B. Cannon）表明，在类似压力的影响下，动物体内会产生肾上腺素。当然，这也是第一次证明物理环境有可能引发身体反应的证据。

赛来进一步扩展了此概念，他指出许多因压力而产生的激素，可能对身体产生持久的物理效果。赛来非常热衷于这个想法。他在世界各地旅行，以推动人们接受这样的概念。他成功了：“压力”一词几乎已经进入了全世界的每一种语言。赛来坚信他的理论极其重要，因此他将应激激素皮质醇的架构刻在了他家前门的基石和麦克吉尔大学旧解剖楼的柱子上。据说，在此之前，当他试图雕刻的时候，手拿锤子和凿子的他被妻子提着脚部倒挂了起来。随后，在一个深夜，他爬上高大的阶梯雕刻了它们。大学官方很快就隐藏了这件尴尬的涂鸦作品，直到50多年后，覆盖在其表面的油漆才开始剥落。赛来对他的理论所拥有的近乎偏执的坚持和他对使命感的追求使他渐渐与同事们疏远了，他们经常在用餐的时候用外语谈论他，这样小孩子就听不到任何贬低性的言论。我的父亲就是他的同事之一，而我与我的姐姐就是其中的两个小孩子。这种激烈的评论有的起源于嫉妒。相较于自我推销，赛来有一项更突出的成就。他选择用清晰易懂的语言向公众和媒体宣传他的理论，而不是使用他与同事谈论时所使用的专业术语。他的概念被人们所接受。他成为了家喻户晓的人物，甚至出现在《读者文摘》（*Reader's Digest*）的广告中。他变得越来越受欢迎，他的同事们就更是避之唯恐不及。

与此同时，他有一群忠心耿耿追随着他的学生。我记得当我还是小孩的时候，曾在角落的阴影中看到他自信满满地沿着实验室外的走廊行走，而他的身后跟着一群热切崇拜他的学生。其中一人就是罗杰·古勒明（Roger Guillemin），他后来因为发现了大脑中分泌激素的压力中枢——下丘脑而获得了1977年的诺贝尔生理医学奖。

1936年，赛来从奥地利移民到了加拿大，他开始在麦克吉尔大学和蒙特利尔大学（the Université de Montréal）任教，直到1982年去世。这几十年中，他教育了一代又一代的学生，其中很多人成为了美国和加拿大各个院校的教授。在他诞生100周年之际，即2007年，学术界认为，不应该继续与赛来标新立异的想法和浮夸的作风保持距离——因为在很大程度上，赛来是正确的。他提出的有关大脑应激反应的理论最终得到了精心设计的实验的证明。今天，我们都知道，当大脑处于压力之下，它会释放出特殊的激素和化学物质。他提出的另外一个概念也是正确的：这些反应会给免疫系统造成影响，从而使某种器官产生病变。

然而应激反应并非赛来所设想的那样不具备非特异性。压力有许多不同的类型——物理压力、心理压力、生理压力——而大脑中的许多不同的神经路径对这些压力产生了反应。当我们面对紧张的事件，下丘脑就开始分泌大脑应激激素，即：促肾上腺皮质激素释放激素（corticotropin releasing hormone，CRH）。位于大脑下方的细长茎部的脑下垂体则分泌出了促肾上腺皮质激素（adrenocor ticotropic hormore，ACTH）。这种激素通过血液到达了肾脏上方的肾上腺，并使其分泌出皮质醇，这种激素与皮质酮药物的作用相似。

罗杰·古勒明的学生，化学家让·里维埃（Jean Rivier）与他的同事威利·瓦尔（Wylie Vale）和另外两名来自索尔科研究所的研究人员一起，最终确定了促肾上腺皮质激素释放激素的结构。他们将其称为促肾上腺皮质激素释放因子（corticotropin releasing factor，CRF），因为那时它还没有被当做一种激素，而且在大脑中还有许多别的活动。

1955 年，古勒明发表了一篇文章，指出从羊的下丘脑组织中提取的物质能够刺激脑垂体释放促肾上腺皮质激素，但他无法具体描述产生这种效果的化学物质。其中一个原因是，这种物质的含量非常小。而在那个时期，科学家们需要大量的原材料才可以对其进行纯化，并对蛋白质进行鉴定。为了进行化学分析，研究人员收集了 49 万只羊的下丘脑组织——他们从屠夫丢弃的物质中获取了这些材料。原来，大脑中的应激激素是非常小的蛋白质，它被称为肽，是由 40 个氨基酸字符串组成的。尽管它的体积非常小，但是它却有相当强大的能量！

当大脑中的应激激素开始发挥作用，脑干深部区域的神经细胞开始快速运转，释放出类肾上腺素神经化学物质，即所谓的去甲肾上腺素（norepinephrine）。这部分大脑被称为蓝斑核（locus ceruleus），在拉丁语中意为“蓝色的斑点”，因为这正是 16 世纪解剖学家所看到的该部位的形态。大脑的恐惧中枢——杏仁核同样会变得活跃。随后，肾上腺和类肾上腺“交感”神经释放出肾上腺素及其相关的神经化学物质。这些激素和神经化学物质发生共同作用，从而使你感到压力。这就是哈利·波特进入迷宫时影响他的物质，这些物质使他的心脏剧烈跳动、皮肤冰冷、精神焦虑。

如果你到伦敦郊外泰晤士河（the Thames River）旁，前往汉普顿皇宫（Hampton Court Palace）中的黄杨木绿篱迷宫（the boxwood-hedge maze）中游玩，你也能够体验同样的感受。这个迷宫由威廉三世（William III）建于 1606 年，目的是为了供皇宫中的贵族和名媛取乐。这些黄杨木散发着独特的类似于猫尿的味道，它们有 8 英尺多高。因此，一旦你进入了迷宫，你就无法看到外面的世界。你可以听到其他人在寻找出路的时候所发出的咯咯的笑声和尖叫声，但是你无法看到他们。你得到解脱的唯一方法就是尝试不同的路径，并希望自己不要走进死胡同。

在最初的时候这种经历是有趣的，但是当你尝试了越来越多的路径却始终找不到出口，你就会变得越来越焦虑，尤其是在夜幕不断降临和截止时间不断接近的时候。你很可能会开始想象阴影中潜伏着超自然生物，并更加切实地担心自己可能会整夜滞留在迷宫之中。

迷宫中的什么触发了焦虑和应激反应？有两个特性产生了很大的作用，影响着你在寻找出路时所需要的最为重要的感官：视觉和听觉。身处迷宫之中，不知道自己将前往什么地方，也没有明确的声音对你进行引导——不能完全利用这两种感官，你必然会迷失了方向。

此外，迷宫不断给你带来令人不安的选择：死胡同，抑或新领域。你不知道走出迷宫会花费多长的时间，或者说你不知道自己在转了多少个弯之后才能走出迷宫。选择，不确定性，以及新奇事物，这一切都能够触发强烈的应激反应。当我们把某种动物放进新牢笼，其大脑中的压力中枢会立即变得活跃起来。对人类来说，新环境同样能够触发强烈的应激反应。想想当你第一天搬进新家，当你第一天进入新学校、新班级，当你搬到一个完全陌生的城市，你感受到了些什么？要适应新环境需要花上几天或者几周的时间，这样它才不会令你感到陌生和可怕。

陌生环境和视觉障碍结合在一起，就会将焦虑感和应激反应扩大化。再次增加压力值并添加许多不同的选择因素，焦虑的增加幅度就会进一步提升。添加另一个变量（如光照的减弱），甚至再添加一个变量（提升地面高度），如果被测试的生物是老鼠，当它面对这种最可怕的选择组合，它很可能会因过于恐惧而变得无法动弹。

早在1901年，汉普顿皇宫中的黄杨木绿篱迷宫的复制品就被运用到了针对老鼠和灵长类动物的行为所进行的研究之中。早期研究人员发现，经过练习，老鼠和猴子能够走出迷宫。现在，这样的环境经常被运用到与抗焦虑药物疗效有关的临床试验中。一个较简易的汉普顿皇宫迷宫是由两个横臂结构构成的，它被称为高架十字迷宫，这是因为它的形状看起来像一个加号且整体离地两英尺高。对于啮齿类动物来说，这种结构会触发多种焦虑行为和应激反应，其中包括了身体僵硬、排便量增加（通过对老鼠肠道中的粪便数量进行测量）、老鼠血液中皮质醇含量的增加。

尽管这些反应看起来似乎不那么令人愉快，但如果身处于迷宫中的老鼠没有产生应激反应，那么它在现实世界中将无法生存。正是应激反应帮助哈利·波特控制力量并保持精神高度集中，从而能够完成他的使命。但过多的应激反应会对身体造成不良影响，会让我们的身体变得僵硬。当然，面对危险却没有产生适当的应激反应也是一种不好的现象。如果哈利缺乏应有的警觉，无法集中于手中的任务，只是坐在迷宫中呼呼大睡，他就会被身后的炸尾螺夺取性命。相应的，如果一只野生老鼠在一个新环境中呼呼大睡，它很可能会被捕食者吃掉。我们的应激反应是必不可少的——它能够让我们集中精力、保持警觉，使我们处于精神饱满的状态，为我们提供战斗和逃生的力量。在一个新环境中，应激反应能够帮助我们注意到必要的细节，这样我们就能够成功逃生或找到解决问题的方式。这是生存所需要的自救行为。这就是所有的动物——昆虫、鱼类、鸟类、老鼠、人类——都有应激反应的原因。如果没有应激反应，生物个体或物种就无法生存下来。只有在某些极端的时刻，应激反应才会变得适得其反。而在这些极端的时候，应激反应会阻碍我们成功逃生，并对我们的表现造成损害。

这是因为不同的压力值会对我们的表现产生不同影响，这种影响可以通过“倒 U 型曲线”来描述。想象一下倒置的 U，即类似于彩虹的曲线形状。如果你位于曲线上越靠右的位置，你的压力就越大；如果你位于曲线上越高的位置，你就能够更好地完成给定的任务。当你位于曲线最左边的地方，你已进入彻底放松的状态，也许已经进入了半梦半醒或打瞌睡的状态。在这个时候，你不能从事过多的工作——你最好不要开车、写报告或者参加考试。当然，在这种状态下，你肯定无法找到通过迷宫的方法。但是，当你处于曲线的中央、彩虹状曲线的最顶端，你体内所产生的应激反应刚好恰当，这时你就能够以最佳状态完成自己的任务。

你能够感觉到体内产生了源源不断的力量，你会感到兴奋，感觉自己有能力，有成效。当你处于彩虹状曲线的最右端，你的压力达到了最大值，你开始出现行为滞后。你下滑到了曲线的边缘，就像一只老鼠那样，冻结在了轨道之中。比如说你要在公众前发表演讲，但这样的场景让你感到窒息而不能说出一个字来。

宾夕法尼亚大学的神经科学家加里·阿斯顿-琼斯（Gary Aston-Jones）解决了这一难题：为什么会产生这样的现象。他针对一定数量的猴子进行了研究，他在它们的蓝斑核中植入了电极——该区域位于大脑脑干，能够控制警惕性，集中注意力，调节产生应激反应的肾上腺素。一旦植入电极，猴子就恢复到正常的作息时间。同时，阿斯顿-琼斯开始对大脑中的这个微小区域里的神经细胞活动进行监测。当这些猴子完全放松和睡觉的时候，只有很少的神经细胞处于活跃状态。当这些猴子集中精力完成某项曾经学过的任务的时候——比如通过按压杠杆获取食物——该区域中的个别神经细胞开始变得非常活跃。当它们的压力过大的时候，该区域中的神经细胞全都开始随意运转。正是此时，猴子的生理机能失灵了。

垃圾邮件与其是同样的道理。当你接收到几封邮件的时候，你可以获得有用的信息。当你在同一时间接收到大量邮件，你的服务器就会发生堵塞。你唯一能做的就是清除垃圾文件，关闭后重新启动。当我们的电脑出现这样的情形，我们知道如何解决；但当自己出现了类似的情况，我们就不知道如何是好了。我们需要学习什么时候应该“关闭”和“离线”，即我们应该学习什么时候应该休养生息。但我们这样做的目的并非时刻保持放松的状态。如果你准备睡觉，你希望能够调低你的应激反应。如果你需要让自己处于最佳状态或是从危险中脱离出来，你需要对应激反应进行调整，让它为你效力。这样做的目的是将你的应激反应适当激活，从而完成手中的工作任务——此时此刻，应该让应激反应处于彩虹状曲线的最中央。

影响压力水平的因素之一，是你对某种形势的控制程度。你能够控制的越多，你的压力就越少。这种状态下生成的激素和神经化学物质能够让你感到刺激，甚至是感到振奋。你能够控制的越少，你所感到的压力就越多。当你位于迷宫之中，你无法控制自己将会遇到的曲折、转向和死胡同，而这会让你感到紧张和焦虑。

减少应激反应的绝招是欺骗大脑：自己已经拥有了某种程度的控制力。尤其是在新环境和新情况之中，压力缓冲能够帮助你恢复心理平衡。身体力行，正是一种压力缓冲方法。每一次当你成功通过迷宫，你的应激反应就会减弱，直至最终消失。你已经知道了每一个曲折和转向，因此你不必每走一步就进行一次选择。这条路线对你来说已不再陌生。越熟悉的地方，越不会触发焦虑和应激反应。这就像是你搬到了一个陌生的城市，当你第一次驱车四处游览，尽管地图能够为你提供帮助，你仍然会感到焦虑，你可能还会迷一两次路。通过不断地练习，你最终不再需要地图的帮助，你独自驾驶的时候也不再感到焦虑。

从迷宫状建筑设计首次于公元前 320 年 - 公元前 140 年——从亚历山大大帝(Alexander the Great)的死亡到希腊被罗马并吞这段时期——在希腊出现以来，它就总是与恐惧和压力联系在一起。最著名的例子是克里特神话（the Cretan myth）中的牛头怪（the Minotaur）。牛头怪所在的地方被称为魔幻迷宫（labyrinth）。同样都是迷宫，这个魔幻迷宫与前面所说的迷宫（maze）相比，在结构上有很大的差异。

前面所说的迷宫是一种广义上的迷宫，有着很多选择点和路径。魔幻迷宫只有一条出入的路径——沿着这条唯一的路径，你可以到达中心部位，也可以重新回到起点。不必做选择，也没有死胡同。最重要的是，你能够看到前方的路。因此，你没有必要提高警惕，你只需沿着道路前行。与广义上的迷宫不同，魔幻迷宫不会令人产生恐惧和应激反应。它只会让人感到平静。

罗马学者普林尼（Pliny，公元 24 年 -79 年）和希腊哲学家普鲁塔克（Plutarch，公元45年-120年）曾描写过魔幻迷宫。他们将其描写成一种可怕的东西，倒霉的灵魂通常会在其中失去方向，并被居住在里面的野兽所吞噬。其实，这样的描述更适合广义上的迷宫，而不是真正意义上的魔幻迷宫。但是，这些学者在描写的时候，通常是基于一些失落已久的传闻。因此，这样的结构是否真正存在，或它究竟是什么，至今仍然是一个谜。

据说，古老的克里特岛的统治者——米诺斯国王（King Minos）在他的宫殿下方修建了一个巨大的魔幻迷宫。艺术家、建筑师戴达罗斯（Daedalus）是设计了它。国王将一个可怕的野兽——牛头怪放在了它的中心。牛头怪是一种半人半牛的生物，任何生物胆敢靠近它的巢穴，都会被它吞噬。它是米诺斯国王的妻子帕西菲（Pasiphaë）因通奸而令子孙受到的诅咒——帕西菲与海神波塞冬（Poseidon）派来的美丽的白色公牛相爱，生下了牛头怪。

米诺斯国王用牛头怪来泄愤、报仇，并以它来恐吓那些在战争中被击败的人。为了惩罚导致他的一个儿子死亡的雅典人，米诺斯要求雅典人献上贡品：他强迫雅典人送来了7名姑娘和7名勇士，并把他们送给牛头怪当食物。根据神话的记载，这些年轻的男女在魔幻迷宫中漫无目的地徘徊了几天，最终迷了路，并被牛头怪吞噬了下去。一天，雅典国王爱琴斯（Aegeus）的儿子提修斯（Theseus）决心前往克里特将牛头怪杀死。当提修斯到达克里特之后，米诺斯的女儿阿里阿德捏（Ariadne）很快就与他坠入爱河。她决心为他提供帮助，她给了他一个麻线球。当他进入迷宫的深处，就可以将麻线展开并放置在自己身后。提修斯王子找到牛头怪并杀死了它，然后沿着麻线走出蜿蜒的通道，重新获得了自由。

今天，你可以参观位于克诺索斯（Knossos）的米诺斯国王宫殿，它位于克里特岛的伊拉克利翁市（Heraklion）。这些古代建筑已经得到了部分重建，有着血橙色的墙壁、巨大的莲花状支柱、碧绿的海豚和跌倒在公牛的犄角下的迷人的裸胸少女壁画。你可以在广阔的宫殿中闲逛，并想象着这个地方能够让所有进来的人蓦然升起一股敬畏之情。迷宫中的路径和房间的数量如此之多，即便在今天，如果没有导游的引导你也很容易迷路。传说中，牛头怪的巢穴就在宫殿的下方，但人们从未找到这个地方。不过，你也能够轻易想象当那些人试图在走廊中找到出路，并随时担心可能潜伏在转弯处的野兽时，所感到的那种发自内心深处的恐惧。

没有人知道第一个真正的魔幻迷宫是在什么时候建成的，但它们似乎存在于整个历史进程之中。在普林尼的《自然史》（*Natural History*）中有一个关于古代世界中所有已知的魔幻迷宫的目录，该目录成为了魔幻迷宫这个主题的标准资源，它的出版物从公元50年流传到了中世纪。世界上最著名的至今尚存的中世纪迷宫，1260年建于沙特尔大教堂（the cathedral at Chartres）中，与巴黎相隔很近。这个魔幻迷宫与其他同类型建筑物相似，也没有墙壁。它由一条连续不断的小径和教堂中五彩斑斓的石头地板所构成。魔幻迷宫通常有7个路径，这让它们看上去像是复瓣的花朵。也就是说，环绕7圈之后才能到达魔幻迷宫中心；随后，沿重复的路线再次环绕7圈就能够到达唯一的出口，而它就在入口的旁边。

我们能够在整个斯堪的纳维亚（Scandinavia）和北欧地区找到类似魔幻迷宫的结构，在那里，这些结构通常是由松散的石头按照特定的模式排列而成。我们也能够在整个地中海（Mediterranean）地区中的经典罗马马赛克地板中找到类似的结构，这些地区包括了西班牙、意大利、希腊、塞浦路斯和非洲北部的海岸线。我们甚至能够在意大利庞贝城（Pompeii）中的门柱的涂鸦上找到类似的结构。在英国，古老的魔幻迷宫结构被运用到草坪之上，我们能够在英格兰、威尔士北部、爱尔兰和苏格兰北部地区找到类似的结构。早在公元前3000年的青铜器时代，在撒丁岛（Sardinia）、西班牙西北部和康沃尔（Cornwall）地区，魔幻迷宫结构就被雕刻到墓葬群中的石头和岩石上。我们能够在英国、法国、德国和意大利的教堂中找到沙特尔大教堂那样的中世纪魔幻迷宫，其中大部分分布在法国北部和英格兰南部。许多魔幻迷宫的中心都描绘了提修斯和牛头怪。但是，魔幻迷宫的建筑设计并未采用欧洲所特有的建筑结构。在印度、阿富汗、爪哇、苏门答腊、新大陆（the New World），以及普韦布洛印第安人（the Pueblo Indians）、霍皮族（the Hopi）、祖尼族（the Zuni）和其他种族所留下的遗址中也找到了类似的结构。

为什么这种结构的分布范围如此广泛？它们有什么用途，是谁修建了它们？与之相关的理论比比皆是。某些魔幻迷宫的轴线，其中包括了沙特尔大教堂中的魔幻迷宫，与太阳和其他天体的运动有着明确的关联，因此一些学者认为这些结构是古代的天文图。

沙特尔魔幻迷宫正好位于教堂中的玫瑰窗户下方和西面入口的前方。如果你在夏至将至的时候到教堂参观，你会看到一个惊人的景象：一道阳光缓慢地沿着魔幻迷宫中的道路移动。而在夏至那一天——6月21日的正午，阳光直直地照射到一枚被固定在地板中的钉子上。尽管这些钉子是后来才出现在教堂中的，许多类似的迷宫结构也拥有其他特征，从而使其自身拥有天文观测的功能。

当然，修建它们并非为了使用太阳能钟表，另外一个解释指出魔幻迷宫从不意味着垂直结构。有些学者相信，迷宫中曲折的道路（被人们称为“阿里阿德捏的线”）实际上是对舞步所做的记录。关于这种解释有很多相关的说法，比如古代文献中有对此种模式的舞蹈所进行的描述。这些通道中的路径通常被称作“特洛伊的游戏（ the Game of Troy）”。那些年轻的男子勇士，或年轻的男人和女人表演了这种舞蹈，并将其作为一种庆祝启动和繁衍的仪式。的确，一个公元前600年的伊特鲁利亚（Etruscan）花瓶在X射线图形显像技术下描绘了这样的景象。花瓶的一侧有一排年轻的战士，他们跨坐在战马上，他们的身旁就是一个魔幻迷宫。而在花瓶的另一侧有两对夫妇，他们有着飘逸的长发，并且全都处于完全赤裸的状态。在每幅图片中，女性以不同的性爱姿势睡在地面上，男性则在其上方进行着交配。这也许就是几个世纪以来，天主教对这些嵌入大教堂石头中的雕刻持有怀疑，将其视为异教徒的物品，并试图掩盖它们的原因。

舞蹈的形式和目的解释了这一现象：魔幻迷宫为什么能够对那些进入其内部的人产生情绪上的影响——魔幻迷宫能够吸引你，并带领你进入一条简单、徐缓、平静的道路。它之所以会让你感到平静，是因为它迫使你将精神集中到眼前一步又一步的道路和你的内心世界上，让你的内心远离一切纷扰。当你开始环绕的时候，魔幻迷宫让你越走越慢。这就是该仪式令人感到舒缓的最本质的原因。

魔幻迷宫还能对参观者产生另一种安定人心的作用。当哈利·波特产生应激反应的时候，"他进行了一次深深的、平稳的呼吸，然后站了起来，再匆匆前行"。这种应对方法让哈利·波特更好地控制了自己的应激反应，从而使自己的状态更为良好。在魔幻迷宫中行走，会让你的呼吸渐渐变得与你的步伐相一致。

缓慢、平稳的呼吸是一种应对应激反应的有效方法。这是因为它会激活迷走神经，从而与类肾上腺素交感神经系统产生的反应进行对抗。当一个人的心跳或呼吸停止了，救助人员会对其进行心肺复苏术，指导方针对救助人员进行的胸部按压和呼吸恢复管理的次数进行了严格的限制。这些方针随着时间的推移发生了改变，因为事实证明，当救助人员给予的呼吸过于频繁往往会导致患者死于过度换气。现在的复苏指南建议，一旦心脏恢复跳动，救助人员应当每隔 6-7 秒进行一次人工呼吸。因为我们通常每隔 6-7 秒呼吸一次：你可以尝试在吸气和呼气的时候记录时间的长短。它看起来似乎出人意料的缓慢，但正是这样的节奏提供了最佳的氧气量和二氧化碳量，这样它才能够滋养身体组织并保持大脑的正常运转。它同样能够刺激迷走神经，使心脏的节奏变得平缓而镇定。

当你在魔幻迷宫之中行走，你需要做的是将精力集中到面前的道路上，并让呼吸与步伐节奏保持一致。如果你感到焦虑，你可以放缓呼吸的节奏，减少大脑中的焦虑感。所有的走步冥想能够带来有规律的呼吸。随着你的呼吸不断变得舒适、平缓，你的心跳也逐渐减缓，从而与呼吸相适应，使整个人变得镇静、平缓。这种应对方式正好与冥想、瑜伽、太极和走步冥想的原理相同。它们让你重新回到了彩虹状弧线的最中央——从而远离极端压力所造成的损害，使身体达到最佳的状态，以便完成手边的工作。而这一切是通过呼吸完成的。

两名哈佛大学心脏病专家首次用科学方法研究了呼吸和松弛之间的关联。其中一名是阿里·戈德伯格，他研究了心率变异性与舒缓的音乐之间的关联。另外一名是赫伯特·本森（Herbert Benson），多年来，他致力于研究身心干预，特别是冥想对身心所产生的作用。本森是第一个描述松弛反应所产生的特定生理活动的人——这与汉斯·赛来所提出的应激反应相对应。本森指出，在类似冥想的活动中，一个人的心跳速率模式、呼吸速率和激素水平发生的变化对身体健康有益。作为一名心脏科医生，他针对心脏进行了研究和学习。

就像赛来的理论那样，本森的理论在普通公众和病人之间十分受欢迎，但它花了几十年的时间才获得了学术界的认可。20 世纪 70 年代，在类似的研究中心流行起来之前，本森在马萨诸塞州总医院(Massachusetts General Hospital）创建了一个临床身心医学研究所。现在，它被称为本森 - 亨利身心医学研究院（the Benson-Henry Institute for Mind Body Medicine），它提供专门的医疗服务，也对专业医疗人员进行培训。该研究所在美国各地、瑞士以及台湾地区有一些分支机构。其主要任务之一是以系统化、规范化的方式培养专业治疗人员，将身心干预疗法与传统的西医疗法结合在一起。为了完成这项任务，本森每年在哈佛大学设置了一门继续教育课程，他的下属还有那些对这些技术感兴趣的人都可以参加课程学习。

无论是发展医疗服务计划，还是通过书籍和媒体加强与公众的沟通，本森都站在了时代的前沿。跟赛来一样，本森最初被许多学术界同事疏远，他们不赞成这种世俗的做法，并将本森对于冥想和松弛反应所进行的研究视为“软科学”。直到1997年，《科学》杂志中的一篇新闻文章才开始正面评价本森：“尽管哈佛大学医学院心脏病学家赫伯特·本森的研究结论曾被当做‘边缘科学’，但是他进行职业规划，不断推动生物医学研究团体对其研究成果的认可。作为最早支持‘压力能够导致高血压’概念的人，多年以来，他推动了身心医学研究——他的工作成果已经得到了一系列国家健康研究所的认可。”

本森绝不是唯一一名在20世纪70年代早期研究冥想的人，但他是第一个把研究重点放在心脏，并运用此技术治疗心血管疾病的人。在开始时，他本来并未打算研究冥想。然而，他在临床实践中注意到，病人在进行定期检查的时候血压会上升。他决定借助猴子来研究这个现象。他对猴子进行训练，试图将“奖励”（有害刺激的终止）与血压升高联系在一起。就像巴甫洛夫和他的狗那样，本森将“奖励”与生理反应联系在一起：猴子的血压升高了。

当本森出现在历史的舞台上时，科学家们已经针对冥想进行了30多年的研究。第一篇与冥想有关的文章发表于1937年，20世纪40年代和50年代只出现了几篇，而在20世纪60年代，大量与冥想有关的文章涌现而出。大多数研究报告针对耗氧率、体温、心率和呼吸率进行研究，指出了冥想对机体新陈代谢所产生的影响。但没有人研究冥想对血压所产生的影响。加州大学洛杉矶分校的研究人员罗伯特·华莱士（Robert Wallace）在《自然》杂志上发表了一篇里程碑式的文章，指出玛哈礼师·玛赫西·优济（Maharishi Mahesh Yogi）所发明的超觉静坐（Transcendental Meditation，TM）能够让人进入代谢减退的状态——这是一种类似于休眠的状态，当人处于这样的状态，心脏和呼吸频率减慢，耗氧率和组织代谢减少。

尽管这篇文章在发表后得到了学术周刊的高度认可，但大多数主流研究人员认为这样的主题仍然显得过度情感化。即便如此，冥想这样的技能仍然在60年代席卷全国。这种练习让人想起了中医界所倡导的那种生活方式。同时，还让人想起了穿着藏红色长袍的长头发的、抽烟斗的嬉皮士，他们在街角处唱歌、跳舞并像哈瑞·奎师那（Hari Krishna）那样吟诵诗篇。即便是经常在美国各地授课的创造了标准化超觉静坐方式的玛哈礼师，也往往会令人联想到一个卡通形象：一个坐在雪山之巅的莲花状坐垫中冥想的形象。但罗伯特·华莱士来自加利福尼亚——一个被冥想练习所包围的地方——惟其如此，再加上位于洛杉矶和伯克利的玛哈礼师培训学校的训练有素的学生发挥了有益的作用，促使华莱士设计出了一种缜密的技术，就冥想对新陈代谢的影响进行了测量——他的研究非常严谨，《科学》杂志因而发表了他的研究成果。

尽管研究对象只有5个人，但心电图显示，冥想让每个人的心脏跳动率每分钟减少了5次。华莱士对此非常好奇，他渴望了解更多。他听说了本森进行的血压研究，并想知道冥想是否能够对血压产生相应的影响，从而使血压降低？本森起初不同意合作，但最终他还是和华莱士一起针对心脏设计了一项研究。该研究再次表明这种形式的冥想能够降低代谢率，并使心率每分钟减少3次。该项研究于次年（1971年）发表在了备受推崇的《美国生理学杂志》（*Journal of Physiology*）上。

本森不满足于观察冥想对心脏功能的单一方面的影响，他继续针对冥想进行了为期25周的研究，最终成功地治疗了临界高血压患者。该方法显著降低血压：汞柱降低了7～10毫米——这是一个极为显著的效果，且病人未服食任何抗高血压药物。本森和华莱士独具匠心的研究方案所得出的结论是难以反驳的，他们的研究很快被公众所接受。在一个偶然的情况下，本森对冥想所进行的生理研究到达了一个全新的层面。他与阿里·戈德伯格一起研究了不同类型的冥想呼吸对心率变异（其迹象能够显示大脑中的应激反应和松弛反应）所产生的影响。

提议进行合作研究的是戈德伯格，因为他发现他与本森在波士顿任职的两家医院——贝丝·伊斯雷尔医院（Beth Israel）和执事医院（Deaconess）——将要合并。他认为合作能够促进这两所机构在物理和行政方面的联系，且物理合并很有可能会产生一些积极的副产品。他知道本森在冥想上所进行的研究，他认为将自己所研究的生理方法适用到本森的技术中会产生有趣的结果。

当我询问戈德伯格，除了那个比较实际的原因之外，像他那样持怀疑态度的科学家为什么会想要研究冥想，他迅速而有力地回答了我："我仍然对所有的物质持怀疑的态度。这就是科学的姿态。我想要看到科学的数据——那些未经加工的数据才最能体现其究竟产生了怎样的影响。"他同样强调，当他向一名密切的合作者——统计学物理学家彭仲康（Chung-Kang Peng）——学习传统中医的时候，他逐渐对冥想产生了兴趣。

然而，还有另外一个原因让戈德伯格对冥想产生了兴趣，这个原因早于他遇见彭仲康或赫伯·本森，甚至比他到中医学校上学的时间还要早。这个原因就是他的父亲，一名内科专家和心脏病专家。戈德伯格是这样回忆他的父亲的："早在心身医学成为一门单独的学科之前，他就对其有着非常浓厚的兴趣。"他父亲的藏书中有一半是"关于心电图和硬科学有关的书"，而另一半则是专门研究身心疗法的书籍。"他每时每刻都在谈论这个话题"，甚至还把这些知识传授给了他的儿子。父亲的谈话、教导和书籍让年幼的戈德伯格对身心医学产生了浓厚的兴趣。因此，当20年后这两所医院合并在一起时，戈德伯格得到了一个用严谨、科学的方法研究这些身心技术的机会。

戈德伯格和本森组合在了一起，他们利用戈德伯格在心率变异性方面所拥有的研究方法和数学分析能力，针对本森所熟悉的不同形式的冥想和放松技巧进行了研究。他们决定研究呼吸——因为在与心跳节律所紧密联系的途径中，呼吸是最简单的元素。他们选择了 11 名志愿者来体验昆达里尼（Kundalini）瑜伽，这种瑜伽强调呼吸、声音、动作和注意力的协调。这些志愿者每周至少练习五次瑜伽，且坚持了 3-15 年。志愿者都配备了胸带和腹带，用以记录他们的呼吸频率和深度；此外，心脏检测器也对他们的心跳进行了不间断监测。随后，他们在指示下进行了三种不同的呼吸联系。第一种是放松反应呼吸练习：他们舒适地坐在某个地方，让自己的呼吸变得缓慢而从容。根据指示，他们在心中默念咒语“真实无限，开心感恩”，并将自己的注意力集中在吸气和呼气之上。在第二个呼吸练习中，他们练习了所谓的“火呼吸（Breath of Fire）”，一种用鼻子快速而平稳呼吸的方式；在练习这种呼吸方式的时候，要用腹部呼吸，而非用隔膜进行呼吸。在第三个也是最后一次的呼吸练习中，他们练习了两侧分隔式呼吸。在这个练习中，呼吸被平均分为了 8 次吸气和 8 次呼气。

所有的志愿者反馈道：他们感到自己在完成这些运动之后得到了充分的放松，尽管火呼吸与另外两种练习相比显得比较有活力。当戈德伯格对心率变异性数据进行分析的时候，他惊奇地发现其中两种呼吸冥想方式——放松反应呼吸和两侧分隔式呼吸——与心跳动态的增加密切相关，而非促进心跳节奏的平缓。在练习这两种类型的呼吸时，呼吸模式与心跳节律有着同样缓慢的频率。而在练习火呼吸的时候，情况则恰恰相反：心率增加了，但与心跳节律有关的呼吸节奏却减缓了，这表明产生应激反应的肾上腺素有了一定的增加。

在放松反应呼吸和两侧分隔式呼吸模式中所观察到的现象同样出现在了其他类型的冥想练习中，包括了中国气功、瑜伽和禅宗传统，他们甚至在念珠祈祷的人身上也观察到了同样的现象。戈德伯格和本森得出的结论是：放松的方法多种多样，它们对心跳节律和呼吸所产生的影响也相当复杂；但似乎对所有的冥想方法来说，将注意力集中到呼吸上都是极其重要的组成部分。

“我将其想作一个松开的拳头，”戈德伯格说道，“当身体系统变得过于紧张，它就像一个握紧的拳头。不知为什么，通过将注意力放在其他地方，系统就得到了放松，拳头也就松开了。这是一个非常惊人的过程。”他用充满了敬畏的声音描述了研究结论：“身体系统中有较大的波动——每分钟跳动 30 次的心脏所产生的心率变动幅度，发生了巨大的变化。该系统具有较大的可塑造性。它与你所思考的东西密切相关。它与那些跟特征频率有关的系统截然不同。它能够将机体的整个状态激活。”这正是戈德伯格在他的讲座上利用图案所表述的问题：健康的心脏节律与直线是完全不同的。不知何故，冥想式呼吸能够让该系统从刚性的、非动态的状态转变到可塑性强的、健康的状态。

戈德伯格开始坚信，这样的练习方法能够提高心脏功能。因此，他与其他研究人员合作，对一组患有心脏衰竭的病人进行太极（Tai Chi）强心作用的研究。该研究显示，太极——一种将有目的性的缓慢动作、有规律的呼吸和冥想结合在一起的练习——不仅在主观上提高了病人的生活质量，还在客观上增强了心脏功能。戈德伯格从一名直言不讳的怀疑论者，成为了将太极引入心脏疾病治疗方案的支持者。

在魔幻迷宫中行走，与太极有着许多相似的特征：缓慢的呼吸、冥想和温和的锻炼。尽管没有人验证过这个假设，但魔幻迷宫很有可能是另外一种通过控制呼吸达到生理放松效果的方法。

还有许多其他类型的走步冥想练习在全世界范围内得到了实践。其中一种需要使用佛教转经轮——一种大黄铜鼓，通常点缀着色彩斑斓的符号和设计精美的几何图形。祷告者将自己写好的经文纸条放进转经轮中。佛教信徒们手持转经轮的手柄缓慢地四处走动，在行走的过程中转动手中的鼓。祷告者们的步法被沉重的转经轮限制，因而无法走得过快。很快的，他们的呼吸也逐渐变得缓慢，从而与脚步相匹配。这种悠闲的运动形式，除了能够控制呼吸，还能阻止应激反应么？难道散步这种温和的运动是产生平静的源头么？

许多研究显示，运动能够改善心情。初级运动，比如说散步，在锻炼 30 分钟后就能够产生积极的效果。针对不同强度的运动进行的研究显示，低等强度和中等强度的运动是最有效的。该项研究结果适用于健康人、患有慢性疼痛和关节炎症的病人、老人，同样适用于患有抑郁症的人。不仅一次性运动可以帮助人们改善心情，经常性锻炼还能够有效防止抑郁症。这可能是由于运动能够对导致抑郁的神经化学物质和大脑激素产生一定的功效。经常性锻炼加强了神经细胞之间的连接，从而促进 5- 羟色胺的产生，这对于调节情绪来说是极其重要的。能够产生类肾上腺素、去甲肾上腺素的神经细胞不再对机体产生干扰。因此，运动似乎通过加强能够改善心情的神经细胞的连接、减少能够导致大脑产生应激反应的神经连接，从而对人体产生有利的影响。事实证明，这一切对提升免疫系统功能起了良好作用。

科罗拉多大学博尔德分校（the University of Colorado at Boulder）的生理学教授莫尼·弗雷什纳（Moni Fleshner），以一名运动生理学家的身份开始了她的职业生涯。她是一名狂热的体育爱好者，坚信运动不仅对健康和情绪有益，还能影响免疫系统功能。弗雷什纳有着又长又直的金发和蓝色的眼睛，如果她选择做职业模特也一定能够成功，但她选择了学习一门在那时被认为是边缘学术课题的学科。在决心、智慧和不懈的努力的引导下，她证明了运动其实不仅能够影响免疫反应，而且还会对心情产生影响。

弗雷什纳还在读研究生的时候，就注意到自己坚持定期做运动之后，心情会得到改善，也能够更好地应对挑战。此外，她的一些朋友在运动之后似乎变得更加有活力，也能够更好地与他人相处。她猜测，运动与这些现象有一定的关联。

20 世纪 80 年代末期和 90 年代初期，临床医学文献指出，运动可以作为一种治疗抑郁症的辅助性手段。这些研究对比了用于治疗抑郁症的5-羟色胺摄取抑制剂的单独效力以及结合运动的效力，他们发现，接受含运动的治疗方案的患者，复发的几率要小得多。最令弗雷什纳印象深刻的是乔纳森·布朗（Jonathan Brown）和朱迪斯·西格尔（Judith Siegel）在1980年所发表的研究，他们记录了压力或大或小的少女在久坐或运动后的患传染性疾病人数的变化。对于那两组没有压力的女孩来说，久坐或运动并未对整体的患病人数造成太大的影响。但对于压力较大的那两组女孩来说，久坐的女孩中的患病人数急速增长，而做运动的女孩中的患病人数仍然保持不变。这个结果令弗雷什纳感到兴奋。因此，她针对运动的老鼠体内的免疫功能设计了一个研究。她的目的是观察，保持中等程度的运动能否改变身体应对免疫挑战和压力的方式。

弗雷什纳遵循了一套行之有效的法则，以帮助老鼠进行心肌健身。这套法则类似于工作结束后的假期中，人们去健身房进行运动的计划。她对这些老鼠进行了为期八周的训练，每周在运动相对速率为10%的跑步机上跑步5次。为了与老鼠的健康程度相符，跑步的速度和时间也不断有着小幅的增长。这个运动计划包含了两次5分钟的热身时间和一次5分钟的休息时间。如果老鼠能够坚持完成连续5天的运动强度，那么跑步机的速率和运动持续时间就有所增加。在研究结束时，老鼠体内的新陈代谢增加了，这是一件好事——但是，它们体内的免疫反应减弱了，并有数据显示它们体内的应激反应被激活了。

这个结果令人感到意外。研究结果中所产生的更像是一种应急反应，而不是某种能够对抗压力的物质。其他无论是对老鼠还是对人类所进行的研究也发现了类似的结果。一个针对美国陆战队进行的著名研究显示，接受高强度运动训练的部队士兵更容易死于呼吸道感染，尤其是上呼吸道感染。研究这些士兵的医生发现，他们体内的免疫细胞功能被抑制，而应激激素急速升高。因此，军队决定改变培训结构，以便给部队提供中途休息的时间。这些士兵有时间来恢复体内的免疫系统——在培训的最后阶段，他们有效地抵御了传染病的侵害。

弗雷什纳修改了老鼠的运动计划，让其显得不那么耗费体力、不那么具有强制性——允许老鼠自行选择跳上跑轮的时间，并让运动次数维持在每周 4-6 次。这个运动计划看上去压力减小了，并且有了更多有利的影响。进行定期适度练习的老鼠，体内的抗体增加了，那些对抗传染性疾病的至关重要的免疫细胞也有了一定的增加。在接种了疫苗之后，它们也能够产生更多的抗体。在其他研究中，弗雷什纳发现大脑中分泌的能够改善心情、抵御抑郁症的神经化学物质，比如说多巴胺、5-羟色胺，有了一定的增加。她后来与临床研究人员合作发现，长期的适度体育锻炼能够对人们产生类似的有利影响。

但是，仍然有一个问题困扰着她：产生这些影响的根源是什么？研究显示，脾脏中所释放的类肾上腺素神经物质和化学物质改变了免疫细胞抵御传染性疾病的方式。她与另外两名女性研究人员（其中一名来自美国，另一名来自荷兰）共同解决了这一难题。她们全都是在心理神经免疫学领域的主要专业性学会还是由男性掌控的时期就开始了该方面的研究。通过执着、细心、有条理的研究，这些女科学家不仅创造了科学性突破，也像莫尼·弗雷什纳那样，跻身成为心理神经免疫学主要协会中的一员。

其中，维吉尼亚·桑德斯（Virginia Sanders）来自俄亥俄州立大学（Ohio State University），主要致力于研究类肾上腺素神经化学物质对免疫细胞活动的影响，尤其是对产生对抗传染性疾病的抗体淋巴细胞的影响。她是一个高大的、热心肠的人，似乎总是十分享受她的工作，并乐于承认同事的支持是她取得成功的关键因素。她也乐于承认她能够担任心理神经免疫学研究学会（the PsychoNeuroImmunology Research Society）主席离不开同事们的支持。在早期阶段，她对一个几十年来得到广泛认同的“事实”感到好奇：脾脏和其他免疫器官与类肾上腺神经密切相关，而类肾上腺神经往往涉及这些器官中的免疫细胞。桑德斯猜想，这些神经所释放的神经化学物质能够对免疫细胞的功能产生影响。从 1980 年起，人们就知道免疫细胞表面含有某种受体蛋白质，从而使神经化学物质能够粘贴在免疫细胞表面——但是，没有人知道这些受体蛋白是如何发挥其作用的。桑德斯证明类肾上腺素化合物能够增强免疫细胞的某些活性，并抑制其他活性。

在大西洋彼岸，位于荷兰的莱顿大学（the University of Leiden），克比·海宁（Cobi Heijnen）（她后来也成了心理神经免疫学研究学会的主席）致力于研究 T 淋巴细胞。这些细胞对炎症来说非常重要，它们能够让其他免疫细胞生长和分裂。它们能够对被称为抗原的外来物质产生反应，从而触发一连串的免疫反应。此外，它们还能够在免疫系统的记忆中保留这些外来物质；因此，每当这些入侵者进入你的体内，你的身体就能够识别它们，并迅速产生相应的反应。

席冷（Heijnen）则是来自美国的一个高个子的女人，有着一头金色的短卷发，脸上总是挂着微笑。当她演讲的时候，她总是穿着牛仔裤和时髦的欧式夹克衫。她开始研究患有幼年类风湿关节炎的年轻患者身上的 T 淋巴细胞，这种疾病通常出现在青春期之前。临床医学早已发现，如果患有类风湿性关节炎的患者不幸中风，那么因瘫痪而失去知觉的那部分身体中的关节炎也会消失。席冷猜想，这应该是类肾上腺素神经在调节免疫系统和关节炎的过程中发挥了一定作用。与桑德斯相同，她发现淋巴细胞能够表达受体蛋白表面的神经化学物质，也能够对类肾上腺素药物产生反应。

桑德斯和席冷指出，一旦神经化学物质与它们的受体蛋白相结合，它们就能够触发免疫细胞中的一系列反应并改变这些细胞的功能。在某些情况中，这些神经化学物质能够增强免疫细胞机体；但在某些情况中，它们会抑制免疫细胞的能力。它们的功能取决于它们的剂量。当我们的运动达到了最大值，这些激素和神经化学物质所产生的整体效果是抑制细胞的抗感染能力。而比较温和的运动，比如说散步，所产生的效果则恰恰相反。

当你按照正常的步伐散步，并深深地、均匀地呼吸，迷走神经以舒缓的节奏控制了肾上腺，也控制了肾上腺素和皮质醇高峰值。你的心脏跳动频率和呼吸节奏也逐渐与之同步，变得平静，呈波浪起伏状。当你深吸一口气，你的心脏频率减缓；当你呼出气体，你的心跳速率增加量也很少。心跳之间的间隔增加了，呼吸之间的同步率则减少了。你的血压下降了，血管不再是保持血液流动的重要器官，因为心脏的跳动变得更加强烈、更加有效，从而有效地减少了应激反应的产生。

莫尼·弗雷什纳发现，在剧烈运动和强压的情况下，渗透在脾脏中的类肾上腺素神经物质会变得枯竭——从字面意思上来看，它们已经被耗尽了。这种情况并非由于压力所导致的血液中肾上腺素增加，抑制了免疫细胞活动；相反的，脾脏的枯竭触发了这一现象产生，因为一定量的类肾上腺素神经化学物质是必不可少的，它有助于维持免疫细胞功能。定期适度体育锻炼可有效预防这种枯竭。因此，免疫细胞能够发挥作用，对抗感染。

这些研究结果已经在人类身上得到了证实。经常散步（每天坚持 30 分钟）能够帮助我们巩固免疫反应，尤其能够强化那些直接对抗感染的细胞。每天步行 3000 ～ 10000 步（用计步器计数）的老年人所接受的体育锻炼是最适度的，他们体内的免疫系统能够产生最强烈的反应。在这些步行者的唾液中有更多“第一防线”防御抗体——这些抗体能够有效预防上呼吸道感染、感冒和鼻窦炎。

总之，这些研究显示，像散步这样的适度体育锻炼，尤其是定期进行的锻炼，不仅可以改善心情，而且可以增强免疫系统。这可能是在魔幻迷宫中散步有许多有利影响的原因，但到底是哪一种原因还有待检验。至今还没有人研究人们在魔幻迷宫中行走时所产生的免疫反应，但随着技术的进步，现在这样的研究已经可行了。

不管它是不是真的有效，沙特尔魔幻迷宫现在已经被复制到了北美各地的上千个地方，这得益于旧金山格雷斯大教堂（Grace Cathedral）的教会牧师劳伦·阿塔斯（Lauren Artess）教授的倡议。在前往沙特尔朝圣之后，劳伦·阿塔斯偶然萌生了用轻便帆布制作大型的沙特尔魔幻迷宫模型的想法，这样就可以在任何地方铺建魔幻迷宫模型了。这个设计品的直径为 40 英尺，它通常是按照原型的尺寸印制在帆布上的，且通常被铺在医院、诊所和教堂之中。在魔幻迷宫中行走，已经成为了补充治疗和替代医学的通行做法。

安·伯杰(Ann Berger)医生在美国国立卫生研究院临床研究中心(the National Institutes of Health Clinical Center）负责管理疼痛及缓和疗护病房（the Pain and Palliative Care Unit）。她认为魔幻迷宫对她的职员、病人和家人有益。她也发现，相较于其他身心干预手段，利用魔幻迷宫进行的锻炼似乎比较难以实施。但安·伯杰最大的优点就是坚持不懈，她始终致力于为她的同事和患者提供每一个可能的场景来帮助他们提高他们的生活质量，减轻他们的压力。

伯杰最初接受的是护士培训。她在纽约大学（New York University）获得了护理学学士学位，在宾夕法尼亚大学获得了肿瘤护理学硕士学位。这方面的训练让她在慢性疼痛管理和缓解疗护方面拥有相当程度的专业能力——临床医学领域更加侧重于帮助人们从疾病中康复，而不是侧重于病理学方面的研究。伯杰逐渐精通于利用补充性、替代性身心干预技术控制慢性疼痛，提高生活质量，这些技术包括了冥想、按摩和针灸。作为一名乳腺癌和开心手术的幸存者，伯杰本人也尝试了许多身心干预锻炼，她甚至还写了一本名为《治疗疼痛》（*Healing Pain*）的书，在书中讨论了这些身心干预技术。

美国国立卫生研究院临床研究中心始建于 1953 年，原本是联邦医院的研究设施，是完全致力于临床研究的国家主要医院。罹患罕见的疑难病症的患者可以免费到这儿接受新型实验性疗法，这些研究成果将促进科学和医疗知识的进步，并推动新型治疗方案的出现。医院没有设定专门的一级、二级和三级护理。病人们不能在街头行走，医生不能随意将病人送到那里，除非病人的病情符合正在进行的研究中的某些标准。

2004 年，经过多年的建设之后，新的美国国立卫生研究院临床研究中心的建筑对外开放了。它通过一系列桥梁和走廊与旧医院相连。与老式“10 号楼”（它的名字就如它的内部设施一样贫乏）中的贫瘠的、军舰绿长走廊不同，新医院中有宽敞、明亮、通风良好的空间，其中包括了一个巨大的七层楼高的中庭。在抛光的花岗岩地板中间有一个禅宗式水池，它的周围摆满了咖啡桌和椅子。

伯杰在临床研究中心的办公室看上去就像是一个奇迹，里面摆满了小摆设，大多数都与茶这个主题有关：微型瓷器茶具，奇怪的瓷杯，表面雕刻着小型茶话会的娃娃大小的茶壶，一个镶嵌着花纹的意大利茶点车，一套点缀着金色花卉的茶具，还有任何可以想象得到的茶叶。当被问及这个主题的时候，伯杰解释道，这些是为她的病人、病人的家庭和职员们准备的。精致的茶道，连同帽子和羽毛围巾，代表着对病人和他们的家庭负责任。每个人都可以选择一个最爱的杯子、一顶帽子和一张围巾，也就选择了一段绝佳的时光。“对我们来说，在缓和看护过程中，”伯杰说道，“病人和他们的家庭才是真正应该关注的个体。”

在美国国立卫生研究院临床研究中心，伯杰争取为她的病人和职员提供最好的补充性、替代性干预措施，以帮助他们提高生活品质并减少压力。在疼痛及缓和疗护病房搬进新的临床研究中心之前，她和她的职员们发现手指迷宫——一种用手指在其中行走的微型迷宫——能够帮助人们减少压力。他们不仅经常利用它缓解自己的压力，也会利用它缓解病人们的压力。这是一种从压力环境中转移关注焦点的放松方式。

伯杰请求上级在临床研究中心里安装一个全尺寸的魔幻迷宫模型。她有幸得到了中心负责人的支持，但其他人并不支持她，因为该设备是陌生而未经证实的东西——从西方常规医学上来看，它是没有理论证据的。但她最终还是成功安装了一个魔幻迷宫。当邀请职员们参观魔幻迷宫的宣传小册被放置在咖啡厅之后，她接到了一些来自科学家和医生们的愤怒的电话，他们质疑在临床研究中心里放置一个魔幻迷宫是否适宜：它安全么？它真的有效么？伯杰向他们保证，至少它不会产生任何有害的影响。

魔幻迷宫对那些需要从繁忙的生活中获得喘息的人来说十分受欢迎。医护人员使用魔幻迷宫的频率跟他们的病人和病人家属一样高，他们通常在午餐时间到魔幻迷宫来走走，这样就能够暂时逃离工作压力，让身心得到休息。

临床研究中心的魔幻迷宫由一张巨大的帆布和丝网组成。在每个月的第一个和第三个星期二，它被铺在医院后面开阔的地板中央。经过医院拥挤的走廊后，再来到这个空间，是一种梦幻般的经历。人们所希望的能够找到世界上最后一个魔幻迷宫的地方，竟然就是一座一流医院——世界领先的传统医学研究机构之一。

当你抵达魔幻迷宫之后，一名友好的工作人员会向你解释它的准则：脱掉你的鞋子穿上纸靴子的实用性；缓慢的、安静的、深深的呼吸的重要性；控制时间沿着魔幻迷宫中的路径行走的必要性。

当你站在帆布迷宫的入口处，你看不见它的出口——如果你尝试找到出口，那么你就无法体会行走所带来的安适感。你应该简单地开始，一步又一步，沿着路线走到魔幻迷宫中央，然后再回到你开始的地方。你要时刻相信，如果你沿着它的路径行走，你不会迷路。当你走出来时候，你会感觉到自己比进去的时候状态要好。就各个方面而言，我们可以将它比作一场精神之旅。

当你沿着路径走过魔幻迷宫，你不需要任何路标。然而，在其他地方，这些视觉线索对于帮助你浏览四周环境来说是极其重要的：它们会提示你将去的地方是哪里，还有你曾经去过哪些地方。两名20世纪的创作天才——其中一人是建筑学家，另一名是娱乐大师——将大脑利用路标进行导航的实质要素运用到了他们的作品之中，因此，这些物体能够触发全方位的情感。这些综合性的作品改变了构建我们所生活的环境的路标，创造了一个能够带来刺激、兴奋或平静的空间。这些人是谁？他们是如何完成这一惊人壮举的？我们能否从他们的设计中获得经验，从而优化空间设计以更好地帮助自己愈合？

第六章
每个空间都有自己的情绪

2006年，神经科学联合会邀请弗兰克·盖瑞在亚特兰大（Atlanta）年度会议上发表演讲。演讲是“神经科学与社会的对话”系列活动中的一部分——直到那个时候，该组织的成员以及一般的神经科学家，已经能够更好地在公众面前谈论他们所研究的课题。

根据美国建筑师协会出版的刊物——《AIA建筑》(*AIArchitect*)——所刊登的内容，盖瑞的演讲吸引了7000多人。“盖瑞作为一名非科学家，却吸引了如此多的人，由此可见他的演讲相当成功。”神经科学联合会主席斯蒂芬·海纳曼（Stephen Heinemann）说，“这一系列试验性活动主要针对该领域中最具创意的顶尖人物。我们想要研究出最佳方法，并进一步了解我们的头脑究竟能够做些什么。”

盖瑞描述了他的创作过程。他的演讲中穿插着惹人喜爱的、自嘲的、伍迪·艾伦（Woody Allen）式幽默，他讲述了一名拥有脆弱性的创造天才如何超越自身的极限，同时也克服了自身的恐惧和焦虑，开启了全新的世界。正是他的言论中的这一部分与年轻科学家们产生了共鸣。因为对这些年轻的科学家来说也存在着一定的不确定因素，他们正不断努力，尝试突破自身的极限。

盖瑞改变了建筑物的顶部，将其设计得看上去不那么像传统意义上的建筑物。他用波纹状、褶皱状、金属包层式结构取代了整齐、方正的长方体结构，将建筑物打造成了古怪的、醒目的路标。远远望去，与其他建筑物相比，这些独特的建筑形状从天际线上脱颖而出。当然，如果一个城市中全是盖瑞式建筑，那么它们将不再是标志性建筑。正是它们的不同让它们从城市景观中脱颖而出——这种不同一度让人感到激动和焦虑，从而令人感到难以忘记。这些性质是路标所应该具备的特征。盖瑞本来并未学习过神经科学的基本原则，他直观地挖掘出了大脑在工作时所必备的基本要素。他知道如何创造特征，从而最大程度地提高大脑的识别能力、反应能力和记忆不同之处的能力。

据传，盖瑞的设计过程包括将一张纸折叠起皱，并研究纸上的皱纹。据盖瑞称，他在开始设计的时候会完成许多的涂鸦作品，然后将这些涂鸦作品转交给他的那些年轻助手们。这些年轻助手通过某种方式理解他想要表达的意思，并将它们转变成流体形状，最终才变成建筑物。实际上，这个过程是非常严谨的，也有许多跌宕起伏。最终形成的建筑物不仅仅基于最初的有机物质（比如说一条鱼、一匹马的脑袋、一条尾巴）所带来的灵感，而且取决于建筑物的最终居住者、预定用途、地点配置和临近结构。

远在西班牙毕尔巴鄂（Bilbao），盖瑞设计了古根哈姆博物馆（Guggenheim Museum），其原始灵感来自法国中世纪及文艺复兴时期艺术家所完成的石雕作品，以及希腊和罗马的古代雕像。雕像上所雕刻的打褶的帐幔给盖瑞带来了灵感，它们的褶皱令人感到一种布匹的温暖和轻柔感。但是盖瑞并没有使用石头制造褶皱，而是选择使用钛合金制造褶皱，并用这种金属给他的建筑物穿上了外衣，让建筑物拥有金属光泽的“皮肤”。他的直觉告诉他，柔软而有褶皱的面料能够唤起观察者的积极情绪，这种情绪与童年记忆中母亲的裙子和毛毯密切联系在一起。

即便是相隔甚远，盖瑞的建筑物也能给人带来视觉冲击，并帮助人们在城市中定位。当你沿着 101 号州际公路（Interstate 101）向南行驶并离开洛杉矶市中心，来到一个入口坡道和一条没有路标的单项街道前，小心翼翼地避免意外，尝试回到高速公路的时候，你的焦虑值到达了顶峰。但是，如果你看到了盖瑞所设计的华特·迪士尼音乐厅（Walt Disney Concert Hall）那充满光泽的外观轮廓，你就准确地知道了自己身处何处，你的焦虑也就随之减少了。

在近距离的时候，盖瑞的建筑物能给人带来一种不同的情绪。它们会让你感到焦虑，直到你进入它们为止。从外部来看，所有可见的杂乱的建筑结构都是由灼热的、光芒耀眼的金属或玻璃构成的。你可能会推测建筑物的内部也是由形状相同、硬度相同的工业材料建设而成，也同样会令人感到不舒服。但是，当你走入迪士尼音乐厅之后，你随即就能产生一种平静的感觉。建筑内部温度适宜。从售票处进入建筑内部之后，你会看到一个足有天花板那么高的树状结构，它的树干和枝条上覆盖着淡黄色的道格拉斯冷杉。你的眼睛已经适应了室内光度，你意识到自己位于这些“树木”组成的森林之中——它们巧妙地掩饰了支撑柱和通风管道，甚至是挑高的天花板也是由木头组成的。建筑物内部的所有线条都是曲线状，与波浪的形状相似，比如说水波、声波。凝灰石地板部分覆盖着棕黄色地毯，上面点缀着斑驳的五彩玫瑰图案。建筑物内部的整体效果类似于层次分明的林地结构。

在每个转角处，你正好看到的都是整排的能够让你联想到大自然的形状和颜色，却又没有全然模仿大自然的构造。换句话说，在这里，你可以看到外面的世界。你不禁要问：盖瑞是如何做到这一点的？从外面来看，这个建筑物似乎没有窗户，因此也看不到户外景观。它令你感到不安，你怀疑它的内部像坟墓那样黑暗。但实际上，建筑物内部的每一个空间，甚至包括了音乐厅内部，都可以通过玻璃天窗、穿洞墙壁看到外面的世界。

在神经科学联合会年会的小组讨论期间，我就建筑物的新颖性和熟悉性给人带来的紧张感向盖瑞提问。我观察到这些建筑物可以是令人感到安心的路标，但由于它们是如此的标新立异，也很容易让人感到有压力，因此我猜测盖瑞是否添加了某些特征设计来控制潜在的应激反应。盖瑞说当他近距离观察的时候，他意识到因为这些建筑物与人们所设想的建筑形状有所不同，可能会引起人们的焦虑。出于这个原因，他在建筑物里添加了一些被他称为“扶手”的特征性元素——无论是建筑物的外部景观还是建筑物内部的稳定参考点，这些特征能够让人们进行自我调整以达到平静的效果。他之所以能想出的这样的设计，完全是出于本能。这样的设计元素能够将建筑物所带来的不适感最小化，能够让观众们不再产生不舒服的感觉，而是感到兴奋、愉悦。

盖瑞总是想给人类和城市带来出乎意料的刺激感，而另外一名20世纪的创造天才恰恰与之相反，他的名字与音乐厅的名字相同——华特·迪士尼（Walt Disney）。迪士尼想做的是，清除风景中的所有缺点、褶皱和污垢，从而让人们感到全然的安心。盖瑞为迪士尼的遗孀莉莲(Lillian)设计了一幢建筑物。尽管有人认为它看上去像是一朵玫瑰(“献给莉莲的玫瑰”)，但盖瑞说他真正的设计初衷是“身后的两个风帆”。整个建筑工程耗费了10年的时间，期间因为资金短缺、设计变更、地震和“9.11”恐怖袭击事件而延期。该大厅最终在2003年正式对外开放。

虽然迪士尼和盖瑞的创作作品几乎没有什么相同之处，但是他们有着相同的重要性格特征。莉莲曾经对盖瑞说过，她与她的丈夫共同生活了20多年，她相信，如果有可能，他们能够很快成为朋友。他们的设计概念不仅含有时代精神意义，也打破了许多当时存在的规则。即便是在面对很多人的反对和成功率很小的情况下，他们两人都不知疲倦地将自己的想象变成现实。他们两人都将自己的艺术天分与其能够利用的最先进的技术和材料结合在了一起。盖瑞和迪士尼也志趣相投，他们创造并利用了路标为人们指引方向。他们两人还添加了出人意料的元素，给人们带来刺激与鼓舞。同时，他们又利用了一些人们所熟悉的特征性元素进行中和，从而使人们感到放心。

当华特·迪士尼萌生了这样一个想法：让观众们进入他的电影之中——而不是让观众们坐在黑暗的空间里观看屏幕上的图像——他选择了12名最有才能的动画师来帮助他实现这一目标。他把他们称为“描绘想象的人”。当你进入一个迪士尼主题公园，你就踏入了一个想象中的世界，它的每一个微小的细节都会让你的大脑误以为它是真实的。迪士尼的团队在许多方面对人们的意识和行为产生了影响，这也成了该团队的绝对优势。最终的结果是生动而诱人的：每年有近4000万成人和儿童参观迪士尼乐园、华特·迪士尼世界和艾波卡特（Epcot）主题乐园。

约翰·亨奇（John Hench）是最初创造位于加利福尼亚州阿纳海姆（Anaheim）的迪士尼乐园——奥兰多迪士尼世界（Disney World in Orlando，该游乐园先后开放于1955年和1971年）的12名独创人员之一。设计这个公园的初衷是让人远离恐惧和焦虑，为人们带来希望和宽慰。这些“描绘想象的人”是如何做到这一点的呢？亨奇不仅是一名卓越的艺术家和工程师，他还是一名博览群书的阅读者。他订阅了100多份各种类型的杂志和期刊，其中包括了关于心理学和人类行为学的期刊。他相信弗洛伊德（Freud）和荣格（Jung）的学说，并迷上了认知心理学，而在那个时候它不过是一个新兴科学领域。与认知神经科学有关的知识理论相对较少，因此学习认知神经科学的唯一途径就是通过试验和错误进行验证——这正是亨奇采用的方法。多年来，他精确地掌握了需要多长时间和多少可视化数据才能够让观察者确信其所看到的图像是真实的。

迪士尼建议他的动画师们创造一个能够改变情绪的空间——当人们进入这样的空间之后，它能够让人产生一种距离、高度和速度上的幻觉。他要求他的艺术家们将自己的摄影和动画知识上升到一个全新的水平。幸运的是，在同一时期迪士尼工作室开始发展动画，他们同样开始涉足电影业和电视业，并聘用了设计师进行三维场景设计。他们也能够开始打造真人大小、立体化、移动的数字结构——机器人。因此，动画师们拥有了技术工具以及与幻想和意识有关的知识，他们就能够创造模拟现实的幻想空间了。

为什么迪士尼乐园里的“加勒比海盗（Pirates of the Caribbean）”游乐设施让你相信自己进入了一个位于加勒比的海盗洞穴，而不是进入了一个位于加利福尼亚州或佛罗里达州的仓库呢？是什么让你相信棕色和灰色的喷漆纸板块是山洞中的岩石呢？在一切开始之前会发生一件事情——那是一个古老的戏剧把戏：灯光全都熄灭了。一切陷入了黑暗之中。

一旦动画师们利用这个简单的方法删除了空间中的所有视觉线索，他们就可以逐渐增加他们所喜欢的任何线索，来为你创造一个全新的世界。在“加勒比海盗”中，你出发的地方是新奥尔良（New Orleans）庄园中的一片阳光明媚的土地，沿着一条倾斜的砖块坡道行走，你会进入一幢南部上流社会住房中。渐渐地，斜坡变成了木质地板，你可以感觉到足下的变化。周围的场景变化成了一个钓鱼码头。灯光变得昏暗朦胧。声音逐渐由港湾餐馆发出的声音——音乐声，餐具和盘子撞击的声音，食客们的谈话声——变成了海湾和沼泽地里的声音：蟋蟀的声音和海浪的拍打声。你进入了一艘漂浮在阴暗的濒海湖中的小船上。现在，只有灯笼能够照亮前行的道路。

随着小船不断向前滑行，你不再想到印第安美食所发出的诱人香气，你闻到了海盗洞穴里泥土的发霉味。你听到了一首大多数美国人都非常熟悉的曲子《噢，苏珊娜！》（唱得有一点儿走调）——也看到一个人坐在摇椅中一边弹奏班卓琴一边唱歌。随后，一件意想不到的事情发生了：当小船进入洞穴的时候，因为遇到一个陡坡而突然下落。当你离开了明媚的阳光，沿着斜坡走进游乐设施中的时候，你没有意识到你走进了一个相对地面较高的楼层中。下落过程让你彻底与自己所熟悉的世界分离开来，你的心情变得恐惧而焦虑。也许，迪士尼的“描绘想象的人们”没有意识到，他们利用了一种最能够触发或关闭大脑应激反应的方法——

即突然的、意想不到的变化。所有那些让你感到压力和焦虑的大脑激素和神经化学物质都在同一时间得到释放。现在，无论是在视觉上还是在心理上，你都知道自己进入了一个全新的世界，并期待着某些意料之外的事情发生。

设计了“加勒比海盗”游乐设施的约翰·亨奇也知道，意识不仅仅是感觉器官对力学的感知。他了解荣格的心理学学说和古典神话。他也知道人们与宇宙故事和古老神话的诞生有着密切的关联。我们也许没有意识到这种密切联系，甚至不知道这些故事来源于何处，但是它们能够影响我们对环境、图像或故事所产生的反应。当我们在感受周围环境的时候，我们不仅感知到环境中的物理元素，而且尝试着感知它们所传达的深意。当我们进入了一个全新的空间，我们会寻找逻辑模式和关联之处。如果我们没有找到任何线索，我们就会感到不安。

就在船只下落之前，你注意到洞穴的入口处有着一幅显眼的图画：一个骷髅和两根交叉状骨头，它是海盗与死亡的象征。约翰·亨奇巧妙地将神秘故事与灯光、音响、物质移动等物理线索结合在了一起，从而在最大程度上放大了人们的忧惧感。据一名曾与亨奇一起工作的主创人员说，他还相信某些游客已经意识到了他们正走入一个弗洛伊德式的梦想世界——一个无所畏惧的领域。他知道，来到迪士尼主题公园的人都是在寻找一种急速的刺激感——他们希望体验在面临危险时求生意识增强的感觉，但与此同时，他们也希望获得安全感、舒适感、控制感。他设计的游乐设施最终得以运行。他们创造了人们可以控制的模拟威胁。亨奇理解了一个基本的真理：想象中的压力能够像真实的威胁那样触发应激反应，并且，你越能够控制这种威胁，你所感到的压力就越少，刺激感就越多。

当然，当你进入了一个迪士尼主题公园，你会体验到一种舒适与兴奋交融的感觉。它为你提供的主要景点之一是美国大街（Main Street America）——它是存在于虚拟过去中的怀旧美国。它并不是你成长的那条美国大街。但是你希望自己在这样一条美国大街中长大——它是一个安全的地方，那里生活着快乐的人们，有让人愉快的建筑物，有让人感到幸福的气息。这条街是存在于迪士尼记忆中的小镇，它位于密苏里州（Missouri）堪萨斯城（Kansas City）外的马瑟林（Marceline），是他从小长大的地方。

当迪士尼一家在马瑟林居住的时候（1906-1911），那里的大街与迪斯尼乐园和迪士尼世界中的大街没有任何相似之处。直到他们搬走的时候，迪士尼只有9岁，但在那里生活的5年时间给他留下了不可磨灭的记忆。他的主题公园中的美国大街反映了当他在记忆中重游那个小镇时用眼睛和心灵所看到的一切。那个时代的照片显示，真正的马瑟林是一个灰蒙蒙的地方，那里尘土飞扬的大街两旁矗立着两层楼高的砖房。遮阳棚的颜色非常单调，显然不是迪士尼乐园大街上的那种明亮、欢快的色彩。小镇中也没有浪漫的灯柱，只穿插着歪歪斜斜的电线杆。小镇的远方没有灰姑娘的城堡，有的只有一望无际的密苏里州堪萨斯地平线。

迪士尼重新创建的并非实际的场景，而是他在那里所拥有的情感经历——希望、自由和欢快的期盼所带来的感觉为他塑造了一个快乐的童年。迪士尼成功地让我们进入了他的情感记忆之中，我们只需购买一张门票，走进公园的大门，就能够体会到迪士尼在童年时所体会的情感，而这种情感伴随他度过了一生。他在空间和环境的设计方面是如此成功，因此他能够唤起参观者的情绪并让参观者以某种特定的方式行事，他的设计原则几乎已经被运用到了美国的每一个公共空间之中。

如果你进入到迪士尼主题公园，你所感到的所有情绪都仅止于舒适，你会感到厌倦并很快就选择离开。迪士尼不能强迫你留下来，他必须找到一种方法让你进入公园内部游玩。为了实现这一目标，他在整个公园中添加了所谓的“维也纳香肠（wienies）”——它们是穿插在公园各个地方的醒目路标，吸引着人们走向它们，就像热狗或维也纳香肠吸引人们走向球场那样。

我们从人类运动研究中得知，当我们在运动的时候，大脑会搜寻可识别性路标，这些路标对于我们对环境和空间的记忆显得极为重要。因此，一个地理位置极为醒目的路标肯定能够吸引人们走向它。一个物体要成为路标应当具备几个特点：它应该足够大，这样即便是相距甚远，人们也能够看到它；它必须与周围环境有所不同，这样它才能够像盖瑞设计的建筑物那样脱颖而出；它必须能够唤起某些积极情绪，这样才能够吸引人们走向它；还有，它必须让人难以忘记。根据自身经验，迪士尼直观地掌握了上述特点。在第一次世界大战期间，他作为一名急救车司机在欧洲待了很长一段时间，后来，他重返了那个地方很多次。他迷上了那里的旧城镇，那蜿蜒的街道往往通向山坡上的城堡。他和他的设计师们都知道城堡是浪漫的，因为在人们的印象中，城堡总是与童话故事联系在一起，它们有着独特的吸引力。因此，他在大街的街尾放置了一座城堡。

当你进入迪士尼乐园之后，最初并不能看见城堡。你进入了一个较大的开放式空间——城市广场（the Town Square）。乐队在草坪上演奏，一面美国国旗伴随着国歌的音调被缓缓升起或降落。在你的左侧有一个消防站，而你可以在其他方向看到迷人的老房子。你停下脚步融入这个场景之中，渐渐地远离了身后的真实世界。你的心情慢慢地发生了改变，你感到放松。你成为了迪士尼舞台上的一个人物。

随后，你注意到主入口大门远处有一条通往广场的街道。当你站在街角的那一刻，你就看见了那座城堡：一幢只会出现在《灰姑娘》（*Cinderella*）和《睡美人》（*Sleeping Beauty*）里的粉红色与灰色相间的塔楼。但当你走向城堡的时候，街道两旁的诱人商店吸引了你的注意力，它们有着老式的建筑外观，商店里装满了玩具、漂亮的帽子、冰激凌和软糖。当你从商店旁走过，你甚至可以闻到软糖的香气。因为设计者们想出了一个方法，将烹饪的排气筒朝向街道——现在全世界各地的餐馆都利用这个方法吸引顾客。在今天，迪士尼大街上卖出的软糖比美国的任何一个地方都要多。这是为什么呢？因为我们学会了将软糖的味道与家庭、童年、安慰感结合在一起。你无法抗拒地停下脚步，凝视着商店橱窗，然后走进商店的大门。一旦你进入了商店内部，你就会购买软糖。

再之后，你想起了城堡，你决定继续前行。但是，周围的景观再次发生了改变。街道变宽，你的面前出现了更多的“路标”：有着茅草屋顶的建筑物，一座大山，还有一个巨大的未来式建筑结构。现在你需要决定你想去什么地方了。此时，你站在另一个巨大的广场中央，这个广场中有长椅、爆米花车和冰激凌小贩。它们在提示你没必要这么快就做出决定——你可以先品尝一份美味的零食。在这里，你看到了家庭旅行团中的几名游客，孩子们揪着父母的肘部指着自己想去的地方，大人们仔细地研究着地图和指南，在做出决定之后他们启程探索另一个具有吸引力的地方。

当你向下一个路标前行的时候，你经过了一个被设计人员们称为“交叉溶解（cross-dissolve）”的地方。在电影制作中，“交叉溶解”指的是一种技术：一个场景慢慢地融入了另一个场景之中。在迪士尼公园中，随着游客们不断前行，一个空间不断融入了另一个空间，这样，游客们就能够意识到自己离开一个世界进入了另一个世界。设计人员通过添加线索做到了这一点，你能够通过所有的感知器官感受到这些线索，它们标志着你正不断靠近新天地；在同一时间，与你身后的场景有关的线索则会不断减少。这个过程是如此的精妙，以至于你完全没有意识到自己周围的场景发生了改变，直到你到达目的地。比如说，当你从大街街尾的广场冒险乐园（Adventureland）行走，你脚下的混凝土地面逐渐变成了沙砾；磨床和冰激凌车所发出的声音逐渐被丛林生物的声音所取代；异国香料的香气代替了爆米花所散发出来的味道；建筑样式也由20世纪初期的美式建筑风格转变为了沙漠绿洲集市混合茅草屋顶的热带建筑结构。

迪士尼和他的设计人员们摸索出了一套指导人们行为的方法。他们利用了大脑吸收与环境有关的感官线索的方法，同时使用路标让你沿着某个特定的方向前行：走向城堡。他们利用诱人的香气、五颜六色的小玩意儿和欢快的音乐，让你放慢在大街上行走的脚步，让你止步于那些可能充满冒险的地方。他们也巧妙地改变了你的心情——先是让你感到舒适，感到家的温暖和安全，让你想起记忆中的美好时光，然后让你感到焦虑和恐惧，最后，再一次让你感到安全。他们成功地以一种精确的方式控制了你在公园中的行动。他们甚至没有说一句话就做到了这一切。

当你在参观这些地方的时候，你的大脑不断接收了无数的信息：视觉线索提示你现在位于什么地方，而内在线索则提示你曾经去过哪些地方。不同的动物对这些导航方法的依赖程度也有所不同。大黄蜂主要依赖于视觉线索来判断太阳的角度和天气类型，从而按照它们的“蜜蜂航线”飞行。蜘蛛更依赖内部线索，它们的腿部有压敏感受体。哺乳动物则能够获得这两种类型的信息。

内部信息被统称为本体感受，它包括了从内耳获取的感觉信息（你的平衡系统）和从肌肉、关节处获得的感觉信息——这些感觉能够告诉你已经走过了多远的距离。这就好像是大脑拥有其自身的计步器，因此，即便是你被蒙上了眼睛，你也能够回到出发的地方。这就是盲人如何找到方向、早期的航空飞行员如何进行导航的答案——“凭感觉”。

本体感受和视觉线索的结合确保了另一个迪士尼乐园游乐设施的成功，它就是“飞跃加利福尼亚（Soarin’ over California）”——尽管你离地面只有几英尺，它也能够让你体会到飞翔的感觉。当你“升空”的时候，你会感到身体下方的椅子不断振动且向后倾斜。随着椅子来回摆动，你的脚也产生了轻轻的晃动。这些感觉加上拂面而来的微风让你产生了一种幻觉，你以为自己身处滑翔机中。在你的周围还有碗状电影荧幕，让你能够将四周景色尽收眼底，它让这次飞行经历变得异乎寻常的真实。当你突然冲出云层，从金门大桥（the Golden Gate Bridge）上方俯冲而过，掠过河流、沙滩和山峦，椅子倾斜的角度和振动的颠簸度与视觉效果得到了完美的协调。如果没有那些视觉线索，你只会觉得自己坐在振动的、倾斜的椅子上，而不是在加利福尼亚的上空呼啸而过。如果本体感受与视觉线索的匹配度不高，你的飞行经历就不那么真实，你还可能会感到恶心。除了向大脑呈现出飞行的假象之外，迎面而来的微风还能够帮助你消除恶心感。

当你在一条路线上行走的时候，比如说迪士尼乐园中的大街，你既需要视觉线索也需要本体感受线索来找到自己的方向，并记住自己要去的是什么地方。近视的人被剥夺了视觉线索，他们在导航的时候容易出现错误，但是凭借本体感受，他们仍然能够找到目的地。因此，如果没有明显的可能性找到正确的方向，那么类似于“钉上驴尾巴（Pin the Tail on the Donkey）”的游戏的乐趣就会减少。为了弥补视觉上的缺陷，盲人往往要学习提升对内部线索和非可视化线索的敏感度，其中包括了本体感觉、声音和气味。

你在漫步时识别了一连串的物体，然后将其形成连续性的记忆。当你今后回想这个地方时，你可以在大脑中随机播放视觉回忆。而本体线索——则取决于在你在空间中移动的方式，而不仅仅是对它的观察——需要以正确的顺序在脑海中回放，这样，你才能够很好地记住它们。这个过程就好比自己开着车在一座新城市周围逛一圈，而不是作为一名乘客被带领着四处兜风。司机只试了几次就能够记住一条路线，比坐在乘客位置上观看的人要记忆得快得多、好得多。

整个建筑领域有一种专门的导航方法。它被称作“寻路”。建筑师们知道人们利用两种方式进行导航：一是利用路标，二是利用地图坐标。城市通常会应用其中一种导航方式。罗马和巴黎是路标式城市的典型例子，而曼哈顿则是地图坐标式城市。当你在罗马四周寻找方向的时候，你会从一个路标转移到另一个路标——你在曲折的街道中蜿蜒而行，那些街道的名字经常发生改变，从而使整个过程变得非常混乱。当你尝试着从西班牙阶梯（the Spanish Steps）走到罗马斗兽场（the Colosseum）的时候，你很可能会在自己出发的地方兜圈子，除非你在沿路上不断寻找路标，比如说著名的喷泉、国会大厦（the Capitol）、论坛（the Forum）等。在巴黎的古老城区中，建筑物阻挡了阳光对弯曲、狭窄的街道的直射——这条街道的名字是沙塞迷笛街（the Rue de Chasse Midi），字面意思为“追逐着正午的街道”。但是，如果你把你的目光锁定在类似于圣心大教堂（Sacré Coeur）、埃菲尔铁塔（the Tour Eiffel）、圣雅克伯塔（the Tour St. Jacques）或巴黎圣母院大教堂（Notre Dame Cathedral）这样的标志性建筑上，你就能够很快地找到自己的方向。这也许就解释了为什么含有街道鸟瞰图和标有路标、建筑物3D图像的旅游指南如此受欢迎，它能够帮助人们找到正确的方向。

而在曼哈顿一切则变得简单多了。沿着第42大道（42nd Street）向西走，经过百老汇（Broadway），你就能够到达时代广场（Times Square）。沿着第5大道（5th Avenue）向南走，经过第34大道（34th Street），你就到达了帝国大厦（the Empire State Building）。这些都是全世界公认的路标。当你在纽约附近走动的时候，你甚至不需要寻找通往目的地的方向。你只需计算已经走过的脚步和街道。

大多数人同时利用路标和地图坐标来导航，有的人则比较擅长其中某一种导航方式。倾向于利用路标导航的往往是女性，男性则倾向于利用地图坐标导航。当你向某人问路，而他的导航方式与你截然相反，这种情形很可能会让你感到恼怒。如果你是一名利用坐标导航的人，却被告知沿着大街向北走半英里，在橡树处左转后再向西走30码，这可能会令你感到崩溃。如果你是一名利用地图坐标导航的人，却被告知沿着大街向前行驶几个街区直到到达一家快餐店，随后左转向前行驶直到你看到一个消防站，这可能同样会让你感到抓狂。

老鼠通常会利用路标在水迷宫中导航。老鼠们热爱游泳——尤其是棕色挪威大鼠，它们在300年或400年前通过船舱从欧洲来到了美国。将一只老鼠放在一个小塑料池（通常在实验室中使用，与浅水池相似）边，它会立即跳入水中并开始游泳。如果池子中央、水面下方有一个平台，它会迅速地学习向那个平台游去。在第一次尝试的时候，它会花费一点儿时间才能找到那个平台；但经过几次尝试之后，它就掌握了整条路线。然而，它需要看到平台的位置，这样它才能调整自己的方向以便到达平台。随后，在池中添加少量牛奶，让池水变得不透明。如果老鼠无法看到平台，它会变得困惑而焦虑，它在池子中游来游去，直到它找到平台。但是在池子内壁添加了某些视觉线索之后——不同颜色的简单图形（比如一面墙上有红色的大三角型图案，另一面墙上有蓝色的正方形图案）——老鼠会迅速学习识别这些图案，并将它们作为路标。窗帘、墙壁上的图案、机器零件也有同样的效果。在经过几次尝试之后，老鼠很容易就学会了找到平台的方法。这个测试被称为“莫里斯水迷宫（Morris water maze）”，是一种测试不同种类环境因素对学习和记忆所产生的影响的标准方法。

来自麻省理工学院的科学家马特·威尔逊（Matt Wilson）经常出席关于神经科学导航的讲座。他搞笑地表演了老鼠在经过迷宫时的突然性头部运动。威尔逊看上去像是埃及古墓壁画中走出来的卡通人物，他将头部转向一边并将一条腿向前移动，黑色直发拍打在他的脸颊上。随后，他将头部转到了相反的方向，并移动另外一条腿。这个姿势说明了头部运动是如何与空间导航密切相关的。

两组极为重要的神经细胞构成的神经网对于空间导航来说是至关重要的。它们位于海马体附近——它的形状让早期解剖学家想起了海马。一组神经细胞能够确定你的空间位置，而另一组神经细胞能够对头部方向产生反应。一组神经细胞象征着内部地图，而另一组神经细胞则象征着内部罗盘仪。

不出所料，识别空间位置的神经细胞被称为地点细胞（place cells）。在威尔逊针对老鼠进行的研究中，他通过外科手术在老鼠的海马体里植入了电极，并测量了单个神经细胞所发射的电流量。当老鼠处于麻醉状态，他将一个小金属头盔放置在了老鼠头部。他按三平面法则、以毫米为单位对电极进行调整固定，从而让电极能够以直角固定在头盔之中。当老鼠在术后醒来时，其表现仍然非常正常。它带着的电极皇冠随时能够与记录器连接在一起。当与大脑特定区域相连的电极与电脑连接在一起之后，随着老鼠在空间中移动，我们能够看到不同细胞发射出的电脉冲使屏幕的不同区域亮了起来。如果老鼠在一个加号形状的迷宫中移动，我们可以在屏幕上看到神经细胞变得活跃，其波纹也呈加号状。这些细胞在任何特定时刻都能够准确告诉老鼠，它现在位于什么地方。对于人类也是如此：指导我们前行的大脑区域也会不断随着环境地形的改变而改变。

事实证明，地点细胞还有另外一个非常重要的功能：它将我们接收到的所有感官输入结合在一起。对于空间环境的基本认识来说，这个过程是必不可少的。当你在迪士尼主题公园中，经过一个被称为“交叉溶解”的地方时，你接受的感官输入包含了视觉、听觉、味觉和触觉信号。你将这些信号整合成一个整体，而这些信号组合就告诉了你现在位于什么地方。你所去过的每一个特定地点都会给你留下不同的整体印象。那么，这些感官线索是如何组合成地图并给我们带来方位感的呢？它们又是如何紧密连接在一起的呢？

神经学科学家在解决感官结合的问题上遇到了困难。当涉及空间整合时，海马体中的地点细胞似乎是解决问题的关键。每一个地点细胞接收了不同方面的感官输入，包括了内部本体感受线索、视觉线索，还有其他类似于味觉、触觉、听觉的感官线索。当你在导航的时候，视觉线索是最重要的，然后是味觉线索，最后才是运动线索。海马体和海马体中的地点细胞都是大脑中的信号整合体和地图绘制体。整合过程还涉及大脑中的其他部分，包括了顶叶和大脑皮层中的某些部分，但海马体地点细胞在整合过程中发挥着主导作用。通过不断接收不同类型的感官信号并不断输出单一电子信号流，海马体地点细胞将这些感官碎片组合在一起，创造了一个多层面、多感官的空间形象。

空间形象的组成还有一个重要的成分——记忆。当你经过一个被称为“交叉溶解”的地方时，你不断浏览每一个路标，你的大脑中也形成了与你所看到的、所感觉到的物质有关的记忆。如果你不能记住所有的感觉和位置，你就不知道自己来自何处或将向去何方。记忆作为理解周围环境的直观经验是至关重要的。我们记住了与地点有关的许多细节，不同种类的记忆过程帮助我们整合外部世界的零碎特点，并在大脑中形成了特定的图像——无论我们身在何方，这些地理位置都印在了我们的脑海之中。

通过研究因不同的大脑损伤所导致的记忆力衰退现象，研究者们已经区别出不同的大脑区域在记忆过程中所发挥的特定作用。这些患者的记忆损伤使我们清楚地认识到我们的记忆是如何工作的。这就好像试图找出顶灯为何不能正常工作——问题可能出现在灯泡、开关或它们之间的电线上。要检查并更换电路中的某个部分，我们首先应当知道的是电路是如何构成的。在针对记忆原理进行的研究方面，有一名女性比其他人付出了更多的努力——她与一名记忆受损的病人合作进行了为期 15 年的非凡研究。

第七章

那些让失忆症患者也能记住的好地方

1953年，某天的凌晨3点，为了检查一名患有严重记忆丧失的病人H.M.，心理学家布伦达·米尔纳（Brenda Milner）从加拿大蒙特利尔市（Montreal）出发，来到了康涅狄格州（Connecticut）的哈特福德（Hartford）。后来，这名心理学家和这名病人之间进行了长达十余年的合作，其研究结果清楚地阐明了记忆的工作原理。

在20世纪50年代，麦吉尔大学蒙特利尔神经科学研究所（McGill University's Montreal Neurological Institute）的创建者、神经外科医生怀尔德·彭菲尔德（Wilder Penfield）研发了一种切除颅内脑病变部位的方法，该病变部位是癫痫病的起源。彭菲尔德雇用了来自英国剑桥大学的年轻的布伦达·米尔纳，并委托她在手术之前进行研究：究竟是什么导致了癫痫病的产生。先进的成像技术在几十年后才会出现，米尔纳能够采取的研究方法就是进行心理测试。但她和彭菲尔德完善了研究技术，从而使他们能够映射出大脑中不同的部位有着哪些不同的作用。

彭菲尔德一直比较保守，他在进行第一次手术的时候会尽可能切除较少的脑组织，因此有的病人需要进行第二次手术来彻底消除癫痫症。一个类似的病人，46岁的工程师P.B.，在切除了小部分颞叶组织之后又进行了第二次手术。米纳尔在P.B.接受了第一次手术之后对他进行了心理测试，测试结果显示P.B.的神经功能完好，但他的癫痫病持续发作。因此，在第二次手术中，彭菲尔德切除了较多的颞叶组织以及海马体。当P.B.在手术后醒来，他突然说——据米纳尔所说，他的口吻显得非常讽刺——“你们这些人都对我的记忆做了些什么？”米纳尔再次对他进行了心理测验，虽然他的即时回忆没有受到损害，他最近的记忆却消失了。他不记得他的妻子什么时候来探望过他，也不知道米纳尔究竟是谁。这说明海马体在新记忆的形成过程中发挥着一定的作用。

起初，米纳尔和彭菲尔德认为，P.B.所产生的现象可能只是一种偶然性结果。但是，当他们在一年后看到了一个类似的病例，他们知道自己发现了某种具有广泛意义的事实。他们在国际会议上报告了这两起病例，并开始寻找其他病人，努力探究导致这种现象的原因。就在那时，他们接到了来自哈特福德的威廉·比彻·斯科维尔（William Beecher Scoville）打来的电话，后者在电话中称他的病人H.M.也遇到了类似的问题。

1953年，26岁的H.M.患上了严重的顽固性癫痫。斯科维尔在沿用彭菲尔德的治疗技术的基础上，采用了更佳的方法：他切除了颞叶深部组织和大部分海马体。手术完成后，很快就产生了两种现象：H.M.的癫痫发作率急剧下降，每年只发作2次；但同时，他患上了严重的永久性健忘症。他对手术前发生的事件的记忆是正常的，但手术后的记忆几乎彻底衰退了。他不能记住任何新事物，无论是哪种被要求回忆的记忆（如时间、人物、脸孔、常识性知识、音乐、数字、迷宫），还是那些能够唤起记忆的感官刺激（如视觉、听觉、嗅觉或触觉）。他不能创造新的记忆，但是他仍然拥有与他在手术前所遇到的人和事相关的有限记忆，其中包括了他的父母亲，还有他的外科医生。

但是，H.M.的记忆仍然保留了令人吃惊的一部分。虽然他无法在迷宫中找到出路，但在米尔纳的鼓励下，他能够准确绘制出他在术后居住了5年以及他曾经居住了16年的房屋的平面图。他在两个不同的时间点进行了平面图绘制：一次是在他搬进某套房屋的第八年，另一次是在他搬到另一套房屋后的第三年。

这种类型的记忆被称为地形记忆。H.M. 能够绘制平面图的现象表明，除了海马体，颞叶中的其他大脑组织对于该类型记忆也是至关重要的。

2008 年，米尔纳 90 岁的时候，出席了神经科学联合会的年会。她在主题演讲中谈到了她那具有里程碑意义的实验。台下 4000 多名神经科学家起立为她鼓掌。她是一名瘦小的、充满活力的女性，带有轻微的英国口音。她坚持每天上班，并继续发表她的研究。在没有笔记的帮助下，她用优雅而幽默的语调发表了她那快节奏的演讲：她用生动的轶事为患者们的生活带来了生机。在欢呼声之后，她的讲台周围围满了慕名而来的同事和学生们，他们中的许多人甚至年轻到可以当米尔纳的玄孙！他们挥舞着手中的数码相机和手机，捕捉自己的偶像的身影——对他们来说，米尔纳就是神经科学界的摇滚巨星。

布伦达·米尔纳针对 H.M. 进行的研究成为了该领域的经典。她揭示了大脑是如何制造记忆以及大脑中的各个部分是如何控制不同的记忆功能的，其中包括了我们是如何记住空间和环境的。

我们的大脑中不存在保存记忆的单一性区域。大脑并不是一个保存纪念品的盒子——当你记住一件事情就意味着你在盒子里放入了一个物品，当你需要将它拿出来的时候就把盒子打开。记忆是一个由不同部分组成的持续不断的过程。大脑中的许多组织部分都能够创造记忆，随后再进行粘结、检索。不同的大脑区域负责记忆不同类型的事物。关于环境和空间的记忆大都由海马体和其邻近的结构组织产生，其中包括了杏仁核(大脑的恐惧中枢)。这些大脑组织构成了海马趾复合体(hippocampal complex)，它对与事件情节有关的记忆极为重要，尤其是与我们自身有关的事件。这种类型的记忆被称为情景记忆。与一般常识和事实（比如说我们在历史课堂中所学过的著名的名字和面孔）有关的记忆被称为语义记忆，它由大脑中的其他部分控制，但其中可能也包含了海马体。我们做的事情和我们做这些事情的顺序由大脑中其他区域进行记忆，那是一个网状大脑结构组织，其中包含了纹状体。通过它所获得的记忆被称为程序记忆或习惯形成原理。该区域还涉及一种学习方法，也就是巴甫洛夫用来训练他的狗的方法——调整与适应——在这种情况下，我们会学习将与某个任务相关联的各个部分联系起来，比如说将运动与视觉线索联系在一起。学习不看键盘打字，或是看着乐谱弹钢琴，甚至是学习步行或游泳，都是该类型的记忆。

根据我们是否意识到记忆的存在，也可以将记忆分为不同的类型：陈述性记忆或外显性记忆是指那种能够让我们有意识地想起某种事实或事件的记忆；非陈述性记忆或内隐性记忆是指在无意识的情况下，我们根据过去的经验所掌握的与某事有关的特征。如果有人向你展示一个玻璃碗，你知道它很重，你也知道如果它掉落到地上会摔碎。如果你看见一根羽毛，你知道它很轻，你也知道当它向下掉落的时候，它会轻轻地向地面飘去。这些都是内隐性记忆。

记忆的形成也有一定的步骤。刚开始时发生得非常快——通常在几千分之一秒到几分钟之间。而要全面巩固记忆，有可能会花费数天或数周的时间进行重复，从而使神经细胞产生蛋白质和新的神经连接，这样就可以让记忆保留很多年。记忆形成之后，经过的时间越长，记忆会变得越来越模糊，重拾记忆所需要的时间就越多。至于为什么会产生这样的现象，以及大脑中的哪些部分与最近的记忆和遥远的记忆有关（尤其是关于环境的记忆），存在着几种不同的理论。

一些研究人员相信，我们的大脑中存在着一张与环境有关的“地图”。它几乎全部位于海马趾复合体中，创造了与我们亲历的事件有关的环境的空间图像。还有一些研究人员指出，近期记忆是由海马体产生的，较为遥远的记忆则是由大脑中的其他部分产生的。第三种理论结合了前面两者，认为自传式记忆片段是由海马趾复合体产生的，但每当记忆被重新检索的时候，就会产生一个新的记忆痕迹，因此，每个记忆都会有许多痕迹，它们存在于大脑的不同部位中。对此，至今为止尚没有完整的解释。我们现在知道的是，海马体参与创造的记忆总是特别生动，尤其是与环境有关的记忆。当然，情绪因素和个人意义也会对记忆产生一定的影响。

想一想早期的童年记忆。如果它是一个事件，你很可能会在一个特定的地理环境中回想它。你能够想象出你碰到棱角并划破下巴的时候，客厅中的家具布局，电视机所在的地方，以及咖啡桌所在的位置。在这种情况下，与事件有关的记忆和与环境有关的记忆是紧密相连的，与你摔伤时所感到的情绪也是紧密相连的。你的海马趾复合体被激活，为你完成了这项工作。

记忆不仅在定义你所在的地点形状方面发挥着重要的作用，而且能够告诉你与环境有关的意图。想想你早晨醒来的时候会做些什么。你走出被窝朝浴室走去。你知道你走进的房间是一间浴室，而你刚刚离开的那间房间是一间卧室，因为每间房屋中都有特定的物体会告诉你该房间的用途是什么。浴室中有水槽、马桶和浴缸，而在卧室中有床和梳妆台。尽管你没有察觉到它们的存在，但是这些线索不仅告诉了你这是什么地方，而且告诉你可以在这些房间中做什么。你知道自己不应该睡在浴缸里或是在床上洗澡。正是这种类型的记忆，帮助你利用自己看到的物体构建和破译特定的场景。

除了知道每间房屋有什么样的用途，你也知道如何从一间房间到达另一间房间。你知道如何从床上走到浴室，即便是闭上眼睛或是周围一片漆黑。凭借不断的反复你学到了一些东西，而路线就被保存在了记忆之中。但当你在酒店房间中醒来，在到达浴室之前，你可能会撞到墙壁或是将脚趾踢到椅子上。

对于我们的自我意识来说，与事件和环境有关的记忆也是至关重要的。虽然大脑中有很多区域与我们的认同感有关——包括了控制意识意志、爱和隶属关系的感觉、信念与欲望的大脑组成部分——但是海马体以及它所编码的记忆发挥着极为重要的作用。它们形成了与我们所在的世界环境背景有关的千变万化的形象。

你所有的儿时记忆，你在生活的每一天所获得的所有记忆——你做了些什么事情，你在什么地方做的这些事情，你在做这些事情的时候感到了怎样的情绪——全都汇聚在一起。它们所构成的整体告诉你自己究竟是谁。如果你的记忆开始衰退，你对环境的感知、对自我的感知也会逐渐消失。随着记忆逐渐衰退，自我也会一点一点消失。

现在，你试着想象自己患上了一种会损伤记忆的疾病——类似于阿尔茨海默氏症的疾病，它能够完整保留长期记忆，但抹去了所有短期记忆。你能够在自己居住了 50 年的房屋中找到方向，但当你新搬入一个生活援助机构，你就彻底迷路了，对你来说它就像是一个迷宫。你记不住哪些走廊是你已经走过的，哪些走廊是没有走过的。假如你因为无法记住任何路标，而不能沿着自己的脚步回到建筑物的入口处，你会怎么样呢？你会感到恐慌、战栗，也许会彻底放弃，整天坐在同一个地方直到有人将你领回去。这正是患有阿尔茨海默氏症的病人会出现的症状，这种疾病会干扰患者的记忆，尤其是与地理环境有关的记忆。

阿尔茨海默氏症通常出现在 70 岁或 80 岁的老年人身上，但在某些罕见的遗传病例中，它的出现时间也可能会提前。它最初的症状是短期情景记忆受损——在回忆最近的事件和新名字上存在困难——病症逐渐进一步恶化，经过 9-10 年的时间，患者完全不能理解时间和空间，或是完全无法辨认出家人和朋友。在阿尔茨海默氏症的晚期，患者无法行走或进行其他的正常运动，也可能不断颤抖。患者最终会陷入昏迷，其吞咽系统也因阿尔茨海默氏症而受损，往往由于窒息或肺炎而死亡。

尸检报告显示阿尔茨海默氏症患者的大脑已经严重萎缩，尤其是具有学习和记忆功能的大脑区域——顶叶、颞叶和前额叶皮层。在颞叶内部，对空间记忆能力极其重要的大脑组织受到的损害最为严重，与其情况相似的还有海马体和杏仁核。这些区域中的神经细胞已经干瘪、死亡。在显微镜下，我们可以看到细胞之间凝结的蛋白质斑块，而细胞内部看起来像毛球一般乱作一团。病理学家将其称为斑块和缠结，并将它们视为阿尔茨海默氏症的特征。这些斑块是由 β－淀粉样蛋白沉积构成的；缠结是一种退化的细丝，通常能够在细胞内部形成一种框架结构。这些沉积是由几种重要的酶所产生的结果，它们破坏了神经细胞内部及其周围的蛋白质结构，并导致它们呈现出异常的形态结构。与此同时，研究人员在死于其他病因的患者的大脑内部也发现了斑块和缠结，这些人并没有表现出记忆丧失或神经受损的症状。因此，在阿尔茨海默氏症中，还有其他因素导致了记忆力衰退。尽管证据并不充分，但研究人员认为其中一个因素就是炎症。

在显微镜下，阿尔茨海默氏症患者的大脑组织中有一种巨噬细胞样免疫细胞，它长期位于大脑内部。这些细胞被称为神经胶质细胞，它们堆积在异常蛋白质的沉淀物周围，当它们吞噬蛋白质碎片的时候，会喷涌出大量免疫分子。当这些细胞遇到需要被清理的外来物质时就会产生类似的反应。但在这种情况下，它是大脑自身的神经细胞——尤其是那些衰退的 β－淀粉样蛋白块——它们攻击的是自身的蛋白质，它们被称为细胞因子或白细胞介素（Inter plus leukin）。

白细胞介素在拉丁文中的意思是“位于白血细胞之间”。当免疫学家想出这个术语的时候，他们认为这些蛋白质的主要任务是帮助白血细胞进行相互沟通。但事实证明，白细胞介素不仅可以促进免疫细胞的生长和分裂，而且可以帮助它们产生抗体，杀死病毒——它们也能够杀死神经细胞。尽管没人知道在阿尔茨海默氏症中是什么导致了蛋白质的萎缩和神经细胞的死亡，但斑块和缠结附近产生的炎症肯定能够杀死更多的神经细胞，并可能触发大脑中一系列恶性循环。

为什么阿尔茨海默氏症尤其影响了海马体和其他对空间记忆能力尤

为重要的大脑部分呢？有的研究人员相信，这可能与大脑中的反应线路有关。在患病过程中，神经细胞最先死亡的大脑部分是蓝斑核，它控制着应激反应。这一区域的神经细胞向海马体伸展出长的轴突纤维，释放出类肾上腺素神经化学物质去甲肾上腺素。这就是大脑中的两个区域进行交流的方式。去甲肾上腺素的主要功能是让电脉冲从一个神经细胞传递到另一个神经细胞，同时也能够对免疫细胞产生一定影响。在大脑中，它能够阻止炎症的产生。当蓝斑核中的神经细胞死亡，它们的轴突也会死亡，不再向海马体注入有抗炎作用的去甲肾上腺素。根据这一理论，如果异常的β-淀粉样蛋白沉积，该区域中的免疫细胞就会变得过度活跃；当免疫反应无法自然停止，炎症就会进一步恶化。它们会杀死更多的神经细胞。

另一个与这种疾病有关的难题已经令神经学家们困惑已久。在阿尔茨海默氏症的早期阶段，患者在所有病理性变化逐渐凸显之前就出现了明显的记忆损害。这是为什么呢？事实证明，杀死神经细胞的免疫分子在记忆的形成过程中也发挥着极其重要的作用——尤其是那些与空间、环境有关的记忆。这也许是因为早在神经细胞死亡之前，这些免疫分子就对细胞功能和记忆的形成造成了损害。

尝试着回忆一下你最近一次患上流感或是其他任何形式的传染病时，你做了些什么事情，以及你周围环境的细节是怎样的。你很难在脑海中重建自己曾经经历过的事和体验过的环境。你所记得的一切都是模糊不清的。你所能够形成的所有记忆形式——与时光流转有关的记忆、与事件有关的记忆、与环境有关的记忆——都会受到疾病的影响，但疾病尤其能够对与环境有关的记忆造成影响。几名科学家在不同的大洲上从事研究工作，他们在帮助我们理解免疫分子是如何影响记忆方面做出了很大的贡献。

在科罗拉多洛基山脉（the Colorado Rockies）的底部，一座熨斗型山峰形成了令人难以忘记的路标。它们是耸立在平地之上的巨大的峭壁。早在地质时期，下层基岩在推力的作用下向上隆起，最终形成了这些山脉。它们位于博尔德（Boulder）的西部，因为看上去像是家用熨斗的底部而得名。史蒂夫·迈尔（Steve Maier）和他的妻子琳达·沃特金斯（Linda Watkins）就在博尔德的科罗拉多大学（the University of Colorado）教书并从事神经科学研究。这对夫妇的身体非常结实，他们都是狂热的体育运动爱好者，他们骑自行车、跑步、滑雪、潜水，他们有着奥运会运动员般的作风和奉献精神，从事着各种各样的体育活动。

在 1994 年和 1995 年，迈尔、沃特金斯与另外两名研究人员（其中一名来自法国，另一名来自加拿大）证明了一条非常重要的路径，免疫分子通过迷走神经向大脑传递信号——迷走神经是一种由神经纤维组成的粗神经线缆，它从脊椎延伸到了大脑。当你的太阳穴受到猛击时，这种神经会让你感到晕眩。当你在冥想或放松的时候，该神经会降低你的血压、减缓心脏跳动的速率。这也是当你在生病时会产生特定行为的原因。

毫不奇怪，我们在生病时所感受到的情绪和实施的行为被称为“疾病行为”。我们对这些现象感到熟悉：食欲不振、对外界事物的兴趣减退、性欲下降、不想移动、渴望休息、嗜睡、情绪低落、思考能力受损以及记忆力减退。这些现象并不是由发热所引起的。相反，身体中对抗感染的免疫分子造成了发热及其他身体变化。

当我询问史蒂夫·迈尔为什么要进行此项研究时，他毫不犹豫地回答道：“如果你向你的祖母准确地表达了这个问题，她会告诉你免疫分子凭借某种特定的方式到达了大脑，从而使你患病。关于免疫分子的说法由来已久，但研究人员没有发现任何血源性机制是令免疫分子到达大脑的途径。我们和罗伯特·丹泽尔（Robert Dantzer）发现了迷走神经是让信号进入大脑的途径，但真正解决这个难题的是德怀特·兰斯（Dwight Nance）。”

兰斯是以一名神经解剖学家，他的研究专长是迷走神经。1993年，当兰斯在博尔德的心理神经免疫学会议中提出他那至今仍未发表的研究工作时，他还在温尼伯大学（the University of Winnipeg）担任教授。他指出脑干深处有一个很小的区域被称为孤束核（NTS），它是内脏信号的转换中心。

后来，兰斯同样向我讲述了那件事："琳达和史蒂夫出席了那次会议。他们在酒吧遇见了我，并征求我的意见。"沃特金斯和迈尔向我描述了他们针对疾病行为所进行的研究，以及他们在这方面的困惑：当他们在老鼠的腹腔内注入细菌，疾病信号是如何传递到老鼠的大脑之中的。"根据我在摄食行为方面的专业知识，"兰斯继续说道，"我知道一定是肝脏发挥了作用。肝脏是由大量的迷走神经所支配的。他们的研究数据所显示的也是肝脏。归根结底，是他们找到我，而我说：'研究这里！'"

沃特金斯和迈尔听从了兰斯的建议。他们切除了老鼠肝脏上面的迷走神经，并在其腹腔内注入了白细胞介素-1或细菌内毒素。但老鼠表现出的行为完全正常，它们没有任何患病迹象也没有出现发烧现象，这与那些迷走神经完好无损的老鼠出现的症状截然不同。这证明迷走神经除了能够调节心脏和应激反应的节奏（朱利安·赛耶和阿里·戈德伯格在研究人们对音乐产生的反应时所得出的结论），还是将疾病信号从腹腔传递到大脑的主要连接通道。

但问题仍然存在：免疫分子怎样才能转变成迷走神经中的电子活动呢？对当时的免疫学家和神经生物学家来说，这简直就是异端邪说。他们认为，只有神经化学物质才能够对神经产生作用。迈尔和沃特金斯的合作伙伴丽莎·格勒（Lisa Goehler）设计出了一个关键性实验，解决了这个难题。格勒是博尔德科罗拉多大学的一名神经解剖学家，也是研究自主性神经系统的专家——自主性神经系统包含了类似于迷走神经的神经结构，能够供应肠道、心脏和皮肤的正常机能，使人体出汗、减缓心脏跳动的速度，在我们感到有压力或饱餐一顿之后能够让胃部痉挛。

她是博尔德科学家小团体的成员，这个团体包括了迈尔、沃特金斯和莫尼·弗雷什纳（她的研究对象是运动和免疫系统）。他们每周聚集在一起，以便集思广益。他们谈论了让他们感到困惑的研究结果，并讨论了那些自己读过的可能有助于寻找答案的科学论文。

他们希望找出迷走神经中的哪种细胞与免疫分子粘合在一起。格勒推断它可能是神经细胞。她沿用了神经解剖学中一个众所周知的方法，在这种方法中，神经化学物质的拮抗剂通常被用来衡量类似的粘合现象，而不是神经化学物质本身。格勒使用了免疫分子白细胞介素 -1（IL-1）的拮抗剂，来观察免疫分子攻击的是什么部位。她在老鼠的腹腔中注入了带有染色标记的免疫分子，并仔细观察迷走神经的变化。当她在显微镜下观察试验结果的时候，她找到了答案。

该分子的确与迷走神经粘合在了一起，但似乎并不是与神经纤维本身结合在一起。在显微镜的显示下，细胞变成了神经周围的肿胀物中的集群。某些神经纤维甚至与这些神秘细胞进行了连接，就像它们与另外的神经纤维有连接那样。这些细胞有自己的名字，但是在那之前没有人知道它们有什么样的作用。它们被称为副神经节细胞。

这个发现令格勒感到迷惑，因此她咨询了一名德国同事——神经解剖学家汉斯·鲁迪·贝尔索德（Hans Rudy Berthoud），他一直针对副神经节进行研究。他告诉格勒，它们并非神经细胞，而是化学感应细胞——这些细胞的主要任务是感应周围环境中的化学物质。因此，格勒已经发现这些细胞能够在环境中感应到的化学物质之一即为免疫分子白细胞介素 -1。它们的任务是告诉大脑腹部产生了感染或炎症。比如，当你患上阑尾炎的时候，感染部位的免疫分子通过与旁边的迷走神经发生粘合向大脑释放了信号。随即，刺激神经的电流传播到了孤束核，即兰斯·德怀特所发现的大脑中枢。

就在沃特斯金和迈尔做出重大发现的时候，来自波尔多（Bordeaux）的科学家罗伯特·丹泽尔指出，迷走神经可进一步将疾病信号传递到大脑。丹泽尔是一名博学而迷人的法国绅士，他那深厚的如天鹅绒般的声音会令人想起20世纪法国最伟大的歌唱家。他是一名专业的兽医。长期以来，他努力研究疾病行为的本质。他是最早使用“疾病行为”这个词语表示动物在生病的时候所呈现出的症状组合的科学家之一。

丹泽尔说，是瑞士研究人员雨果·贝斯多夫斯基（Hugo Besedovsky）促使他开始了这项研究工作。雨果·贝斯多夫斯基指出，在腹腔内注入白细胞介素-1后，大脑的应激反应会被激活，而丹泽尔并不相信这一研究结果。他根据贝斯多夫斯基提供的剂量，在动物体内注射了白细胞介素-1，并测试了几种在疾病期间受损的行为——因为他进行的压力研究，他对这几种行为非常熟悉。一个是味觉厌恶，它是一种结合了压力和味觉的敏感指标。另一个是社交探索，它与胃口相似，在患病期间会有所减少。他发现免疫分子对它们都造成了损害。他最终相信贝斯多夫斯基是正确的。他将自己的研究结果与其他研究人员的发现相结合，指出在患病期间，大脑编排了一系列的激发行为，通过储存能量对抗感染来达到保护动物的目的。当我们表现出这些疾病行为时，我们并不是被动退出了世界的舞台；相反的，为了保护生理资源，我们的身体正在进行积极地对抗。

按照逻辑顺序，下一个需要解决的问题是什么导致了这些行为：是腹腔中的白细胞介素-1，还是大脑中的白细胞介素-1？丹泽尔对这个问题十分熟悉，因为他在以前进行的研究中也发现大脑和身体的其他部分都能够产生某些分子。那么，信息是如何从身体的其他部分到达大脑的呢？丹泽尔进行了一个简单的试验，他在腹腔或大脑中注入了白细胞介素-1，随后测量了其他器官中的白细胞介素-1的含量。在那时，测量这种微量分子的技术还十分粗糙。他花费了一年的时间来完善这一技术。最终，他证明白细胞介素-1被注入到老鼠的腹腔之后，老鼠的大脑中也会产生白细胞介素-1，因而产生了疾病行为。

跟迈尔和沃特金斯一样，德怀特·兰斯对迷走神经进行的研究给丹泽尔留下了深刻的印象。一天下午，当我们在最近举办的会议中交谈时，他这样对我说：“兰斯指出，孤束核以一种复杂的方式处理和组织了来自内脏的信息。它不仅仅是一个简单的转换站。”丹泽尔邀请他的工作伙伴，那时还是技术员的露丝－玛丽·布鲁斯（Rose-Marie Bluthé），重复了他们在研究疾病行为时所进行的试验。与以往不同的是，这次在向老鼠的腹腔注射白细胞介素-1之前，他们切除了老鼠的迷走神经。布鲁斯是一名经验丰富的动物外科医生，对农艺学也颇为了解。她的母亲给她起了模范带头作用。在第二次世界大战的法国抵抗运动（the French Resistance）期间，她的母亲与一名德国犹太难民（露丝－玛丽的父亲）相遇、结婚。后来，她的母亲成为了一名生物科学技术员。布鲁斯是一名虔诚的罗马天主教徒，她告诉我，当她还是一个小孩子的时候，她的母亲曾多次带着她前往法国南部的康复避难所卢尔德（Lourdes）朝圣。

她回忆起在计划这些试验的时候丹泽尔是多么的兴奋，以及丹泽尔对她那精湛的手术技巧是多么的自豪。实验结果肯定了他们的推测。丹泽尔和布鲁斯发现，那些被切除了迷走神经的动物不仅不再表现出疾病行为，而且它们的大脑也不再产生白细胞介素-1。在患病期间，控制免疫信号向大脑传递的“指挥棒”变成了免疫分子自身。他们发现，在感染或炎症过程中，一旦电信号随着迷走神经四处传递，最先产生白细胞介素-1的就是内脏器官，随后则是大脑。

这些与免疫分子在大脑中发挥作用有关的发现引发了一系列新问题。大脑白细胞介素-1是否是导致疾病行为而让我们在患病时无法记住地点环境的原因？大脑中的免疫分子是否是干扰学习和记忆（尤其是与地点环境有关的记忆）形成的因素？

大量证据显示，在阿尔茨海默氏症和艾滋病痴呆症中，患者的记忆和逻辑思维过程受到了损害。自身免疫系统的发炎和感染症状中也存在类似的损害，且血液中的免疫分子含量会升高。根据报道，当患者在接受癌症化疗和免疫分子管理以加强自身免疫系统能力的时候，他们的记忆也会受到损害。同样的，最新研究表明，大脑中的免疫分子能够杀死神经细胞。

对沃特金斯和迈尔来说，他们获得了压倒性的证据：类似于白细胞介素-1的免疫分子能够对记忆产生一定的影响。但迈尔预测这些分子无法对所有类型的记忆产生相同的影响：它们主要对地理环境记忆的形成造成了影响。也许，生病干扰了我们将某个特定的地点与在该地点中学习的东西联系起来的能力，比如说背景关联记忆。事实上，过去在老鼠的味觉厌恶领域进行的试验结果显示，疾病影响了它对环境元素的记忆——一种灯光或声音——而不是一种味道。迈尔分析道，将疾病和令人生病的地理环境联系起来没有什么适用性用途，但将味觉和疾病联系起来则非常有用，因为很可能就是你所食用的物品让你患上了疾病。当你生病的时候，大脑中的海马体不再正常工作，这样你就无法将地点与疾病联系起来。迈尔分析道，这一定就是免疫分子在海马体（对环境记忆来说最重要的大脑组成部分）中分布得最为稠密的原因。

露丝·巴里恩托斯（Ruth Barrientos）是迈尔和沃特金斯的实验室中的一名年轻的博士后学生，她被分配到测试这一假说的研究项目中。她是一名有着光滑的黑发、橄榄油色的皮肤的高个子女性，来自遥远的玻利维亚。她对关于学习和记忆的研究非常着迷。当我还是美国国立卫生研究院的主管时，她说服我允许她建立一个水迷宫来测试容易发作关节炎的老鼠的记忆差异。她是一名强硬的谈判者，且无法接受任何拒绝的答案，即便是当我始终坚持我对这种行为研究一无所知的时候。她找到了能够在行为研究中为她提供帮助的专家，调查了设备的成本费用以及放置仪器所需要的空间。

在博尔德，巴里恩托斯训练老鼠将特定的背景与一种温和的电击联系在一起。她使用的试验环境非常简单：一个是有盖子的、内壁为黑色的冰桶，用它来装老鼠；另一个是空的、内壁为白色的冰柜，里面安装了一个灯泡，使老鼠能够看见周围的东西。当老鼠对两种环境感到熟悉之后，再通过白色冰柜的地板向老鼠施以温和的、简短的电击。这个过程被称为恐惧制约，被运用到了许多不同的研究中，以便定义大脑中的恐惧路径并制定治愈焦虑症的有效方法。任何曾将宠物狗或宠物猫放进笼子里，再将其送去医院的人都有效地完成了这一试验。在重复了一两次之后，狗或猫就会将笼子与去兽医那里看病的经历联系在一起。一旦它掌握了这种联系，你就很难将它哄骗到笼子里去了。用毯子包裹它可能是唯一的解决方法。这个方法之所以有效，是因为在没有视力的帮助下，动物就不能看到笼子的内部，因此它就无法将其与消极体验联系在一起。

在这些老鼠接受训练之后，已经熟悉了周围的环境但还没有接受电击刺激时，巴里恩托斯直接在老鼠的海马体中注入了白细胞介素 -1 或微量生理盐水（盐溶液）。只注射了生理盐水的老鼠表现出了典型的恐惧行为：在环境中战栗，拒绝探索周围的空间。而那些只注射了白细胞介素 -1 的老鼠则较少表现出此类行为，它们看上去就像是从未接受过电击刺激的老鼠一般。白细胞介素让恐惧记忆不再与环境记忆结合在一起。

将该过程反过来也有效。诺贝尔奖获得者埃里克·坎德尔（Eric Kandel）是哥伦比亚大学的精神科医生和神经医学家，他指出如果大鼠和小鼠多次发现其在某个特定环境不会出现消极体验，就能够将该环境与安全感联系在一起。环境也能够唤起其他类型的积极记忆，包括与欲望有关的记忆。当吸毒者重回其染上毒瘾的环境时，他们的毒瘾往往会复发：他们已经学会将毒品带来的刺激感与环境联系起来，而重新置身于那样的环境会让他们吸食毒品的欲望复苏。这种情况同样出现在吸烟者的身上——当他们进入一个自己曾经经常抽烟的环境时，他们会产生点燃香烟的欲望。

通过学习，动物能够将环境与吗啡这种令人上瘾的毒品联系在一起。该测试方法被称为条件性位置偏爱。早在 1940 年，研究人员于利用该方法对黑猩猩进行了研究。后来，实验设计得到修改并被运用到了大鼠和小鼠身上。在这项研究中，一间小室中的老鼠被注入了上瘾性毒品，而另一间小室中的老鼠则被注入了生理盐水。这种测试运用到的毒品包括了可卡因、吗啡、甲基安非他命、尼古丁、酒精、咖啡因和大麻。这些毒品都激活了大脑中的多巴胺奖赏路径，并产生了吸毒者所渴望的愉悦感。

老鼠在实验中逐渐将奖励性刺激与不同的环境联系起来，而这些环境因素很复杂，它包括了墙壁上的颜色和图案、地板的质地、照明、声音和气味。试验室的壁纸可能是横条纹或竖条纹的；地板可能是软木或瓷砖的；而照明可能是五颜六色的或明亮的。老鼠学会了只将上瘾性毒品与其接受毒品注射的特定实验小室联系起来，因为这个实验室有其具体的特点。当研究人员给老鼠提供了两间装潢不同的试验小室时，老鼠会选择进入那间与毒品有关联的小室，而不是另外一间，即便那里没有毒品。没有染上毒瘾的老鼠对任一小室都没有特别的偏好。

动物能够学会将环境与任何奖励性事物联系在一起，包括了毒品、食物、水，以及在转轮系统上进行的运动，或是与配偶进行交配。按照这种方式进行训练的老鼠，在某个特定的环境中会渴望得到相应的奖励性刺激，并且相较于其他房间，它会在与奖励性刺激相关联的特定环境中停留更长的时间。它在奖励性刺激中获得的乐趣越大，在特定环境中停留的时间就越长。它在特定环境中探索的范围同样取决于它的激励状态。一只饥饿的老鼠会在与食物相关联的环境中停留较长的时间；一只口渴的老鼠会在与水相关联的环境中停留较长的时间；一只性饥渴的老鼠会在它曾经交配的实验室中停留较长的时间。但是，如果动物的欲望得到了满足，就不会表现出特别的位置偏好。

沃特金斯和迈尔也测试了免疫分子对这种关联所造成的影响。他们发现，可以通过防止神经胶质细胞激活、防止大脑免疫细胞生成类似于白细胞介素的免疫分子，来妨碍动物将奖励性刺激与环境和毒品联系在一起。类似的方法同样减少了老鼠因上瘾类药物而产生的戒断症状。这一发现指出，海马体中的活性胶质细胞释放出的免疫分子在毒品上瘾和毒品戒断中发挥着极其重要的作用，尤其是与其环境记忆相关联的时候。这一发现有助于开发治疗毒品复发的方法。

所有试验证明，当动物患病的时候，类似于白细胞介素-1的免疫分子影响了动物学习和记忆地理环境的能力。但仍有问题有待解决：免疫分子是否能够对健康生物体的记忆产生影响。在离科罗拉多州半个世界之远的德国马尔堡（Marburg），雨果·贝斯多夫斯基和他的妻子阿德里安娜·德雷（Adriana del Rey）探索了这个问题。

马尔堡小镇看上去跟迪斯尼乐园中的世界一模一样——不同之处在于那里没有灰姑娘和王子。当然，这里就是格林兄弟（the Brothers Grimm）收集童话故事的地方。点缀着哥特式手写体装饰品的中世纪式的木桁架屋矗立在鹅卵石街道两旁，弯弯曲曲的鹅卵石街道一路通向小镇山坡上的城堡。住在城堡里的贵族是周围土地的统治者，小镇上的居民们则是在他们的农场中工作的契约仆人。

在19世纪和20世纪，成立于1527年的马尔堡大学（the University of Marburg）因其在传染病领域的卓越成就而享誉全球。研究人员在这里发现了马尔堡病毒，它是一种流行于非洲的因导致大量出血而致人快速死亡的传染疾病。1967年，在镇上爆发了一次可怕的疾病之后，实验室工作人员在一只感染的猴子身上发现了这种病毒，并给它取名为马尔堡病毒。在雨果·贝斯多夫斯基和阿德里安娜·德雷证明了在感染期间免疫细胞所释放的类似于白细胞介素-1的免疫分子向大脑传递了信号，并激活了大脑的应激反应之后，马尔堡大学雇用了他们。

阿德里安娜·德雷出生于阿根廷一个有着强大的、独立女性的家庭。在19世纪末，她的祖母是最早获得西班牙萨拉曼卡大学（the University of Salamanca）哲学博士学位的女性之一，婚后移居到了南美。

雨果·贝斯多夫斯基也是阿根廷人。为了躲避19世纪末期的反犹太人迫害，他的祖父母从乌克兰移民到了阿根廷。他的父亲是一名医生，经常带着年幼的雨果外出行医。贝斯多夫斯基和德雷离开阿根廷前往瑞士，他们最先抵达的是达沃斯（Davos）——它是光疗运动的中心，为20世纪的现代主义建筑师带来了灵感与启发；它也是托马斯·曼（Thomas Mann）在小说《魔山》（*The Magic Mountain*）中所描述的结核病疗养院生活的故事背景。随后，他们在巴塞尔（Basel）生活了15年。巴塞尔是免疫学研究中心，他们在那里证明了免疫分子能够触发大脑中的免疫反应的理论。这个观点对于免疫学家和神经生物医学家来说是无法设想的。免疫系统为什么能够触发大脑中的应激反应？它又是如何形成的？研究人员认为免疫分子体积太大，无法通过血液的流动到达大脑之中，因而不大可能产生这种效果。

他们所提出的新理念与汉斯·赛来提出的与大脑压力中枢有关的广义疾病反应理论没有太大的差别。只是赛来不知道当他给老鼠注入试验材料使其患病的时候，老鼠的体内产生了白细胞介素。贝斯多夫斯基和德雷于1987年将他们的科学发现发表在《科学》杂志上。他们与一组来自荷兰的研究人员一起完成了这一科学研究，该研究证实了一个疑问：免疫分子白细胞介素-1能够激活下丘脑，从而控制大脑中的应激反应。

贝斯多夫斯基和德雷继续探索了免疫分子能够对大脑功能产生什么其他影响。他们特别想了解的是白细胞介素-1是否会对记忆产生影响。当他们开始此项研究的时候，科研技术已经得到了快速发展，他们不仅能够研究老鼠的整个大脑记忆功能，而且能够研究大脑中的每一个神经细胞在记忆形成过程中发挥着什么样的作用。

通过丹泽尔的研究成果，他们得知大脑中的白细胞介素-1对疾病行为产生了一定影响。他们也知道迈尔和沃特金斯的研究，其表明当迷走神经被切除，就不会产生相应的疾病行为。在多年以前，德雷和贝斯多夫斯基发现在老鼠的腹腔内部注入死菌之后，大脑中的电流活动会增加；

同样，大家都知道大脑记忆中枢中的白细胞介素-1受体细胞（尤其是海马体中的受体细胞）会高度集中。把这些信息集中在一起，他们针对上述现象给出的解释是：在与细菌接触之后，大脑中免疫分子导致了电流活动的增加。因为该理论很难在整个动物上得到证实，所以他们选择测试白细胞介素-1能否触发培养皿中的脑组织切片里的神经细胞的电流活动。他们所使用的测试系统被称为“长效增益作用”，测试了在学习和记忆过程中的一种极为重要的、触发神经联系的电流活动。

当你在学习或记忆某些东西的时候，你的大脑细胞产生了一定反应。如果第一次只是短暂的接触，神经细胞只会发射电脉冲。但每当你重复该过程并不断学习它的时候，神经细胞会萌发新的连接，比如说突触间隙会产生小触角进行接触。人们过去总是认为，在经过婴儿期之后，神经细胞便不再生长。但埃里克·坎德尔通过研究低级裸鳃类软体动物证明，神经细胞能够不断生产并在学习过程中产生新的连接。坎德尔因为此项发现获得了2000年10月的诺贝尔奖。坎德尔喜欢在谈话结束后开始演讲——如果你一直努力地听他的演讲内容，你的大脑会比你刚进入演讲厅的时候产生更多的神经连接。现在，我们知道这些连接在不断地形成和改造，有时甚至是在分秒之间。但是，是什么令这些连接保持得更为长久，这仍然是一个未解之谜。

在你能够从解剖学的角度观察神经细胞的变化之前，你能够测量学习过程中神经细胞的电流活动所发生的改变。每当神经细胞接受相同的刺激——比如与任何事件进行反复接触——它会释放出许多电脉冲。在实验室中，研究人员能够通过向不同的大脑区域施加重复性电脉冲来模仿这种效果。重复的电脉冲加强了神经细胞之间的连接。你可以将老鼠的海马体切片放置在一个组织培养皿中，并对其施加同样的刺激。这些切片会维持几个小时的电流活动和生化功能。通过向切片施加一阵阵的电脉冲，研究人员就可以测量并记录其发生的生化反应，从而意识到在学习过程中发生了些什么使神经连接变得更加长久。这个过程被科学家们称为长效增益作用。

贝斯多夫斯基和德雷发现，当海马体切片中的神经细胞接触到电脉冲的时候，白细胞介素 -1 基因被激活，并开始生成白细胞介素 -1。当一种阻碍白细胞介素 -1 生成的药物被添加到切片组织上，电脉冲就会消失。这就像是一个双向开关：电脉冲激活了白细胞介素 -1，而白细胞介素 -1 似乎能够保持电脉冲的流动。当研究人员在老鼠的大脑中植入电极，并在其清醒的状态下测量海马体释放的电流量，他们发现阻碍白细胞介素 -1 生成的药物同样能够阻碍海马体中的电流活动。在记忆的形成过程中，白细胞介素 -1 似乎是维持神经细胞功能和基本运作过程的必备元素。

沃特金斯、迈尔以及其他研究人员指出，当我们患病的时候，高度集中的白细胞介素 -1 会损害我们的空间环境记忆。贝斯多夫斯基和德雷指出，白细胞介素 -1 对于维护正常情况下的学习和记忆能力也是必不可少的。这种差异往往存在于生物系统之中。当某种分子过剩的时候（如在疾病的产生过程中）会产生危害结果；但含量较少的分子对于机体的正常功能来说又是必不可少的。沃特金斯和迈尔、贝斯多夫斯基和德雷的试验告诉我们，无论是处于疾病还是在健康状态，白细胞介素 -1 都在记忆的形成过程中发挥着极为重要的作用。

这也许就解释了为什么患有阿尔茨海默氏症的病人在神经细胞死亡之前，大脑中就产生了炎症，免疫分子分泌过剩，同时出现记忆障碍。被激活的大脑免疫细胞所释放的免疫分子干扰了神经细胞形成记忆的过程。当你感染炎症或传染性疾病的时候，你的身体会生成免疫分子对抗感染，你的大脑中也会产生上述反应。如果有人将你从一个熟悉的活动空间转移到医院，你在形成路线方面的记忆能力也会受到损害。你可能不太能够识别出道路上的标志性建筑。如果你无法识别出自己身在何处，你会失去方向，进而变得焦虑。

那么，为什么不在设计医院和医疗设施的时候考虑到这些科学原理呢？按照这种方式进行设计的医院和医疗设施，更方便于导航，且能够减少焦虑感。正如华特·迪士尼和弗兰克·盖瑞所提出的那样，我们能够通过设计空间环境来触发焦虑和恐惧，或是通过环境的设计来让人们感到幸福和安全。通过为人们驱除恐惧带来安慰，迪士尼和盖瑞的设计作品促进了幸福感的产生。但现今的医院大都不能激发希望，只会给人们带来恐惧。更重要的是，一名患者需要一个能够为其带来平静感的舒适的环境，这也是促进康复的一种手段。我们周围的空间可以而且应该做到这一点。

在接受西德尼·波拉克（Sydney Pollack）执导的美国公共电视台（PBS）的纪录片采访时，建筑师查尔斯·詹克斯（Charles Jencks）说，盖瑞“致力于创造一种与愈合有关的建筑设计概念”。詹克斯应当知道这一点。为了纪念詹克斯死于癌症的妻子麦琪·凯瑟克（Maggie Keswick），盖瑞设计了一个宁静的有助于恢复健康的庇护所。这是一个小小的、奇怪的现代主义建筑，它让人联想到那种有着茅草屋顶的平房。它坐落在苏格兰邓迪市（Dundee）附近的连绵乡村中，是建筑大师们设计的麦琪癌症中心（Maggie’s Centres）系列建筑物之一。它是一个充满了反思的地方，为人们提供了四周宁静的山脉全景视角。

专门从事医疗设计的建筑师们已经开始在设计医院和医疗设施的时候考虑到这些准则。一个类似麦琪癌症中心的地方便是这样，它位于康涅狄格州新迦南（New Canaan）的维芙尼护理中心（the Waveny Care Center），被人们称为“村庄（The Village）”。来自里斯（Reese）、洛尔（Lower）、帕特里克＆斯科特（Patrick & Scott）等公司的建筑师们，为患有痴呆症的居住者设计了这个中心。它集成了各种特点来帮助病人恢复记忆，就像拐杖或助步车能够帮助失去腿部的人行走那样。在病房方面，建筑师们改变了床的摆放角度，让居住者能够直接看到浴室里的马桶和连接户外的窗户。因此，居住者无需记住浴室在什么地方——它在视线所及的范围之内。他们能够依靠自己找到浴室的所在之处。换言之，相较一般性医疗设施而言，它能够让病人在这里维持更长的独立时间。

居住者不再成天待在自己的房间里，而是在护理中心那弯曲的、有着玻璃屋顶的大道上漫步。这个室内空间洒满了自然光，因而无论是在视觉上还是在感官上，它都像是一个户外空间。大道两旁矗立着两层楼高的红砖建筑物或木质建筑物，它们有着五颜六色的雨篷、花盒和人造铁艺阳台。这些都是视觉线索和标志性建筑，它们提示居住者现在身处何处。沿街而行还能看到其他地标。一台电梯上的时钟又大又圆，它那黑色的指针和数字在白色的背景上显得格外显眼。街道一端的户外封闭式花园与街道另一端的户内空间有着截然不同的景致。

这些地标为居住者们指引了方向。无需他人帮助，他们也能够安全地漫步。街道两旁有小商店、面包房、冰淇淋店、咖啡厅和公园式长椅，并且街道在服务人员的监控之中。白天，居住者们可以坐下来观看街头表演，或是参与护理中心组织的活动。夜晚，老式路灯照亮了整个中心。维芙尼护理中心里的大部分户外空间，包括卧室和饮食区，无不清晰明亮，这样居住者们不仅能够依靠自己识别空间环境，而且能够分辨一天的时间和季节差异。

大道的独特功能得益于一名居住者向建筑师们提出的请求，那时建筑师们正在设计该护理中心。他观察了大多数来自康涅狄格州新迦南和其他类似的维多利亚时代（Victorian era）小镇的居住者，发现那里的人们喜欢在城镇中心度过一天的时光。他觉得创造一个类似于“大道”的空间更能够让居住者们感到家的气息。建筑师们听到这个建议的时候，首先想到的就是迪士尼乐园中的街道。因此，他们在设计护理中心的时候添加了许多迪士尼乐园街道的特征性元素。如果迪士尼知道他的设计理念为该国的一些最成功、最先进的辅助性生活住宅带来了启发，他一定非常高兴。这些住宅改善了老人的生活质量，并帮助他们应对记忆力衰退和孤立感。

对这个环境的有利影响可能源于居住者们在一天当中所积累的丰富多样的经验，也可能来源于运动，就像莫尼·弗雷什纳针对老鼠进行的研究所证明的那样。其他研究人员也已证明添加了跑步轮和玩具的环境能够逆转老鼠的学习障碍，改变因基因工程缺陷所造成的记忆障碍、神经细胞死亡和脑萎缩——这些症状与阿尔茨海默氏症所造成的大脑变化相似。这些老鼠不仅能够记起久远的记忆，而且它们的海马体也萌生了新的神经连接；而被关在贫瘠、空荡的笼子里的老鼠则不会产生这样的反应。我们目前仍不清楚这些环境所带来的益处有多少与锻炼有关，有多少与环境中的玩具和活动所带来的神经刺激有关，但毫无疑问的是，丰富的环境再加上适度的运动能够帮助我们保存记忆，改善情绪。

事实上，世界上还存在着拥有近乎神奇的能力的空间。当你进入这些空间的时候，你会感到焦虑和绝望的情绪得到了缓解，身体上的病痛也得到治愈。全新的研究已经开始揭秘这些疗效产生的原因。

第八章

灵性空间的神奇疗愈力：圣地与愈合性冥想

如果世界上存在一个地方，在那里你能够由内而外走出去——从室内走到户外，从你的内心世界走向那个你与他人所共享的世界——这个地方就是位于法国比利牛斯山麓的卢尔德镇。1858年，一位名叫贝尔纳黛特·索维罗斯（Bernadette Soubirous）的乡村女孩在卢尔德的泉水旁看到了圣母玛利亚（the Virgin Mary）。从此以后，这儿就成了一个康复中心，每年都会吸引大约600万名游客和80万名患病的朝圣者前来朝圣。那么，这个地方到底有什么吸引力呢？

贝尔纳黛特的故事，她所看到景象，以及那些景象所带来的治愈能力——正是这一切，激发了世界各地的人们。据传说，当圣母玛利亚出现在贝尔纳黛特前方山岩石洞所流出的泉水上时，这名女孩正在村庄附近的波河（the Gave de Pau）旁洗衣服。圣母吩咐贝尔纳黛特喝岩石中流出的泉水——小镇居民们扔垃圾的地方所流出的肮脏、浑浊的泥水。贝尔纳黛特祈祷和服从了圣母的命令。

起初，贝尔纳黛特向他人描述她的经历时，没有人相信她说的话。但她仍然能够看到幻象——一共看到了18次。最终，一名来自邻村的饱受肩膀脱臼之苦的妇人来到泉水旁拜访贝尔纳黛特。同样的，圣母再一次出现了。那名妇人将她的手臂放在冰冷的水中，而后奇迹般地痊愈了。妇人愈合的消息传遍了整个法国。贝尔纳黛特说服主教相信她所看到的幻象是真实存在的，并获得主教的许可在泉水处修建了一个教堂。直到今天，人们络绎不绝地参拜这片圣地，喝那里的水，在泉水中沐浴，祈祷，并得到医治。

在这里，大多数“美好年代（Belle Epoque，特指第一次世界大战前的那段日子）”的建筑物群都是沿着当地三座山峦的斜坡而建的，因此形成了一个碗状峡谷。沿着比利牛斯山麓附近的波城（Pau）和塔布城（Tarbes）驱车向南部前行，你会越过一片隐藏在山脉之后的耕地丰富的平原。驱车进入卢尔德是个不小的“壮举”，因为朝圣者挤满了蜿蜒狭窄的街道。朝圣者们走得很慢，许多人拄着拐杖、坐着轮椅，在家人或朋友的帮助下前进。他们往往会停留在数以百计的出售宗教用具的商店和摊位之前。而这乱作一团的街道是你通往目的地的唯一路径。你就像在寻宝一般，按照标志和箭头的指向前往贝尔纳黛特看到幻象的石窟。

波河坐落于山下，它是一条宽阔的迅速流淌的河流，河水中点缀着乳白色的水花和绿松石。冰川融化的雪水为它提供了水源。河流的旁边是一个停车场。从这个地点开始，依次分布着纪念碑和现代交通设施，你可以一眼看到群山中矗立的教堂。峡谷笼罩在清晨的薄雾之中，雾气折射了日光，从而使河流、教堂和那些进入峡谷的人全都沐浴在闪闪发亮的空气之中。

当你从停车场步行到小型人行天桥，穿过河流到达教堂广场，你会看到一个惊人的场景。数百名穿着制服的护士推着轮椅或担架上的病人向教堂内部走去。她们穿着蓝白相间的细条纹连衣裙，系着白色围裙，或是穿着纯白色护士制服，或是披着装饰了圣约翰（Saint John）团体马尔他十字架（Maltese Cross）的醒目的蓝红相间披肩。帮助病人的不只是护士，几乎每一个病人都有至少一名助手。有些无法行走的朝圣者则坐在医护人员（接受了专门训练、能够运送患者的穿蓝色制服的男子）拖动的亮蓝色轻型拖车之中。其他人则以团体的形式步行，他们的领路人手持横幅，以标明他们来自哪个城镇——其中有来自法国、爱尔兰、英国、意大利、德国、菲律宾、澳大利亚、美国和其他地方的朝圣者。

他们都前往大教堂周围的广场进行祈祷；前往“加冕雕像（Vièrge Couronnée，一座面向教堂的加冕的圣母玛利亚雕像）”下方种植花朵；前往贝尔纳黛特在圣母指引下喝水的地方喝水。现在，人们用水管引出了石窟中的水，并安装了十几个水龙头。人们排着长龙，将水盛入容器之中。如果你没有携带容器，你可以购买一个装饰着贝尔纳黛特或圣母形象的小玻璃瓶或是50加仑的塑料容器，还可以将它们带回家。

水龙头后方就是石窟。朝圣者们列队慢慢走过石窟和泉水。现在，泉水上覆盖着防护玻璃，水泡则不断地从9米深、3米高的石灰石腔中的地板上涌出来。泉水上方有一个小型的开放式空间，那里就是圣母出现的地方。现在，这里有一座圣母雕像。据说，当圣母第一次出现的时候，野玫瑰从岩石中萌发了出来。雕像下方燃烧着长锥形蜡烛，这些蜡烛照亮了前方的小径。在这些蜡烛中，有的是只需花费1欧元就能购得的细蜡烛，有的则是原木大小的巨大蜡烛，要两名强壮的男人才能够抬动它们。数十年累积的蜡油和冷凝的雾气让石窟中的小路变得湿滑，但是成百上千根燃烧的蜡烛的热量却温暖了朝圣的人群。

蜡烛的后方是浴池。在以团体的方式被领入浴池内部并浸泡在装满了泉水的浴池中前，朝圣者们会在覆盖区内等候。在他们等待的时候，他们会唱歌，有时甚至还有吉他的伴奏声。所有加入的朝圣者都有着相同的目的：祈祷和愈合。

当你以自己的方式穿过广场，从一个目的地到达下一个目的地时，你进入了不同的愈合空间——一个存在于两个虔诚个体之间的空间。牧师莫里斯·加尔戴斯（Maurice Gardès）曾经是一名物理学家，他花费了大量时间研究这个私密空间。他最初的职业生涯是研究那些他能够测量但是无法看见的粒子，随后他开始研究无法测量的信念。现在，他是与卢尔德相邻的奥奇（Auch）教区的主教。他穿着一袭有着白领圈的黑色教士服，脖子上挂着一个硕大的银色十字架，人们一眼就能够认出他是教会的领导者。

2006 年，我陪同他前往卢尔德。他几乎每走 5 步就能得到朝圣者们的问候，其中包括了抱着婴儿的母亲、坐在轮椅中的残疾人、像高中生一般害羞地咯咯笑的护士。他们说着中文、意大利语、西班牙语、葡萄牙语、法语、英语以及其他十几种语言。在他们郑重的请求下，他祝福了他们和他们挚爱的亲人，也圣化了那些他们将要带回家的泉水。他耐心地聆听故事，并用温暖、慈爱的模样祝福了每一个朝圣者。那一刻，在吵杂的人群中，在他与信徒之间的空间里，他创建了一个平和安宁的小绿洲。

星期天，你可以在石窟处参加露天弥撒，也可以前往卢尔德的众多教堂：古老的大教堂，教堂下方的冠状圣堂，它们下方的小地下室，或者是其对面的大型地下教堂。没有人的时候，这个现代化的教堂看上去就像是一个灯光昏暗的、低矮的体育运动场，它的混凝土墙壁上装饰着描绘了十字架苦路（the Stations of the Cross）的背光彩绘玻璃壁画。当教堂中挤满了人，它就发生了彻底转变，它能够容纳几千人。许多护士参与了服务，无论是她们的病人还是朝圣团体都穿着颜色鲜明的愈合服装。来自世界各地的数十名主教和大主教参与到弥撒之中。在教会游行开始之前，他们在教堂的走道、人流汇集的外围区域为朝圣者们布施圣餐（Communion）。

这里接受甚至欢迎陌生人。一位父亲推着坐在轮椅中的年幼女孩来到这里，女孩大约只有 10 岁。她无法移动双腿，也无法完全使用她的手臂。人群似乎令她感到不堪重负，她的眼睛看上去空洞无神。两名背着登山装备的朝圣者注意到了这名女孩。在弥撒进行过程中，当主教邀请群众们与周围的人握手并互道“愿和平与你同在”的时候，他们来到了这名女孩的身边。其中一名朝圣者径直走向那个孩子，而她一脸困惑地看着来者。没有一丝的犹豫和尴尬，他将她的手放在了自己的手中，并向她展示如何握住它们。她握住了他的手，同时看向了他的脸庞。他微笑着点头。她仍然握着他的手，脸上开始泛出喜悦。当小女孩的父亲推着她的轮椅穿过人群的时候，她的脸上仍然挂着祝福的微笑。她的内心世界似乎已经转变到了一个截然不同的空间。哪怕只有一小会儿，这种内心的改变的确减轻了她的痛苦。

对参观者来说，弥撒是朝圣者们祈祷并表达他们对圣母玛利亚的爱的机会之一。实际上，大多数活动在户外举行——在大教堂和加冕的圣母塑像之间的广场上举行。每天下午，朝圣者们聚集在一起游行，他们通过天桥进入大教堂前方的广场。他们按小组进行组织游行，每个小组安排一名成员举起五颜六色的横幅，以便识别他们来自哪个国家哪个城镇。人群来来往往，他们坐在河流旁边的长椅上聊天或者休息，直到教堂钟声在指定时间响起。随后，朝圣人群站起来，在卢尔德工作人员和医护人员的帮助下有组织地、安静地离开。工作人员要确保患病最严重的人在朝圣队伍的最前方。虽然参加人员有数千人，但整个过程出奇的安静、有序。他们在几分钟之内就完成了队列变化，就像是那些优美的军事演习一般。

当钟声在5点钟敲响时，游行队伍缓缓向前移动。主教带领着游行队伍，高举一个容纳着圣体的精美、华丽的银质容器，它象征着基督教的身体。在大量音乐、铃声和编钟声的围绕下，主教开始吟诵拉丁祈祷文，他的声音传遍了整个地区。当他走上天桥的时候，周围的朝圣者们吟诵着祈祷文与他相呼应。朝圣者们围绕在主教的周围，其中许多人来自遥远的国度。游行队伍跟随着主教穿过天桥进入广场。最先到达的是掌旗手，他们挥舞着自己手中的旗帜。随后到达的是坐在担架、轮椅、蓝色小推车上的病人们。一群护士穿着标志性的制服走在他们的身后。最后到达的是那些步行的朝圣者，每个朝拜团体都高举着自己的旗帜。

游行有一种欢快的节日气氛。那些横幅会让你觉得自己在参加一场中世纪比赛。你几乎希望自己能够在前方看到一个营的骑士穿着闪闪发光的盔甲坐在马背上。为了照顾病人和残疾人，整个游行队伍走走停停。每当游行队伍停下脚步的时候，护士们俯身照顾病人们：她们整理病人们的毛衣，支撑起他们的枕头，将水涂在他们的嘴唇之上，并用温暖、慈爱的目光凝视着他们的脸庞。渐渐地，加冕圣母雕像和大教堂之间的每一寸空间都站满了人。主教祝福忠实的教徒，并念一段简短的祈祷文。

这种场景非常引人注目，但它并非是在卢尔德举行的最具震撼力的仪式。每个夜晚，当太阳下山的时候，朝圣者会聚集在一起进行烛光游行。每名朝圣者的手中都拿着自己花几欧元购得的长锥形蜡烛。在黑暗不断降临的夜晚之中，我们所能看见的就是成千上万根蜡烛发出的闪烁的烛光。整个空间就像白昼一般明亮。当游行队伍经过的时候，你能在柔和的烛光中窥见朝圣者们的脸庞，它们泛着和平与喜悦的光芒。朝圣者们对自己能够成为游行队伍的一员、能够来到这个地方感到非常高兴；所有游行成员都有着相同的目的，并实现了自己的梦想。

从大教堂周围的曲线状宏伟石梯放眼望去，你可能会发现卢尔德与迪士尼魔法王国呈现出相似的场景——那里的山顶城堡下方有着一个大广场，来自世界各地的人们如羊群一般聚集在一起，他们排着蜿蜒曲折的队伍，在小商店中购买纪念品。但这个“王国”并非因为娱乐而存在。对那些需要愈合的躯体来说，这个“王国”有着真实的、强大的影响。

自从贝尔纳黛特·索维罗斯第一次看到圣母玛利亚的幻象以来，已有67个人正式承认卢尔德的神奇疗效。并且，每周有更多的游客声称他们也奇迹般地痊愈了。当我前往卢尔德参观的时候，卢尔德医疗局（the Lourdes Medical Bureau）负责人帕特里克·德里叶（Patrick Theillier）医生下决心研究卢尔德愈合能力的医学解释。他逐一走访每一名有可能属于奇迹康复的患者，研究他们的病理报告，并对其进行至少5年的复发观察。一旦德里叶医生和卢尔德医疗局认证了这种愈合效果，它必须受到医学界的最高权力机关——国家医学委员会（the International Medical Committee）的审查。如果这些机构得出的结论是医疗科学无法解释该愈合效果，那么就由天主教教会就是否真正发生了奇迹作出最终判决。

当我们谈到这些情况的时候，德里叶医生摸了摸他那精心修剪的花白胡子，斜靠在椅子之中。当他那睿智的蓝眼睛上下打量病人们的时候，似乎是在观察他们的病情。早在20世纪50年代，人们认为患有结核病的人得到康复是一件不可思议的事情。类似的情况还出现在患有癌症、骨感染、关节炎及其他疾病的个体上。在20世纪末期，当抗结核药物的研发取得一定进展之后，难以愈合的疾病类型也发生了改变。现在，大多数难以愈合的疾病都是自身免疫性疾病和炎症类疾病，如多发性硬化症、发炎性肠道疾病、类风湿关节炎等；当然，肿瘤和心脏疾病依然位于“疑难杂症”名单之上。

通常情况下，当拥有这些治愈经验的患者参加在卢尔德举行的仪式的时候，他们会体会到某种奇妙的感受。类似的情况通常出现在浴池中，即患者接触到泉水的那一刻。他们一致见证了自己的重生——此前没有任何明显的愈合迹象，但是从这一刻起，他们获得了一种深刻而强大的情感、一种内心深处的平静与愉悦，来帮助他们抵抗病魔。

最近的一个愈合奇迹是让-皮埃尔·别雷（Jean-Pierre Bély）的故事。他患有多发性硬化症，这是一种免疫系统攻击大脑结构组织的疾病。1984年，别雷48岁，他开始感到腿部有麻木和刺痛感，在夜晚会产生痛苦的痉挛，行走开始变得困难。X射线显示他的大脑产生了典型的多发性硬化症病变。渐渐的，他的症状发展为右臂麻木，头部剧烈疼痛和轻度失禁。尽管采用了各种疗法，包括常规性治疗、高剂量类固醇疗法和非常规性欧洲草药治疗方法，他的病情仍然不断恶化：腿部完全麻痹，肌肉变得僵硬且极易发生痉挛，头晕，严重的尿失禁和耳鸣。

在多发性硬化症中，免疫细胞会攻击大脑中的神经纤维和脊髓神经，并用抗体和免疫分子摧毁它们，而在正常情况下，这些抗体和免疫分子通常会对抗入侵身体的病毒、细菌或外来生物体。大脑中产生了一波又一波的炎症。也许在一次攻击平息之后，病人状态似乎良好，但最终会被几个月或几年后出现的免疫细胞攻击打垮。这种疾病会不断恶化，最终发展为瘫痪，就像别雷那样。依靠医学治疗能够抑制免疫系统活动，使其不再攻击人体。但是，一旦破坏形成，疤痕组织就会替代健康组织，患者重新恢复身体机能的几率就非常小。

1987年10月9日，已经病入膏肓的别雷来到了卢尔德。在接受了临终涂油礼（Extreme Unction）和最后的仪式（Last Rites）之后，他有了（据他自己在证词中所说）一种强大的“解放与内心平和”之感。最初，他感到的是越来越强烈的、令人痛苦的寒冷，因此需要更多的毯子和热水袋。随后，他陷入了昏迷之中。当他醒来之后，他感到温暖迅速传遍了他的身体，从脚趾头开始，慢慢传到了脚部、腿部、臀部和脊椎。

他萌生了起床的冲动。他就在床沿上坐了起来，并惊讶于自己的能力。他开始感到手指和皮肤上传来的感觉。在弥撒那一天，他发现他能够毫无痛苦地挥动手中的手绢，他那曾经僵硬无比的肌肉变得柔软，这令他感到非常惊奇。第二天晚上，在经过了一段时间的熟睡之后，他突然在凌晨3点钟醒来。当他听见教堂的钟声时，他的脑海中传来的声音告诉他：“起床，继续行走！”令人吃惊的是，他确实能够起床行走了——这是3年来的第一次。

虽然别雷病例被卢尔德医疗局宣布为不明原因的愈合，是教会创造的奇迹，但国际医学委员会并没有将这个病例归类于不明原因的愈合。

当德里叶医生讲述这个故事的时候，他斜倚在椅子上，仰头看着远方。他认识别雷已经多年，医患之间的联系十分明确。德里叶提供了充满关怀的医疗知识细节，同时，别雷的愈合以及他那深沉的、坚定的信念令德里叶博士感到惊奇。当德里叶医生被问到环境是否有助于促进患者康复时，他再次靠在椅子上陷入了沉思。他以专业人士的身份回答了这个问题。

他说，首先，卢尔德有普遍存在的符号——水，岩石，高山——再加上石窟和美丽的景色，以及流传已久的奇迹故事。更重要的是，卢尔德有一种开放的精神，它能够接纳不断寻求帮助的病人，并给予帮助。

每一个来到卢尔德的人都能够亲身体会到这种精神。整个体验产生的基础是深刻的信念，而这也是参观者们所要表达和颂扬的东西。他们不仅仅是在泉水中沐浴，同样也是在延续了150多年的爱和关怀之中沐浴。也许这种愈合并不完整，德里叶医生说，但是几乎每一位前往卢尔德参观的病人都会觉得自己好了很多，他们中的大部分人会选择每年前往卢尔德。

让－皮埃尔·别雷并不是唯一一名突然痊愈的、因惊喜而不知所措的多发性硬化症患者。西奥多·曼吉阿潘（Théodore Mangiapan）在《卢尔德带来的愈合奇迹》（*Les Guérisons de Lourdes*）一书中对另外一名患者的经历进行了详细的描写。这是一位名叫里奥·斯瓦格（Léo Schwager）的瑞士本笃会（Benedictine）修道士的故事，他的疾病在他28岁的时候得以痊愈。在长达5年的时间中，他遭受到了反复发作的并发症的折磨，其中包括了头晕、语言障碍。1952年4月，斯瓦格最终来到了卢尔德，而在这个时候中风已经令他半身瘫痪且无法言谈。

在他前往卢尔德朝圣的第二天，当簇拥着主教的游行队伍向他走来的时候，斯瓦格狂喜着站了起来，随后跪倒在他的轮椅旁。“我突然感到一阵电击般的震动，我甚至还没有意识到发生了什么事情，就突然离开了身下的轮椅。我意识到自己跪在地上虔诚地祷告，我的眼睛一直凝视着圣体直到游行结束。”附近的一名医生注意到，“他浑身上下散发着‘狂喜’的气息。当圣体从他的身前移过的时候，他的目光牢牢地固定在圣体之上……我注意到在同一时间他的身体在晃动，仿佛受到了猛击或强烈的情感刺激一般，他甚至无法正常呼吸”。

就在朝圣仪式结束后不久，斯瓦格意识到他所有的疾病症状都消失了：他的站立、行走、谈话能力，他的视觉、食欲，都在瞬间得到了恢复。他回到他的修道院，重新开始了积极而活跃的生活。此后40年，他每年都前往卢尔德朝圣。后来，他成为了一名担架员，开始帮助其他朝圣者寻找治愈方法。与让－皮埃尔·别雷的病例不同的是，斯瓦格教友的病例被卢尔德医疗局和国际委员会（International Committee）证实为无法用医学解释的病例。1960 年 12 月，洛桑（Lausanne）、日内瓦（Geneva）和弗里堡（Fribourg）的主教宣布他的病例为“奇迹般的愈合”。

其他许多朝圣者描述道，当他们第一次体验愈合奇迹的时候，都感觉到了一种强烈的爱和温暖。一名 36 岁的女性在 1996 年被确诊患上了严重的多发性硬化症，她于 2004 年 5 月 20 日在卢尔德得到了康复。她在证词中写道：“在我看来，卢尔德带给我的第一个奇迹是当我进入圣域之后所体验到的一种甜蜜、温暖、平和的感觉。这个地方沐浴在祈祷声之中，这里的气氛充满了温暖和爱的感觉。这真是令人感到不可思议！”

来自里昂（Lyon）克劳德伯纳德大学（the Université Claude Bernard）的名誉教授伯纳德·弗朗索瓦博士（Dr. Bernard François）全面审查了那些近期被视为不可思议的康复奇迹的病例，他在报告中写道：“71 个病例中的 57 个病例，临床愈合症状都是瞬间的，是一种源自内心深处的温暖、疼痛、电击式休克、短时间昏倒、振奋、宽慰或福祉的感觉。几名医生观察到了这种忘我的状态。更重要的是，受试者对他们自身的痊愈表现出了坚定的信心。”

不明原因的愈合可能出自很多不同的原因，尤其是那些出现在一个多世纪以前的愈合。那时的诊断结果还不准确。例如，有些多发性硬化症或关节炎病例可能是由莱姆病（Lyme disease）的感染造成的，但它最终得到了清除。尽管如此，所有愈合发生的时间点都与强大的情感经历产生的时间点相吻合，由此可见，情绪在整个愈合过程中扮演着及其重要的角色。

当我们产生强大的情感时，大脑中发生了什么？难道是大脑中所发生的反应对朝圣者的身体产生了治愈效果？就好像当我们感到有压力，大脑就会产生应激反应；当我们相信，大脑就会产生信任反应。相较于对压力进行的研究，研究人员们花费了更长的时间从生物学的角度研究信仰对人体产生的影响。之所以如此，是因为将某人放在一个能够产生压力的环境中来测量其大脑反应、激素反应、心脏或免疫系统反应的改变要容易得多，而说服某人相信某事并测量信任对其产生的影响则困难得多。当然，我们不能在动物上进行此项研究。为了从生物学的角度调查信念在愈合过程中产生的影响，科学家们需要开发成像技术，以便研究工作中的大脑。他们还需要能够测量应激反应和免疫反应所发生的细微改变的技术。即便如此，当你选择一名被测人员进行测量研究的时候，你又如何知道他是否真正有某种信仰呢？你不能。直到最近，将关于信仰的生物学研究划分为较小的可测量部分的设想，才初步有了实现的可能。而在以前，那些尝试进行测量工作的科学家们，曾经受到过同行的嘲笑和排挤。

其中，最有名的研究人员是一位名叫亚力克西斯·卡雷尔（Alexis Carrel）的法国外科医生。1912年，因为在纽约市洛克菲勒医学研究院（the Rockefeller Institute for Medical Research）进行的卓有成效的研究工作，卡雷尔获得了诺贝尔医学奖。他研发了一种在体外环境中培养细胞组织的技术和重新连接被割断的血管的手术技巧。他所研发的技术最终令器官移植、断肢连接和重建心脏循环通道变得可能。

1902 年 5 月，在卡雷尔进行他的获奖研究之前，他参观了卢尔德。在那里，他亲眼目睹了一位名叫玛丽·巴伊（Marie Bailly）的年轻女性的痊愈。玛丽曾因结核性肠膜炎（一种因结核细菌引起的肠道和腹部内层炎症）而濒临死亡。这次经验令他感到震惊，他想要找到问题的核心。他甚至在《卢尔德之旅》（*The Voyage to Lourdes*）一书中撰写了一篇半正式的说明。直到 1949 年——卡雷尔逝世后的第五年，这本书才得以出版，因为书中的观点与法国医疗机构的观点大相径庭。他被迫离开法国，在北美地区就业。他先是在蒙特利尔大学工作，随后到了纽约洛克格勒大学（Rockefeller University）。他一直待在那里，直到第二次世界大战爆发之前，他才回到法国作短暂停留。尽管卡雷尔对医学领域做出了巨大贡献，他仍然死在了人们的质疑声之中：他是一名纳粹联盟维希政权的支持者。他的名誉，包括他就卢尔德奇迹康复进行的研究工作，都受到了永远的玷污。

在《卢尔德之旅》中，他将自己称为雷拉卡（Lerrac）——将“卡雷尔”倒序拼写——博士。这本书并非一本枯燥的学术性记录。它逐步探索了卡雷尔自身的认知改变——他目睹人体产生了无法解释的现象，而在这些现象中，人们凭借某种与信仰有关的不可思议的力量更加快速地进行了自我修复。

在卡雷尔记录的关于奇迹愈合的临床描述之中，他观察到“这些奇迹都以极端快速的有机修复过程为主要特征”，这就好像人体的愈合过程进行了一次快速转变，从而被祈祷状态、深刻的信念或狂喜所取代。

在当今世界的太空医学时代，外部治愈方法已经渗透到了每个层面——药物，手术，各种各样的疗法——我们往往忘记在抗生素和手术器械出现之前，许多人仍然幸免于各种各样的身体损害：感染、创伤、分娩、休克、炎症。野生动物无法利用医药，它们仍然能够依靠自己的身体愈合机制得以生存。卡雷尔所谓最伟大的奇迹指的就是这种现象，那么，它是如何发生的？

在卡雷尔死后半个多世纪，科学技术得到高度发展。此时，研究人员开始调查这些愈合是如何出现的，以及信念是否可能促进愈合。虽然科学家们仍然不了解这些愈合机制，但是很多的难题已经得到了解决。掌握这个答案的器官就是大脑。

为了认识和理解大脑在愈合过程中发挥的作用，科学家们需要一种技术来对不同的大脑状态（当人们感到深深的爱时、当人们感到坚定的信念时、当人们感受到强烈的喜悦之时、当人们感到深远的安宁之时）进行监控。他们需要知道这些情绪反应是如何对免疫系统造成影响的。只有这样，他们才能从生物学基础上探究到产生这些愈合的端倪。

卢尔德的朝圣者们所描述的自己在第一时刻感到的愈合体验，与佛教僧侣们练习慈悲冥想（Loving-Kindness meditation）或慈氏禅定

（maitribhavana）的西藏冥想方式所描述的感受，无论是在精神、本质还是在强度上都有着显著的相似性。佛教僧侣们通过这种冥想练习来到达一种对世间众生的慈悲心或大悲心状态。近年来，人们通过研究发现了练习这种冥想时大脑所发生的变化。之所以有这样的进展，在很大程度上是因为里奇·戴文森（Richie Davidson）的突破性研究。

里奇·戴文森是威斯康星大学麦迪逊分校（the University of Wisconsin at Madison）的心理学家，也是2005年神经科学联合会年会主议题“禅修的科学与临床应用（The Science and Clinical Applications of Meditation）”的提出者。神经科学联合会的主流学者试图抵制里奇·戴文森，并将他提出的观点视为边缘科学。然而，戴文森的研究使用了可利用的最先进的技术——功能性磁共振成像技术和脑电图技术，这种能够测量大脑中的血液流动和电流释放量，并将它们映射到3D解剖学图像上。在美国约翰与凯瑟琳·麦克阿瑟基金会（the John D. and Catherine T. MacArthur Foundation）的赞助下，戴文森开始了该领域的研究工作。麦克阿瑟基金会旨在促进那些因为太有创意、太新颖或太具冒险性而无法得到政府资金支持的科学研究。戴文森的研究工作完美地符合所有标准。

他的第一个项目是对练习冥想的人进行小规模试点研究。当地一家生物技术公司的首席执行长官希望鼓励他的员工们练习冥想，请求戴文森协助培训。戴文森不仅将此视为帮助该公司培训员工的机会，更将其视为一种研究冥想对大脑功能和健康所产生的影响的方式。他将参训人员分为两组：他教其中一组学习冥想，而向另一组分发了培训小册。他利用脑电图技术检测了冥想练习者的大脑电流活动，并测试了他们的免疫系统对流感疫苗产生的反应。他在11月进行了此项研究，当员工们接受流感疫苗注射的时候，他就能够测量因疫苗所产生的血液抗体浓度。

经过8周的培训之后，参与者的左侧前额叶皮层区域显示出电流活动的增加——该区域对于愉快和积极的情绪十分重要。戴文森曾经指出，恢复力强的人——指那些曾经经历过生命的危急关头的人，其大脑中的该区域也比较活跃。与此同时，冥想练习者对疫苗产生了一种增强反应，这种影响与那些经历了大脑活力大幅增长的人相似。

尽管此次研究是经过精心设计的，其研究结果也十分诱人，但正如戴文森所说的那样，与受训者有关的研究数据还“不够全面”。它似乎显示出了一种趋势，但还不具备强大的统计学意义。戴文森推测，这可能是因为某些受训者学习冥想的能力比其他人强一些。

那么，接下来应该做什么呢？

为了走出困境，戴文森开始与专家们合作研究难题，这些专家都是佛教僧侣追随者——戴文森将他们称为“冥想的奥运会级别选手”。他拟定了一个合作方案来测量练习冥想的僧侣的大脑参数。他让僧侣们戴上一顶镶有128个电极的头罩，以测量他们在冥想时产生的大脑电流活动。此次研究结果发表在2004年的《美国国家科学院院刊》（*the Proceedings of the National Academy of Sciences*）上，不仅引起了全球科学界的关注，也引起了大众媒体的关注。

2005年的神经科学联合会年会吸引了来自世界各地的3000多名神经科学家。我是“利用冥想治疗与压力有关的疾病”这一分议题的主持人。会议开始之前，我被建议在会议过程中不要使用“压力”一词。承办方给出的理由是在佛教传统中不存在压力这样的概念。藏语中的“苦（dukkha）”表达了极度的痛苦和苦难的意思，但其并不等同于“压力”一词。但苦（dukkha）就相当于我们在西方传统中所提到的抑郁症，而抑郁症所造成的症状也与压力有所不同。避免使用“压力”会对会议造成困境，不利于解决会议的主要议题——能否利用冥想抵御压力以及因压力的积累而造成的疾病。我们怎么能不使用这个词语呢？

我决定在讨论开始之前提出这个问题。我说我知道在佛教传统中不存在“压力”这样的概念，但是如果不提到“压力”这个问题就难以探讨冥想对健康产生的益处。随后，我向有关人士咨询，佛教传统中是否存在“压力”这样的概念。回答是：“对于‘压力’一词，还没有适当的翻译。”

接下来，我询问了另一个问题，并提出了关键点：“对于‘压力’一词的理解，体现了东西方文化中存在的极为重要的核心差异。因为西方文化正尝试着利用冥想减少压力，而在东方文化传统中，这不是冥想练习的目的。那么，佛教传统中的冥想，其目标是什么？”这一次的答案是：培养道德修养、专注度和洞察力。而其落脚点是“普遍关怀”。在佛教传统中，这就是所有。所有的一切，都以此为目标。

如此看来，在一种文化中，冥想的目标是增强积极的情绪（爱和怜悯心）；而在另一种文化中，它是为了减少负面情绪（压力与焦虑）。然而，从生理学角度来看，无论是增强积极情绪还是减少负面情绪，最终都能够达到提高健康水平的目的。

慈悲冥想是最古老的佛教冥想练习之一。它是一种包含了缓慢、有节奏的呼吸的打坐冥想。它不需要把心灵放空，而需要全心全意地集中精神进行客观性观察。为了达到这一境界，僧侣们背诵佛教教义，或瞻仰佛教雕像，或在精神上为获得慈悲心的重要性进行辩论。他们可能将精神集中于一个自身憎恨的物体或仇人上，从而逐步实现以宽容之心看待该对象。

“慈悲心（compassion）”一词来自中古英语和教会拉丁文，其源头还可追溯至古法语。它包含了“热情（passion）”一词，其中有拉丁文前缀“com-”（意为“和，与”）和动词“pati”（意为“容忍，遭受”），暗含“分担痛苦”或“同情”之意。“pati”也是“耐心（patience）”一词的词根。而一个人为了获取并发展慈悲心，他必须练习忍耐力，必须突破欲望和眷恋的限制。

就像呼吸型冥想方式一般，慈悲冥想能够影响心脏心率变异性，可以将心跳节律由类肾上腺素应激模式转变为副交感神经放松模式。当练习这种类型冥想的人达到了冥想的完美层次——类似于在日本禅宗佛教（Japanese Zen Buddhism）中达到了被称为肯索（kensho）或萨托尼（satori）的“极致体验”——他们就能够体会到大量的积极情绪：温暖、爱、平和与慈悲心。

当禅修僧侣练习这种冥想的时候，戴文森测量了他们大脑中的电流活动，有了一个惊人的发现。他在2004年发表的论文中提到了这一点，当僧侣们到达了能够体会到大量爱与慈悲心的层次时，各个截然不同的、遥远的、完全没有通过任何神经路径相互连接的大脑区域，突然以一种名为“伽玛波（gamma waves）”的电流活动模式达到了同步。这是一种定时间隔的周期性大波浪。它们是通常出现在睡眠时或醒来时由不同频率组成的电流波。睡眠时出现的伽玛波速度较慢，而刚醒来时的伽玛波速度较快。

尽管没有人知道大脑在冥想过程中发生的变化说明了什么，但是，这些变化显然与一种特定的精神状态相互联系——就像一个清醒的人与一个正在熟睡的人有所不同。它有其独特的大脑活动特征。有人指出，这种同步是意识的根本，它在保持注意力的集中上发挥着极为重要的作用。也许，它是学习过程中顿悟时刻出现的基础。

戴文森对僧侣们进行大脑功能成像研究，发现大脑血流量发生了显著变化，尤其是在与爱和眷恋有关的大脑区域。这些区域在感到母爱或是激烈的情爱时都会变得活跃，其构成的大脑奖励性路径也会变得活跃——能够产生类似大脑活动的还有成瘾、性行为和音乐。该大脑区域中心主要变得活跃的是伏隔核（位于纹状体中），它能够控制欲望。通过成像技术可以观察到，大脑中的其他区域也亮了起来，尤其是被称为岛叶（insula）的大脑组织。据戴文森称，这是那些经历了最深切的同情心与慈悲心的僧侣的大脑中最明亮的组织。

训练有素的僧侣似乎可以随时达到这种状态，而其他人则需要通过别的方式达到这种状态。这并非无法想象，你可以置身于某个能够激发强大而非同一般的信念的环境之中，从而达到一种能够感知爱与慈悲心的境界，就像朝圣者们在卢尔德所做的那样。

那么，祈祷究竟有什么用呢？当一个人怀着深刻的信念祈祷的时候，他的大脑中发生了什么样的变化呢？研究人员很难研究祷告，因为人们能够背诵祷文中的词语，却可能无法进入心怀深刻信念的忘我状态之中。里奇·戴文森选择了研究训练有素的冥想专家，即佛教僧侣；其他科学家们则选择了研究别的祷告专家，其中包括了方济会（Franciscan）和加尔默罗会（Carmelite）的修女。

祈祷的方式多种多样。一种是通过瞻仰宗教物体进行祷告，就像佛教僧侣们所做的那样。另一种是背诵祷文中的词语。费城宾夕法尼亚大学的神经造影学专家安迪·纽伯格（Andy Newberg）在方济会修女们进行一种语言式冥想练习（重复一种短语，就像礼拜者手持念珠祷告一般）的时候，对她们的大脑进行了脑成像研究。他所使用的脑成像技术是单光子发射计算机断层显像（SPECT）技术。这种方法通过放射性示踪剂来测量不同大脑区域中的血液流动。

当修女们静静地躺在扫描仪之中，研究人员分别向她们的静脉注射一种放射性化合物，其放射性会在几分钟之内消失。当她们休息的时候，研究人员会收集她们的大脑放射性图片，以测量其大脑中的血流量。随后，修女们进行 50 分钟的语言冥想。在此期间，她们被注射了另外一种放射性示踪剂。半个小时后，她们再次接受大脑断层扫描。

纽伯格发现大脑中几个部分的血流量发生了改变。他将这些断层扫描图与他为禅修僧侣扫描的图片进行了对比，发现某些变得活跃的大脑区域与里奇·戴文森所发现的区域相同，别的区域则有所不同。不同的区域是与语言和视觉有关的大脑区域。在僧侣们的大脑断层扫描图中，视觉区域变亮，语言区域没有变化；在修女们的扫描图中，控制语言能力的大脑区域变得活跃，视觉区域仍然保持平静。

祷告的修女和冥想的僧侣，其大脑中都被激活的区域是奖励性路径、前额叶和顶叶——这些大脑部分与积极的情绪反应和应变能力密切相关。显然，修女和僧侣达到情感境界的方法无关紧要——无论是通过语言还是通过视觉。一旦他们达到了平和与热爱的境界，他们大脑中的相同区域就会变得活跃：这些区域能够强化热情、慈悲心和爱。

在亚力克西斯·卡雷尔离开蒙特利尔大学后的第六十年，该机构的两名研究人员——马里奥·博勒加德（Mario Beauregard）和文森特·帕克特（Vincent Paquette）利用功能性磁振造影技术对能够通过祷告达到极致境界的加尔默罗会修女进行了大脑成像研究。与佛教僧侣和方济会修女相似，加尔默罗会修女的许多大脑区域变得活跃，其中包括了与爱和慈悲心有关的区域，还有与应变能力有关的大脑区域。

所有研究表明，大脑在冥想和祷告的过程中发生了深刻的变化——这种改变创造了一种与清醒和睡眠截然不同的、独一无二的心灵状态。这一境界包含了能够让我们寻求“奖励”的大脑组成部分。当我们达到了这一境界，我们会感受到愉悦。追寻奖励的过程比得到它更能让人感到成就感。而在这个追寻过程中，必须存在某些迹象表明奖励就在前方。这种迹象可以被称为希望，也可以被称为信念，或者从最简化的科学意义上来看，它可以被称为期望。

不管一个人是否相信贝尔纳黛特看到了圣母玛利亚的形象——无论是圣母的确出现过，还是贝尔纳黛特患上了类似于癫痫或精神分裂症的疾病——有一点是值得肯定的，无论你如何解释那些奇迹愈合的病例，毫无疑问的是所有参观了卢尔德小镇的人，在离开的时候感到自己的状况有所改善并积累了更丰富的人生经验。在卢尔德所发生的一切非常真实，每一个到过卢尔德的人都深受触动。在那里，他们找到了一个充满爱心、相互支撑的团体。无论你是谁，无论你是否身患疾病，你都能够在那里体会到一种归属感。因此，卢尔德给朝圣者们带来了康复的希望和期望。能够帮助个体愈合的两个基本要素是期望和社会的支持。毫无疑问，在这两方面，卢尔德从不吝啬于给予。

这是如何实现的呢？你又是如何获得愈合的希望的呢？是通过改变控制情绪的器官——大脑，还是通过改变免疫器官中的细胞——免疫系统？免疫学，心理学，内分泌学和神经科学，众多领域的专家通过60余年的不懈努力，最终解决了这个难题。

第九章
心灵的空间：信念与希望的奇迹

当你因为相信某种东西能够让你康复而感觉自己变得更健康的时候——无论这种东西是一种药物、一种行为、一个人、一个程序或是一个地方——你体验到的就是安慰剂效应。不幸的是，这个术语带有很多的精神包袱，它的前面通常带有“只有、只不过（just）”一词，比如“只不过是一种安慰剂效应”。因安慰剂效应而感觉自己变得更健康的人，通常会被视为容易受欺骗的、歇斯底里的或者装病以逃避工作的人。然而，我们所相信的东西实际上有着极为强大的愈合能力。在某种新药品或新器材进入市场之前，科学家们会进行临床试验，研究该药品或器材对人体会产生什么影响，而在进行临床试验的时候，他们必须将安慰剂效应考虑在内。虽然人们对安慰剂效应的重要性持有争议，但是研究人会员估计它至少占了所有药物疗效的30%。为了确定药物“真正的”生物学效价，他们必须将安慰剂效应从药物总疗效中减去。

由此看来，被治疗的疾病类型极其重要，因为在不同的条件下会产生不同的安慰剂效应。比如说，疤痕的形成不大可能因为信念的影响而发生逆转。安慰剂效应似乎能够对疼痛产生更大的影响，因为疼痛并非一种永久性的物理变化，反倒是具有戏剧性和短暂性，更容易因为神经化学物质的改变而发生逆转。因此，一些早期的、最明确的生物学科学研究证明，安慰剂效应对身体疼痛的人会产生一定影响。

1978年，加州大学旧金山分校（the University of California in San Francisco）的乔恩·莱文(Jon Levine)和霍华德·菲尔兹(Howard Fields）受到一个新发现的启发，该发现称大脑能够形成自身的类吗啡分子——内源性阿片类药物或内啡肽。研究者使用了一种药物来抑制这些分子的合成，从而探明了疼痛安慰剂的对抗性药物的化学机制。这种药物叫做纳洛酮，其自身没有明显的临床效果，但当它与吗啡相结合，就能完全阻碍镇痛剂减轻疼痛效果的能力。

菲尔兹和莱文选择了一种肯定会产生疼痛的病况：阻生智齿的拔除。病人被告知他们将接受吗啡的注射，或一种可能引起疼痛的药物注射，或什么都没有。在拔除智齿之后，病人接受了吗啡，或纳洛酮，或一种安慰剂——实际上，研究人员给他们注射的是没有添加任何药物的无菌生理盐水。接受吗啡注射的病人感到自己的疼痛有所减轻。那些相信自己接受了吗啡注射，但实际上被注射的是生理盐水的人也感到自己的疼痛有所缓解。更具戏剧性的是，接受纳洛酮注射的患者比其他小组的病人感到了更为剧烈的疼痛感。纳洛酮之所以让疼痛进一步恶化，是因为它阻碍了大脑自身产生内啡肽的能力。这项研究清楚地表明，安慰剂效应需要一定的生物学基础，至少与大脑中的阿片类分子有一定关联。

20世纪80年代以来，当这些研究完成的时候，科学家们已经开发出了新的大脑成像技术，能够测量大脑中不同区域的神经化学物质释放量。利用这些方法，他们能够识别出产生或减轻疼痛的神经化学物质。其中一种方法是正电子放射断层造影术（PET扫描），马克·雷切尔利用该方法绘制了可视化大脑拓扑图。在这种情况中，高能量的放射性示踪剂与类药物分子联系在一起，不仅显示了各个大脑区域中的血流量和代谢活动，而且显示了大脑区域中的神经细胞变得活跃时释放了哪些特殊的化学物质。

密歇根大学安娜堡分校（the University of Michigan in Ann Arbor）的乔恩－卡尔·苏维塔（Jon-Kar Zubieta）和他的团队将放射

性示踪剂与大脑中的阿片类受体相连接，开展了正电子放射断层造影术研究。苏维塔给健康人施加了一个疼痛刺激，随后给予他们一种安慰剂疗法，并让他们相信被注射的是止痛药。大脑图像显示，当他们接受安慰剂时，他们的疼痛在很大程度上得到了缓解，控制疼痛的大脑区域释放出更多的大脑类吗啡分子。这个试验再次证明了大脑自身的类吗啡分子能够与缓解疼痛的吗啡一样有效，同时还能够避免上瘾类药物给身体带来的副作用。除了能够激活阿片类药物的疼痛抵御路径之外，安慰剂还能够刺激大脑的其他区域——欲望和上瘾类药物所能够激活的区域：大脑的奖励性路径。

正如压力和因压力而产生的应激反应是由很多不同元素构成的——不好的事件、生理反应、一种对不好的事件的认识——在安慰剂效应中也存在着许多不同的元素，包括被动期望、适应、文化因素和社会支持。前面三种元素可以通过学习得到掌握。事实上，期望和适应是同一方面的事物。期望来源于日常经历中潜移默化的学习；而适应是一种通过积极训练掌握的学习方式，是将一种事物与另一种事物联系在一起的学习过程，就像巴甫洛夫对狗的训练那样。

期望在安慰剂效应中发挥着极为重要的作用。法布里奇奥·贝内德蒂（Fabrizio Benedetti）是一名来自都灵（Turin）的优雅而迷人的意大利医生和神经学家，他想一探究竟——大脑的期望路径到底是什么？为此，他研究了患有帕金森氏症（一种导致大脑运动支配神经死亡的疾病）的患者。

帕金森氏症患者逐渐开始感受到肌肉僵硬并难以完成一些动作，比如从椅子上站起来或是行走。这就好像他们的肌肉被冻结或是被卡住，并需要使用润滑剂。这样的病人必须付出巨大的努力才能够继续行走，并且他们移动的动作显得蹒跚而痉挛。这种情况同样出现在他们说话的过程中，日渐变得缓慢而吞吞吐吐。他们逐渐产生了捻丸样震颤，这让他们看起来像在拇指和食指之间捏动药丸。他们还可能做出其他异常动作——突然性抽搐或扭曲，就好像他们受到了外界无形力量的作用。最终，他们将再也无法移动。

控制运动的最重要的大脑组成部分中的神经细胞逐渐死亡。纹状体也位于该大脑区域之中，它是控制大脑奖励性路径的组织。该区域中的神经细胞能够产生多巴胺——这种神经化学物质能够让奖励性路径中的细胞相互联系。大约 40% 的帕金森氏症患者会患上抑郁症，这很可能是由于他们缺少了这种能够产生积极情绪的化学物质。

治疗帕金森氏症的标准方法是使用左旋多巴（L-Dopa），这是一种化学物质，大脑区域中的神经细胞可以利用它生成多巴胺。在左旋多巴无法产生预期效果的大脑区域中，科学家们开发了一种全新的手术技术，通过电刺激帮助神经细胞恢复活力。这种形式的治疗方法被称为深层脑部刺激，在治疗过程中，电极会被植入受损的大脑部位。患者在手术过程中必须保持清醒，外科医生才能够检测电刺激对大脑产生的影响，并确保电极放置的位置正确无误。患者们不会感受到任何不适感，因为尽管大脑控制着身体其他部位的感觉，但其本身不能产生疼痛感。

在贝内德蒂针对安慰剂效应进行的试验之中，他充分利用了事实。他不仅能够询问患者们的感受，观察他们在手术过程中的动作，而且可以通过植入大脑之中的电极记录单个神经细胞产生的电流活动。这使他能够比较帕金森氏症药物和安慰剂（生理盐水）对患者产生的影响有何不同。

接受试验的患者始终保持清醒，他们可能被注射药物或安慰剂，但是他们不知道自己被注射的究竟是什么。贝内德蒂发现，在注射了药物的患者体内，神经电流活动减少，患者的行为得到了改善；在那些相信自己注射了药物，实际上只注射了安慰剂的患者身上，也产生了同样的现象；而那些没有对安慰剂产生反应的人，则没有在神经细胞活动方面显示出改变。因此，是期望引起了神经化学物质的释放，并反过来改变了神经细胞的活性。

来自温哥华（Vancouver）不列颠哥伦比亚大学（the University of British Columbia）的劳尔·德拉·富恩特·费尔南德斯（Raúl de la Fuente-Fernández）和他的同事们解决了“这些化学物质究竟是什么”这个难题。富恩特·费尔南德斯发现，在极端危险的情况下，晚期帕金森氏症患者能够运动，而在其他情形中则不能。有些患者特别容易受到安慰剂效应的影响，并能够在短期内通过极端努力改善自身的症状。富恩特·费尔南德斯推测，在这种情况下，安慰剂效应可能促使患者体内释放出了多巴胺（无论其释放的总量为多少）。

他和他的团队利用正电子放射断层造影术对帕金森氏症患者进行了扫描。他们使用了一种能够与多巴胺结合在一起的放射性示踪剂，并对接受了多巴胺药物注射或安慰剂注射的患者进行了测试。接受了药物注射的患者，其受损的大脑组织中都显示出了多巴胺释放的迹象。而在接受安慰剂注射的患者方面，那些自认为自己接受的是药物注射的患者所释放的多巴胺比那些认为自己接受的不是药物注射的患者要多得多：控制运动行为的纹状体和控制期待奖励的大脑组织中的多巴胺都有所增加。因此，试验再次证明，期望促使大脑释放的自身神经化学物质与药物同样有效。在这些研究之中，无论是在临床上、电活动上还是化学活动上，接受了安慰剂的患者并没有全都表现出积极的反应。但是，他们的研究体现出了该研究领域上的进步。显然，有些人比其他人更容易对期望产生反应，从而在大脑中产生化学或电子反应；当他们产生这种反应之后，就能够实现类似于药物的效果。

因此，信念与期望路径包含了内源性阿片路径（在控制疼痛上发挥着非常重要的作用）和多巴胺奖赏路径（包含了对成瘾和欲望的控制）。在安慰剂效应中，愈合的期望激活了奖赏路径。患者的期望愈大，其释放的神经化学物质就越多，大脑奖赏中心产生的神经细胞活动量就越大。

所有人都将属于自己的一套独特的期望模式运用到了每一种状况之中——无论是希望药丸能够帮助自己摆脱痛苦，还是期望祷告能够使自己愈合，或是期望某个特定的地点能够为自己带来平静。这些期望来自个人经历、常识、文化和历史。婴儿不会期望药物带来愈合效果。但随着孩子不断成长，通过积累个人经验和常识，他们意识到药物可以治疗发烧、咳嗽，减轻疼痛。安慰剂效应是病人与任何专业医疗人员之间的联系的重要组成部分，它在整个愈合过程中必不可少。

几乎可以肯定的是，朝圣者们带着这样的期望来到了卢尔德；同样可以肯定的是，圣坛所带来的强大的愈合效果与期望有着密不可分的联系。虔诚的天主教徒知道在卢尔德发生了奇迹愈合的传说。甚至在前往卢尔德之前，他们就期望着参观卢尔德和参加那里的仪式能够给自己带来神奇的疗效。但是，人们不知道究竟是这一环境中的某个元素，还是其所有特征的结合，才唤起了如此强大的情绪反应。

部分线索来自测试奖励性路径和位置偏爱之间的关系的研究，琳达·沃特金斯和史蒂夫·迈尔进行的同类型研究测试了在患病过程中免疫分子对记忆产生的影响。结果证明，无论是空间中的某个元素，还是整个背景空间，都能够确定位置性偏爱。在第一种情况中，动物能够将奖励与每一个单独的空间环境元素——比如说，地板的质地——联系起来，所产生的影响与环境中所有部分的总和所产生的影响相当。在第二个情形中，整个环境与奖励性路径联系在了一起，所有的元素在动物的大脑中构成了一个单一的环境表现手法。此时，连接在一起的是整体环境效果与奖励性回路。

为了理解特定的地点如何帮助人们愈合，科学家们需要从事更多的研究工作。好在动物研究已经表明，人们可以尝试将环境与积极的情感联系在一起，比如将环境与希望联系在一起，这样环境就能够带来愈合的效果——当我们位于健康的环境之中，我们就能够获益。

环境促进愈合所带来的有益作用，部分源于大脑中的某些路径（多巴胺奖励路径和镇静型内啡肽路径）被安慰剂效应所激活。这些积极的情绪反应能够引起神经化学物质和大脑激素的释放，从而刺激体内免疫系统加速愈合。这种方式与巴甫洛夫的驯狗方式相同，都充分利用了适应。

20世纪80年代，来自罗切斯特大学（the University of Rochester）的鲍勃·阿代尔（Bob Ader）和尼克·科恩（Nick Cohen），第一次开始了证明“适应能够影响免疫系统”的研究。阿代尔是一名自信的、令人印象深刻的高个子男人，他是实验心理学领域里的权威。科恩是一名免疫学家——他尤其擅长研究免疫细胞的形成。他留着长长的头发和胡须，总是穿着凉鞋，看上去像是来自嬉皮士公社的居民，而不是象牙塔中的学者。早在1975年，阿代尔和科恩就在《心身医学杂志》（*the journal Psychosomatic Medicine*）上发表了他们的研究成果。他们声称，就像巴甫洛夫训练他的狗那样，通过训练人体免疫系统能够对条件刺激产生反应。这个观点受到了广泛的质疑。他们做了进一步研究，并证明在不同的疾病中他们能够控制免疫反应的各个方面。他们的发现最终得到了医学界的认可，1984年的《科学》杂志发表了他们的研究结果。

阿代尔和科恩研究了自然患上系统性红斑狼疮的老鼠，这是一种也会出现在人类身上的自身免疫系统疾病。在这种疾病中，免疫系统攻击身体并导致很多器官产生炎症，包括肾脏、肺部、心脏、大脑和血管。它甚至还攻击身体自身的血液细胞。随着病情的发展，身体会产生越来越多的抗体，更多的器官受到了影响。如果不接受治疗，患病的动物或人类就会死亡。治疗方法包括了抑制免疫系统的药物。

阿代尔和科恩用一种名为环磷酰胺的药物治疗了狼疮性老鼠。他们预测老鼠体内的抗体水平会下降，老鼠最终得以存活。随后，他们给老鼠喂食了加有环磷酰胺的糖水来调整老鼠的状况。当老鼠经过训练学会将糖水与免疫抑制药物联系在一起后，他们只给老鼠喂食糖水。即便如此，老鼠体内的抗体仍然有所下降，健康状况有所提升。而当他们给那些没有学会将糖水与免疫抑制药物联系在一起的老鼠喂食糖水的时候，最终，这些老鼠都不免一死。

这个试验结果表明，免疫系统跟其他生理系统一样，能够经过训练产生适应，或是学会对刺激产生反应。这个发现震惊了大多数曾假设免疫系统不需要身体引导的免疫学家。他们的假设基于下述事实：即便是在培养皿中，免疫细胞也能够保持良好的功能：它们能够生长，繁殖，吞噬碎片，生成抗体或免疫分子，以及杀死细菌或癌症细胞。科学家们曾经怀疑免疫系统是否会受到神经、神经化学物质和激素的影响，更别提像学习这样概念模糊的东西了。但是，阿代尔和科恩解释道，如果狗能够学会将类似于铃声和食物这样的随机刺激联系起来，并会在听到铃声响起的时候分泌唾液，那么老鼠就能够学会将糖水的味道与免疫抑制药物联系在一起，从而关闭自身的免疫反应。如果老鼠能够做到这一点，人类又有什么做不到的呢？阿代尔和科恩花了近十年的时间说服他们的同事相信他们的理由是正确的。

今天看来，这个现象毫无疑问是真实存在的。而在当时，它被反复试验了很多次，最著名的一次是来自德国埃森（Essen）的曼弗雷德·席德洛夫斯基（Manfred Schedlowski）和他的团队所做的试验——他们在人类身上进行了阿代尔和科恩的试验。他们训练志愿者学会将一种甜饮料（加有一滴薰衣草调味的绿色草莓牛奶）与免疫抑制药物联系在一起。后来，研究人员给志愿者提供了一杯饮料、一些药丸（看上去与以前一样，实际上并不含有药物），他们发现志愿者的白血细胞产生了较少的免疫分子且增长量较少，就好像他们服食的东西真的是免疫抑制药物一般。

大脑中通过学习掌握的期望是如何对免疫细胞抵御疾病的方式造成影响的呢？德国研究人员通过为被测试者提供一种通常用于治疗高血压并能够抑制类肾上腺素神经化学物质去甲肾上腺素的药物解决了这一难题。通过这种药物，他们能够避免安慰剂所引起的免疫抑制，从而证明部分安慰剂效应受到了这些类肾上腺素神经化学物质的影响。该实验提供了一个关于安慰剂效应对免疫细胞功能产生影响的合理机制，因为许多研究人员在多年前就已经证明在免疫细胞生长、发育的脾脏、淋巴结和其他免疫器官中存在这样的神经活动。来自俄亥俄州立大学的维吉尼亚•桑德斯和来自荷兰的克比•海宁提供了最后的环节。他们的工作证明，在产生安慰剂期望的过程中，类肾上腺素神经化学物质至少部分改变了免疫细胞功能。

另外一个让人感到不可思议的地方是位于明尼苏达州（Minnesota）罗切斯特市的梅奥诊所（the Mayo Clinic），那里重现了卢尔德式的愈合奇迹，并改变了整个医学界的未来。

当你驱车南行，通过明尼阿波利斯（Minneapolis）和圣保罗（St. Paul）前往罗切斯特，你会经过肥沃的、种植着玉米和大豆的、连绵起伏的丘陵地带。在19世纪后半叶，来自欧洲的移民者发现了这片肥沃的黑土地，他们从土地稀缺的家乡搬到了这里。这个地区的人口开始增长，需要增加学校和医生。1852年，一位名叫威廉•沃勒尔•梅奥（William Worrall Mayo）的乡村医生搭乘轮船从东方来到了圣保罗，他加入了一个有着天主教定居者和传教士的大型社区。在美国南北战争期间，梅奥担任了一名外科医生，后来，他和他的儿子威尔（Will）、查理（Charlie）在罗切斯特以行医为业。

1883年8月，一场龙卷风摧毁了罗切斯特的三分之一。因小镇上没有医院，伤者被带到了旅馆、歌舞厅和路德圣母学院（the Academy of Our Lady of Lourdes）——一所由天主教修女圣弗朗西斯（St. Francis）创办的中学。梅奥和他的儿子以及修女们一同照顾了那些伤者。灾难过去之后，修道院的创始人和负责人——阿尔弗雷德嬷嬷（Mother Alfred）向梅奥医生提出了一个大胆的计划：如果梅奥同意管理一所医院的话，她就去筹集资金兴建医院。

他们修建的圣玛丽医院（St. Mary’s Hospital）因其高超的手术

而闻名于世。它将最先进的杀菌技术与修女们无微不至的看护结合在一起。它的手术室是全国最先进的：大窗户和大天窗让病房中洒满了自然光，地板上铺设有排水通道，便于消毒喷雾剂的应用。医院引进了一个维也纳式手术台，这也是全国最先进的：木质搁板桌的表面覆盖着防水垫，搁板桌下方有锡质水槽，以便盛放体液和杀菌剂。事实上，其喷洒的消毒剂相当充足，以至于病人和工作人员几乎可以在消毒剂中沐浴了。

这样的创新是值得的。19 世纪末期，虽然医院的整体死亡率在 25% 左右，但圣玛丽医院的死亡率仅为 2%——在那个感染猖獗的年代，这已经可以算得上是奇迹了。圣玛丽医院和它的上级组织——梅奥诊所，因其最佳的外科手术和医疗看护在全世界赢得了声誉。

尽管病人的康复依赖于先进的现代医学技术，但是修女们也发挥了极为重要的作用。她们遵循圣弗朗西斯的规则，谨守圣人的信条：过简单的生活，促进教育，给予穷人和那些无法自理的人以帮助。阿尔弗雷德嬷嬷创建修道院之前的 20 年前，卢尔德出现的愈合奇迹直接影响了她们。这些勇敢的修女克服千难万险，在美国边境地区创造了一个愈合的空间——而且，它不断发展，一直延续到了今天。以梅奥诊所为核心的罗切斯特，现在已经成为一个愈合的城市。在某些方面，它与卢尔德有着惊人的相似之处，吸引了数千名全球各地的病人来到这里；不同之处在于，来到罗切斯特的患者并没有期望奇迹般地愈合，而是寄希望于最先进的科学医疗技术能够帮助自己摆脱病痛的折磨。1948 年，一个令人感到不可思议的愈合再次让梅奥诊所名声大振，并再一次证明了希望能够促进病人康复。

一位名叫加纳德夫人（Mrs. Gardner）的 24 岁女子感到自己的手部变得僵硬、疼痛。她无法打开罐子，无法系上大衣纽扣。她的手指关节肿胀，无法长时间持物；膝盖、手腕和肩膀也开始感到疼痛。她觉得自己好像患上了一种无法清除的流感。

她的医生给她照了X射线并进行了一些血液化验，最终诊断为类风湿性关节炎。他给她开了阿司匹林片。但是，即便是大剂量的阿司匹林也没有太大的效果。加纳德夫人发现，她的手指和手腕开始变形，膝盖和脚踝开始肿胀，脚趾也像手指那样变得畸形。她躺在床上，感到沮丧而筋疲力尽；她的体重也大幅下降。

在罹患此病4年半之后，梅奥诊所接收了加纳德夫人。在那里，一位名叫菲利普·亨奇（Philip Hench）的风湿病学家正在测试新型疗法。她在医院中住了两个月，尝试了几种不同的注射剂，均未产生理想的效果。严重的疼痛和衰弱让她无法下床，但她拒绝出院，除非找到一种治疗方法。

早在几年前，亨奇就注意到，患有类风湿性关节炎的女性，当她们怀孕或患上黄疸症的时候，她们的风湿病会出现有所缓解的症状。他深信在怀孕或者患上黄疸症的过程中，身体会释放出一种物质——他称其为“X物质（Substance X）”——能够帮助患者抵御疾病。多年来，他试图利用几种激素治疗类风湿性关节炎，其中包括了雌性激素，遗憾的是它们都没有产生明显的效果。

他的同事爱德华·肯德尔（Edward Kendall）是梅奥生物化学部门的负责人，从1935年起就一直致力于研究隔离和从牛的肾上腺中提取化合物。他已经发现了甲状腺激素（提取自甲状腺）和肾上腺素（提取自肾上腺核心部位）。1948年5月，肯德尔和默克制药公司（the drug company Merck）的同事们创造了一种新的药物制剂，他们将其称为化合物E（Compound E），它是从肾上腺皮质（肾上腺的外壳）中提取的。他们将其用于治疗阿狄森氏病——这是一种肾上腺功能丧失型疾病。这些病人长期以来饱受衰弱和疲劳的折磨，这种药物帮助他们恢复了力量。亨奇立即向默克制药公司申请，尝试将这种药物运用到他的类风湿病患者身上，因为类风湿患者与阿狄森氏病患者一样产生了虚弱和疲劳的症状。

1948年9月21日，亨奇博士的助手——查尔斯·斯诺克姆（Charles Slocum）在加纳德夫人的手臂中注入了第一针一定剂量的化合物E。第二天，她发现她僵硬的关节和肌肉得到了舒缓，体会到了阔别多年的兴奋感和幸福感。她的胃口变好了。在经过短短4天的药物治疗之后，她的病情得到了明显的改善，在没有设备的帮助下她也能走出医院。

这种令人惊奇的药物究竟是什么？它的化学名称是17-羟-11-脱氢皮质酮。现在，它已成为了广为人知的可的松。亨奇在超过15名类风湿性关节炎患者身上测试了这种药物。1949年4月，他将研究结果发表在了《梅奥诊所员工会议论文集》（*the Proceedings of the Staff Meetings of the Mayo Clinic*）上。1950年，他发表了另外一次更大型的研究结果。在这次研究之中，他利用可的松治疗了23名患者，部分患者还结合了垂体激素促肾上腺皮质激素。经过治疗，这23名患者中有22人的病情得到了明显改善。在第一次注射后2天内，患者们的关节和肌肉僵硬程度大幅下降。在随后的8天中，患者们的关节疼痛、压痛和肿胀有所减少。2-3周后，患者的病情有了极大的改善。1950年，诺贝尔奖被授予了亨奇、肯德尔和塔德乌·赖克斯坦（Tadeus Reichstein）——一名瑞士化学家，发现了与可的松相关的几种激素的化学结构。很多人认为，汉斯·赛来也应该分享诺贝尔奖，因为他在编撰关于类固醇激素和它们的构造方面做出了杰出的贡献。令人奇怪的是，在发表得奖宣言的时候，没有一名诺贝尔奖获得者承认赛来所作出的贡献。

今天，可的松被广泛运用到了许多药剂之中。无论是擦在皮肤表面的药剂，吸入鼻腔的喷雾，注射到关节、肌肉或静脉的药物，还是口服类药物，它都能够快速地缓解因发炎引起的疼痛和肿胀。它是20世纪最伟大的灵丹妙药，并且仍然是最有效的消炎药之一。

可的松在人体中所发挥的作用很好地解释了卢尔德出现的奇迹康复经历。身体自身的可的松——皮质醇激素是由肾上腺素产生的；肾上腺素不仅能够在人体感到压力的时候（正如赛来预测的那样）产生皮质醇激素，而且在体验任何强烈情绪的时候都能够产生皮质醇激素。肾上腺释放的皮质醇是一种类似于可的松的强大有效的消炎药，它能够抑止免疫系统，防其攻击身体。当免疫系统得到了调整，安慰剂通过与激素反应（如皮质醇释放）相结合对免疫系统起到约束作用（如阿代尔和科恩所进行的试验），或是通过类肾上腺素神经路径对其进行约束（如席德洛夫斯基所发现的那样）。

如果没有任何明显的外部原因，而愈合仍然出现了，这可能是因为大脑和身体中释放了这些种类的激素和神经化学物质。一次强大的经历，如发生在卢尔德的经历，能够刺激大脑中的大量多巴胺奖赏通路和阿片类疼痛通路，从而促成大量抗炎激素皮质醇被释放到血液之中。与此同时，类肾上腺素神经化学物质也被释放到脾脏和其他免疫器官之中。如果是这样的话，这些激素和神经化学物质在缓解疼痛、改善心情、促进运动和减轻炎症反应方面产生了深远和迅速的影响。

但皮质醇并非在这些情感经历过程中释放的唯一一种具有愈合作用的激素。在卢尔德痊愈的病人们也描述过他们体会到了一种强烈的爱与平和之感。那么，在这些时刻，是否还产生了什么有益的神经化学物质或大脑激素呢？

亚力克西斯·卡雷尔在洛克菲勒大学（the Rockefeller University）进行他那获得诺贝尔奖的研究后近一个世纪，另一位名叫做唐纳德·普法夫（Donald Pfaff）的洛克菲勒科学家检测了老鼠和仓鼠大脑中控制激情行为的区域。多年以来，普法夫一直致力于研究控制雌性鼠类个体的优美动作的神经通路和大脑化学物质——实际上大多数哺乳动物都会产生这种行为，包括猫（当它们发情的时候）。当你缓慢地从猫的脖子颈背抚摸到它的尾巴，你会发现猫的背部缓慢地、感性地拱起，将臀部抬高并暴露在外。这个动作被称为脊柱前凸。它是一种条件反射，许多雌性哺乳动物在准备接纳雄性动物的时候都会做出这个动作。在交配过程中，这个动作也能增强人类女性的性欲望。普法夫发现，当雌性老鼠做出脊椎前凸动作而雄性老鼠骑在雌性老鼠上方时，它们都受到了大脑欲望中枢的控制，且与之相对应的激素控制了整个生殖行为。

控制这些行为的激素是雌激素，它调整了雌性排卵周期，而睾丸激素则控制了雄性的排精周期。然而，在这个过程中，另一种被称为促性腺激素释放激素（GnRH）的全蛋白或缩氨酸激素会出现在雌性或雄性个体的大脑中。此外，在交配过程中，雄性个体需要凭借这种激素与雌性个体进行沟通。雄性个体通过一系列行为达到了沟通的目的：首先通过气味媒介，随后通过声音，最后通过触摸行为。

当仓鼠开始它的求偶仪式时，雄性仓鼠会在时间和空间中释放出一个信号，这种信号取决于它的睾丸激素。这种气味或“标记”是由身侧皮脂腺分泌的，只有在它产生睾酮的时候才能够分泌出来。作为回应，雌性也会留下自己的“标记”——它的阴道中会分泌出一种依赖性雌激素，当它进入洞穴时会在身后留下踪迹。雄性仓鼠会按图索骥，通过超声波在空中发出信号。雌性仓鼠会从藏身之处发出超声波。雄性追寻雌性的叫声和气味，进入洞穴并找到它。接下来就是抚摸。现在，即便是最温和的皮肤刺激也能够让雌性做出脊椎前凸动作。

普法夫认为，这些试验证明了20世纪初期生物学家沃尔特·B. 坎农所提出的“身体的统一”的经典概念：雌性和雄性在交配过程中需要大量相同的协调激素。这种将控制性激素的大脑欲望通路与生殖器官联系在一起的概念，与在愈合过程中大脑奖励性通路、欲望通路、信念通路的激活，有着惊人的相似之处。

在交配过程中变得活跃的大脑区域包括了大脑奖赏系统中的部分组织。这些区域除了在交配和性行为中发挥着极为重要的作用，还在配偶匹配和与眷恋相关的母性行为中发挥着极为重要的作用：其最终的普遍形式是同情心、无私的爱。

对于雄性和雌性性激素的释放，大脑中的枢纽荷尔蒙（the master hormone）起着必不可少的作用，并对一系列交配行为进行协调。因此，一旦配偶开始繁殖后代，大脑就会释放激素以协调相关行为——对后代产生的母性行为，母亲和后代之间的亲子行为，雌性和雄性之间的配偶配对行为——正是这些行为一起组成了眷恋和同情心的生物学本质。比如性激素，这种眷念型激素控制的不仅是生产哺育幼崽的行为，而且控制了这种行为所需要的生理反应。它们也是分娩和泌乳反射所必需的激素，还是雄性和雌性在性兴奋、欲望和成功完成交配过程中所必不可少的激素。它们同样对免疫系统以及其帮助身体愈合的过程产生了较大的影响。

在20世纪80代末期到20世纪90年代初期，就在华盛顿特区附近的马里兰州（Maryland），一个研究小组试图找出影响了亲和行为和配偶匹配行为的大脑化学物质。苏·卡特尔（Sue Carter），马里兰大学帕克分校（the University of Maryland at College Park）动物学系科学家，一名留着金色长卷发的娇小妇人。多年以来，她一直致力于研究一种名为草原田鼠的小型鼠科动物的社交和交配行为。汤姆·因瑟尔（Tom Insel），一名来自美国国家心理卫生研究所（the National Institute of Mental Health）的精神学家，长得和金·凯利（Gene Kelly）十分相像。他一直在研究一种名为催产素的大脑激素通路，该激素在泌乳反射和分娩过程中发挥着极其重要的作用。后来，因瑟尔和卡特尔将彼此的资源汇集在一起，开始研究大脑激素催产素和加压素对社交行为、亲和行为和配偶配对行为所产生的影响。他们选择的研究对象是草原田鼠。卡特尔还在伊利诺大学香槟分校（the University of Illinois at Urbana-Champaign）担任助理教授的时候，她就已经掌握了它们的社交行为、交配行为的特征。

香槟分校四周的区域主要是农田——这里是中西部玉米种植带的核心地区，肥沃深厚的黑土地上主要种植着玉米和小麦。对于草原田鼠来说，这是一个完美的栖息地。它们喜欢宽阔的大草原，而不像它们的近亲——山地田鼠那样喜欢山区。由于栖息地和食物的短缺，草原田鼠的社会结构演变成一夫一妻制，雄鼠和雌鼠之间遵循着强烈的配偶匹配原则，且双方都要承担哺育幼鼠的职责。相比之下，山地田鼠并非一夫一妻制。雄性显示出较少的社会眷恋性，也不会在哺育幼鼠上做出贡献。

卡特尔的研究重点在催产素上，这是一种所有哺乳动物在护理和分娩期间都会产生的激素。它能够在分娩过程中引起平滑肌收缩、诱发子宫收缩，也能够使处于哺乳期的母亲产生泌乳反射。它产生于下丘脑，该区域控制着大脑压力中枢。催产素产生于下丘脑后部，应激激素 CRH 则产生于下丘脑前半叶。随后，它通过神经末梢而分泌，储藏到下丘脑下方的脑垂体之中，受到刺激后再释放出来。

现实中存在很多类似的刺激：分娩、护理过程中的乳头刺激、性激素雌激素和孕激素。性行为中的活动，包括外阴刺激，也能够触发雌性和雄性体内释放催产素。这种“触发”可以通过适应进行学习，因此，要触发催产素的释放也许并不需要实际触觉刺激，一种记忆或一种与实际触觉刺激有关的联系可能就足够了。一个典型的例子是，当处于哺乳期的母亲听到婴儿的哭声，她就会产生泌乳反射。哺乳期间释放的催乳素增加了母亲和子女之间的亲子关系。而在交配过程中释放的催乳素，能够提升配偶双方的眷恋度。

在开始与苏·卡特尔合作之前，汤姆·因瑟尔绘制了大脑催乳素受体分布图。他发现，雌性老鼠诞下子女之后，它们脑中的催乳素含量会立即升高，而此前催乳素一直受到了约束。许多研究人员，包括卡特尔在内，曾经提出催乳素对不同种类的田鼠的社交行为和配偶匹配产生了一定影响。因瑟尔进一步验证了这一说法：他研究了草原老鼠和山地田鼠大脑中的催乳素受体的表达和分布。

在将一夫一妻制的草原田鼠与一夫多妻制的山地田鼠进行对比的时候，因瑟尔发现了一种催乳素受体表达的对比模式。在控制眷念情感的大脑部分中，一夫一妻制雄性田鼠相较于一夫多妻制雄性田鼠而言含有更多的催乳素受体。1992 年，因瑟尔将他的发现发表在了《美国国家科学院院刊》上。他指出，在大脑情绪中心里，这种激素与受体的结合也许对配偶匹配、交配、哺乳和分娩产生了一定影响。卡特尔和因瑟尔随即开始研究加压素在田鼠大脑中的分布。当催乳素生成的时候，脑垂体释放了加压素，这种激素能够引起雄性个体的攻击行为。他们再一次发现，在一夫一妻制田鼠和一夫多妻制田鼠的大脑中，加压素的含量有所不同。1993 年，他们在《自然》杂志上发表了这一结论。这篇论文成为了“大脑激素对各种不同的爱（两性之爱、亲和之爱、母爱）所产生的影响”的综合理论基础。这些激素甚至对信任和慷慨产生了一定影响。

从渴望交配到养育后代，这之间的每一个阶段，大脑和身体中都充斥着一定种类的激素：性激素——雌激素和孕激素，哺乳和分娩激素——催产素与加压素，以及另一种哺乳激素——泌乳激素。它们对动物的行为和心情产生了一定影响。

那么，这些激素又与愈合有什么关系呢？事实上，这些激素中的每一种都对免疫反应产生了深远的影响，在某些情况下增强了免疫反应，而在某些情况下又抑制了炎症和免疫细胞抵抗感染的能力。它们对免疫产生的影响取决于特定的激素、免疫细胞类型、时间点以及释放出的激素量。但它们对免疫所造成的影响是毋庸置疑的。雌激素加强了免疫细胞对外来入侵物的识别能力和反应能力，并提升了免疫能力。因为这种效应，所有的雌性物种，无论是老鼠还是人类，患上关节炎这类免疫疾病的几率要比雄性物种高出 2 ～ 10 倍。相反的，孕激素，比如说皮质醇，能够减少免疫反应。这也许就解释了为什么所有怀孕的雌性物种比雄性物种更容易受到感染：雌性的身体内产生了大量的孕激素，尤其是在妊娠期快要结束的时候。催乳素提升了免疫反应，它在类似于红斑性狼疮的自身免疫性疾病中的含量很高。抑制催乳素生成的药物甚至能够逆转或减缓老鼠体内出现的红斑狼疮症状。

配偶匹配激素催产素影响了免疫系统。通过减少应激反应，它有助于缓解压力所造成的负面影响。催产素和它的受体同样在胸腺免疫滋生区域的细胞上得到了表达；在那里，新生成的免疫细胞被“教导”要忍受抗原所带来的免疫刺激。这可以防止免疫系统攻击身体。俄亥俄州立大学的研究人员将催产素产生的不同影响结合在一起，证明了它们在伤口愈合过程中所发挥的重要作用，该研究基于一个完整无缺的免疫系统。在针对西伯利亚仓鼠（它们与草原田鼠有着相同的配偶匹配原则）进行的研究中，他们通过提升皮质醇激素的含量延长了伤口愈合时间，从而表现出社交隔离现象；而将仓鼠成对放在笼舍之中，就能够有效避免这种现象的产生。用催产素治疗仓鼠可以加速伤口的愈合；而用抑制催产素生成的药物治疗仓鼠则会增加伤口创面，延缓愈合时间。

如果所有这些激素都能够影响免疫系统，那么是否有证据表明积极的情绪可以改善人们的健康状态？事实上，的确有。里奇·戴文森和埃默里大学（Emory University）的科学家们已经发现，慈悲冥想能够改善免疫功能。富有同情心的、利他主义的活动同样能够让参加活动的人达到更佳的健康状态。许多研究，尤其是针对老年人进行的研究，表明那些经常参加志愿者活动的人拥有更长的寿命、更好的精神和身体健康状态。也许，越是健康的人越愿意将志愿者工作放在生活的首位。一组来自旧金山外马林郡（Marin County）的研究人员针对老年志愿者进行了为期 5 年的研究，他们发现，即便考虑类似疾病的因素，相比那些不参加志愿者工作的老年人，参加了志愿者工作的老年人的健康状态好63%。其他研究表明，拥有更多社会关系和社会交往的人，他们的健康状况更好，到急诊室就诊的次数更少，感染类似于流感或普通感冒的上呼吸道疾病的几率更小。

类似于在卢尔德出现的让－皮埃尔·别雷和里奥·斯瓦格的愈合，或是从多发性硬化症中奇迹般康复的36岁的女性，所有可能发挥了作用的因素有：同情心、热情、忘我的状态、大脑通路的激活，以及愈合性激素的释放。要证明类似于多发性硬化症的突然愈合，一个难点在于这种自身免疫疾病通常是依靠自身而得到增强或减弱。有时它们会爆发，然后进入一个相对平静的时期，在经过几个月或几年之后，它们会再次复发。这可能是因为内部因素（类似于增强型激素和减弱型激素）大大加快了人体自身的愈合过程。这项研究已经明确表明，压力能够引发或者加重疾病。那么，为何不站在相反的角度上思考，通过利用深远的同情心和深刻的忘我状态，以及在这些状态中所释放的激素，帮助患者减轻病痛或改变疾病状态呢？

即使可以用生物学原理阐明这些患者的愈合过程，它也不会削弱这个现象给人们带来的惊讶度。这个奇迹的关键在于信念是如此的深远和强大，它甚至能够帮助人们激活大脑和身体内部的愈合通路。

如果像卢尔德那样的地方能够调整人体自身免疫过程，为什么不将卢尔德的特征性元素添加到医院之中呢？事实上，建筑师和医疗保健专业设计人员已经开始做到这一点。

第十章
如何选择一家“风水”好的医院？

早在1984年，罗杰·乌尔里希就研究证明，拥有自然风光的窗户可以加速疾病的愈合。随后，他倾其一生将这些原则应用到医疗设计之中。如果能够从科学的角度上确认窗户景色的哪些特征使其拥有了愈合力量，他就能够将这些要素告诉建筑师和设计师们，这些建筑师和设计师就能够说服他们的客户以进一步促进愈合的方式修建医院。乌尔里希系统地研究了每一个可能造成影响的元素。决定性因素是大自然吗？艺术作品或图像有没有同样的效果？或者，是光照因素，还是声音？与此同时，他建议建筑师和设计师们在设计医院的时候应用这些原则。

基于这些努力产生了一个全新的领域，它被称为循证设计（evidence-based design）。它利用了生理和健康结果测量手段——住院时长、止痛药用量、并发症发病率和病人的压力、心情和满意度指数——来评价医院建筑特色对健康产生的益处。全国各地的许多项目正在收集证据，以确定这样的设计创新是否有利于病人、病人家属和医院员工，以及它们是否能够通过加速愈合的速度降低医疗保健成本、减少疾病复发率和医疗差错率。这些项目的合作者包括了医疗建筑师、环境心理学家、政府机关、私人基金会、制造商和医院管理者，他们都发现了将这些新原则运用到医院后所能够带来的优势。

2004年6月，应罗伯特·伍德·约翰逊基金会（the Robert Wood

Johnson Foundation，一个从事医疗保健基金储备的非营利性组织）的请求，在华盛顿特区召开的全国性专题新闻发布会上，乌尔里希和来自亚特兰大乔治亚理工学院（the Georgia Institute of Technology）的健康心理学家克雷格·齐姆林（Craig Zimring）教授描述了他们的研究工作。毫无疑问，因为"通过设计医院来将愈合扩大化"这个概念是如此的新奇，他们的工作成果吸引了媒体的报道。

这是一次只有受邀请的人才能参加的小型聚会，但研究工作的主要参与者都出席了，包括医疗保健建筑师和设计师、制造商和美国医疗保健研究与质量局（the Agency for Healthcare Research and Quality，AHRQ）的成员——该政府机构旨在为医疗保健质量研究筹集资金并交付使用。出席会议的还有两名来自美国建筑神经科学协会的代表，他们的目标和使命是在乌尔里希离开之后完成他的工作。我就是代表之一。美国建筑神经科学协会的目的有些不切实际：找到神经科学在思维过程、记忆和心情上受到建筑空间的影响潜在原因。但是，这两个领域——理论领域和实际应用领域——已经建立了一种充分且有组织的合作关系。

越来越明显的现象是，医疗服务提供者的差错增加了病人产生并发症的可能性。1999年，美国国家医学院（The Institute of Medicine）在一篇名为《人非圣贤，孰能无过》（*To Err Is Human*）的报告中概述了这些发现。大量新闻报道了这篇报告，公众和国会对美国医院目前的状况表示愤慨。该报告称，在美国医院中每年有多达98,000名美国人死于可避免的医疗差错——这个数字比死于机动车交通事故、乳腺癌或艾滋病的人还要多。任何可以应对这一局面的措施将有利于患者、医疗服务提供者和医疗保健机构。

克林顿（Clinton）政府迅速作出回应，发布行政命令，指示政府机构提出医疗保健计划，采用成熟的技术减少医疗差错，同时成立了一个专门小组研究减少医疗差错的新方法。国会推出了一系列关于病人安全的听证会，并在2000年12月向美国医疗保健研究与质量局拨款5,000

万美元，以支持其在减少医疗差错方面所做的工作。

该报告列出医院设计是重要的目标领域之一：

美国医疗保健研究与质量局在制定和实施行动计划方面已经取得了重大的进展。正在进行中的措施包括：

• 支持在不同的地理位置创建新的跨学科研究小组和卫生保健设施与组织，以进一步确定导致医疗差错的原因并开发有助于示范性工作项目的新知识。

• 支持旨在更好地了解环境是如何对医疗卫生工作者的工作能力产生影响的项目，全面提高医疗安全配套工程。

这正是循证设计的目的。并且，该报告和后续资金的输入，在很大程度上推动了这一领域的发展。在罗伯特·伍德·约翰逊研讨会上，乌尔里希和齐姆林介绍了他们最近的研究工作。他们已经审查了300多份以循证设计为基础的设计，并评估了它们对医院护理所产生的影响。结果分为三大类：病人安全类、环境压力类、生态健康类。提高安全性的要素包括了减少感染，降低跌倒受伤的可能性和减少医疗差错。影响环境压力的因素包括了医院环境中的噪音。生态健康类，主要是增加病人和医疗工作人员的舒适度和支持感的特征性元素，比如游客区和绿地。调查结果令人感到印象深刻，美国医疗保健研究与质量局将其确定为2005年评估该领域和未来资金走向白皮书的核心内容。

在乌尔里希的报道中，医院环境中最大的压力之一就是噪音。大量研究表明，医院噪音普遍超过了建议水平——35分贝（如安静的办公室），通常位于45分贝（如谈话室）到68分贝（如通过耳机听到的嘈杂的音乐）中间，有的医院的噪音水平更高。

2004年，在梅奥诊所圣玛丽医院，护士们将噪音计隐藏在胸外科中级监护病房中。他们发现，当医院工作人员轮班的时候，或是类似于便携式 X 光机这样的重型设备被搬来搬去的时候，病房中的噪音分贝水平非常高。有时噪音水平可以达到 98 分贝——这种声音就像摩托车的声音那样大。

许多研究表明，此范围内的噪声会导致心率增加，血压升高，以及其他与压力有关的测量措施的升高。它还会干扰睡眠——另一种促进愈合和心理健康所必需的生理功能。某些在儿童重症监护病房内进行的研究表明，这样的噪音水平不仅干扰了病人入睡和睡眠状态的维持，而且还会导致睡眠质量差。

为了评估声学结构，调整所含有的潜在有利影响，一所瑞典医院的研究人员将一间冠心病重症监护病房中的反射声音式瓷砖更换成为了吸收声音式瓷砖。毫无疑问，他们发现病房中的噪音水平大幅下降。不仅病人的健康结果有所改善，再度入院率减少，而且员工满意度和家庭睡眠质量同样得到了改善。

由于噪音在医院中存在了相当长的时间，病人们原想得到愈合的地方反而成了加快他们死亡速度的地方。早在 20 世纪初期，多数进入医院治疗的病人因为感染了医院中传播的传染性疾病，而最终躺在了医院的太平间之中。人们开始尝试尽可能少地前往医院治疗。随后，医疗保健专业人士意识到医院设计、医院内部构造和建筑物影响了医生和护士的行为，而他们是疾病传播的主要途径。因为急于摆脱医院感染，20 世纪的建筑师和设计师们拆除了所有可能导致感染蔓延的元素，包括所有能够藏匿细菌的表层原料。保证这些地方清洁的唯一方法是在其表面覆盖金属、石头或瓷砖——而它们都能产生声学反射。随着医院逐渐变得干净，它们也变得更冷，更嘈杂，更加让人感到不舒适。"无菌"成为了一个负面术语。

无菌室是有着发亮的金属表面、但没有任何装饰物和颜色的房间，它的地板上镶嵌着瓷砖，它没有任何植物或人类物品——这种房间是质朴的、无菌的且易于打理的。这是一件好事——它的出现甚至算得上是现代医院设计的突破，尤其是当人们主要关注的问题是感染的时候。当然，降低感染风险仍然是当今医院设计的主要问题之一，但它只是一个给定的、必要的起点。现在的病人们更关注的问题是他们的心灵和情绪状态，以及环境中所有能够对他们造成影响的物质。

从远古时代发展至今的医院设计知识与抵御传染病、细菌的传染性疾病和细菌理论知识并行发展。据我们所知，医院并不存在于古罗马和古希腊的历史中。希腊医学分为了两个分支。一个分支是希波克拉底运动(the Hippocratic movement)——医生们从一个小镇搬到另一个小镇，在病人家中为他们治病，他们所运用的原则仍然是当今临床医学的基础：历史与物理原则。通过仔细的询问和身体触诊，医生能够发现与疾病有关的线索。医生越能够检测与疾病有关的微妙迹象，就越能够更好地预测结果，更的病人就会请他治疗疾病。希波克拉底医学分支以这种诊断敏锐性为基础。

另一方面，在并行系统中，久病不愈或身患绝症的患者会前往希腊愈合之神阿斯克勒庇俄斯的神庙参拜。这些神庙修建在远离热闹、嘈杂、布满灰尘的小镇的地方，它们通常位于淡水水源处，或是通常有着壮丽的大海景观。那里的患者们在祷告中享有健康饮食，饮用纯净水，聆听音乐，睡眠和做梦，进行社会交往活动。古罗马也没有医院。士兵在战场上进行伤口处理，麻风病人被隔离在殖民地中，这不仅仅是为了他们自身的利益，也是为了防止疾病蔓延，达到保护社会的目的。

我们所知道的最早的医院是由圣殿骑士会（the Templars）和马尔他圣约翰骑士会（the knights of the Order of St. John of Malta）在中世纪修建的。这些保护区是为了向那些沿不同路径前往圣地的旅行者和朝圣者们提供帮助。在圣地亚哥，唯一一幢与教堂一样高大宏伟的建筑就是德洛斯·雷耶斯天主教大饭店（the Hostal de los Reyes Católicos），或被称为皇家医院（Royal Hospital）。它由费迪南德国王(King Ferdinand)和伊莎贝拉皇后(Queen Isabella)始建于1453年，修建它是为了向西班牙的独立表达感激，并为那些涌向镇上的朝圣者们提供帮助。现在，它是一家豪华酒店。它有着巨大的拱形天花板、宽敞的走廊和成排的大柱廊，这一切都证明了过去这是一所庭院，曾经有大量病人来到这里。它被认为是西方世界最古老的特地为照顾病人而修建的医院。

其他医院，通常是教堂的附属物，分布在卡米诺弗朗西斯（Camino Frances）到孔波斯特拉一带。那里也有小型收容所，晚上的时候朝圣者们可以在那里休息，并为自己疾病寻求帮助。最小的收容所是有着泥土地板的石制棚屋，它们通常被建造在流水旁的森林树荫下。它们算得上是最早的地方医院或诊所了。今天，这些收容所已经转变成了旅馆，沿着朝圣路线行走的现代朝圣者们可以花费很少的费用在这里过夜。这对于在华氏 100 度的高温下长途跋涉 10 公里的朝圣者们来说，无疑是最大的抚慰。

在当今的发展中国家，几个世纪前困扰他们的主要疾病是传染病：在农场、厨房或战场中造成的伤口感染；分娩过程中染上的传染病；在肮脏、狭窄的环境之中，由一个人传播到另一个人身上的疾病。最可怕的当然是鼠疫，黑死病（the Black Death），它在中世纪造成了数百万人丧身。虽然早在 1683 年人们就知道了细菌的存在——安东·范·列文虎克（Anton van Leeuwenhoek）通过显微镜看到了微小的“微生物”，但几个世纪后，人们才发现了细菌对感染产生的作用。

在 19 世纪，分娩过程中因发烧导致的感染被称为产褥热，这种感染在医院中十分猖獗。因此，妇女们害怕医院，大多数分娩都是在助产士的帮助下在家中完成的。我们不清楚这些感染的源头是否为医生本身——那些刚刚离开尸体解剖台，在没有更换外衣、洗手或戴手套的情况下，就直接出现在分娩台旁的医生。

美国医生奥利弗·温德尔·霍姆斯（Oliver Wendell Holmes）在 1843 年，匈牙利医生伊格纳茨·菲利普·塞梅尔维斯（Ignaz Philipp

Semmelweis）在 1849 年，分别独自提出彻底洗手可以有效预防分娩过程中出现的产褥热。但他们都受到了医学界同事们的排斥。霍姆斯在一份向波士顿医疗改善协会（the Boston Society for Medical Improvement）提交的报告中添加了自己的建议，并在一份不起眼的杂志上发表了这些建议。但它们被认为是毫无必要的且无人采纳。塞梅尔维斯，一名来自维也纳妇产科医院（the Vienna Lying-In Hospital）的助理讲师，也遇到了类似的阻力。他注意到两间病房中因分娩被送入医院的妇女患上产褥热的几率有着相当大的差异。他进行了一项非常有效的研究，这种研究在今天被称为“随机对照临床试验”——他之所以能够完成这一试验，是因为这种现象的确存在。每隔一天，妇女被随机送到两间病房中。塞梅尔维斯发现，第一间房间的死亡率要比第二间房间高得多：第一间房间为 16%，而第二间仅为 7%。他注意到第二间房间中的产妇是由助产士进行专门照顾；第一间房间中的产妇则是由直接从解剖室中走出来的医生帮助其进行分娩。塞梅尔维斯制定了一个规则——医生在帮助产妇分娩前必须用一种稀释后的氯溶液清洗双手。随后，经过观察得知，第一间病房的感染率和死亡率下降到了与第二间病房差不多的比率。虽然塞梅尔维斯的同事们嘲笑他的研究，他失去了自己在医院中地位，但他提出的概念在 19 世纪 50 年代得到了人们的认可，而那时正是他的生命走向终结的时刻。用消毒剂把手擦洗干净仍然是防止感染蔓延的最有效的方法之一。

19 世纪末期，法国化学家路易斯·巴斯德（Louis Pasteur）相信，是病菌引起了疾病的产生。他发现，将被高温杀死的细菌注入动物或人类体内，能够帮助动物或人类抵御感染的侵害。通过这种方法，巴斯德有效预防了绵羊炭疽感染，并通过加热对牛奶进行消毒，这种方法被称为巴氏杀菌。这也是我们今天仍然使用的杀菌方法。随后，他拯救了一名被疯狗咬伤的男孩的生命。他制作的注射剂——这也是历史上的第一支狂犬病疫苗——似乎有着令人感到不可思议的疗效，最终令他的同事们相信他的理论是正确的。

德国医生罗伯特·科克（Robert Koch）最终将细菌的理论基础完整地表达了出来。他在1882年发现了导致结核病和霍乱的细菌。他发展的一系列原则是现代微生物学的基石。根据这些原则，即所谓的“科克的假设”，简单地找到患有特定疾病的人体中的某种细菌无法证明该细菌就是引发这种疾病的病因，必须通过试验才能证明：将动物暴露在该细菌之中，如果动物产生了相似的症状，我们就可以得出这种细菌是导致疾病产生的原因的结论。这时，这一理论的固化——当然，与细菌的接触与最终产生的疾病之间的联系——让医学界相信，微观的细菌的确能够引发感染。

如果病菌传播了感染，那么预防和治疗感染的重要途径之一，就是在病菌进入病人的组织之前杀死它们并将其清理干净。苏格兰外科医生约瑟夫·利斯特（Joseph Lister）将这些理念付诸实践。作为格拉斯哥大学（the University of Glasgow）的一名外科医生，利斯特知道塞梅尔维斯的工作和巴斯德的细菌理论。根据巴斯德的理念和自己的观察，利斯特提出了关于杀菌技术的建议。1867年，他将他的建议发表在了《柳叶刀》（*Lancet*）和《英国医学杂志》（*the British Medical Journal*）上，并在序言中表达了对巴斯德的敬意：“研究人员巴斯德指出空气令人产生感染是因为……浸在其中的有机体……它让我想到，我们可以通过涂抹某种能够破坏这些浮动粒子生命的物质来预防伤口腐烂。”他建议在所有的手术器械和病人伤口上涂抹弱石碳酸溶液，从而确保整个手术区域“无菌”。这个创新被运用到了世界各地，使与感染有关的疾病造成的死亡率大大降低。这些步骤正是梅奥诊所在19世纪末期和20世纪初期所成功运用的。它们构成了现今使用的杀菌技术的基础：外科医生用消毒肥皂擦洗他们的双手，穿上无菌隔离衣，对手术工具进行消毒，并用消毒溶液清洗切口处。

医院设计的变革与这些知识进步相适应。医院改革最伟大的支持者就是弗罗伦斯·南丁格尔。在克里米亚战争期间（the Crimean War，1854-1856），在俄罗斯克里米亚半岛（Crimean Peninsula）上受伤的英国士兵，通过摆渡跨越黑海（the Black Sea），来到位于土耳其斯库台（Scutari）的军营医院。那里条件非常恶劣，士兵死亡率高达到60%。患者在自己的排泄物中溃烂，床单上覆盖着粪便和血液；病房是如此的拥挤，以至于虱子可以从一张床跳到另一张床上；而且，这些病房昏暗、不通风。南丁格尔，一名精力充沛的领导者和组织者改变了这一切。她和她的护士团队用干净的布清洗士兵的身体，用沸水煮床单，保证病床之间相隔一定间距，让阳光和清新空气进入病房之中，并为病人门准备了有营养的、易于消化的食物。医院的死亡率急剧下降。

在战争结束后的英国，南丁格尔成为了医院改革的拥护者。她支持英国建筑师亨利·科利（Henry Currey）的想法——后者在1868年设计了伦敦圣托马斯医院（St. Thomas Hospital）。这个标志性建筑位于国会大厦(the Houses of Parliament)对面，它遵循了分馆式建筑原则——强调通风、空气流通和光照。该设计来源于革命后的法国，基于一位名叫伯纳德·普瓦耶（Bernard Poyet）的建筑师所绘制的平面图。每一个分馆中包含了一排排大窗户和长长的走廊，这样空气才能够对流。卫生设施均远离病人。病床之间相隔一定间距，并被放置在靠近窗户的地方。

很快，这些医院设计原则传遍了整个世界。蒙特利尔总医院（the Montreal General Hospital）的19世纪中叶记录中含有医院董事会会议的手写笔记。19世纪60年代的一份预算报告中提出了医院改进——这些条目包括了修建通往外屋的木制人行道，防止病人的脚部在雨天沾上泥土。同样位于蒙特利尔的皇家维多利亚医院（The Royal Victoria Hospital)始建于1893年，它看上去像是一幢灰色苏格兰式石质城堡——这并不令人感到奇怪，因为它是英国设计师亨利·萨克逊·斯内尔(Henry Saxon Snell)应出生于苏格兰的投资人的要求设计的。一个多世纪以来，它因新增建筑物而逐渐扩大，而每一幢“新配楼”反映了最先进的医院设计进步。直到第一次世界大战末期，皇家维多利亚医院引以为豪的许多特征都是最先进的。在公共配楼和妇产科病房中，巨大的窗户和12英尺高的天花板能够让空气和阳光进入病房。护士站位于病房中的核心位置，护士长可以清楚地看到她的所有病人——有时一个病房中最多有30位病人。床与床之间的窗帘可以移动，以保证必要的隐私。在20世纪30年代，医院为富裕的患者增加了一幢配楼——明亮的房间中只有一个或者两个床位。每一幢新配楼以梯田的方式进行修建，通常位于半山腰或是森林之中，这样既与那时的现代主义建筑运动相符合，也能够让病人接近大自然。这对旁边的儿童医院（Children's Hospital）特别有用，在那里，护士们白天推着病人来到花园中玩耍，病人就能够呼吸到清新的空气。

皇家维多利亚医院还将尸检区与医院分隔开。这幢病理学建筑建于1923年，安然地坐落于街道对面。要到达那里，轮床及其负载的尸体会被推进一个大型升降式笼子中。操作员关闭厚重的金属门，尸体会下降到地下室中，工作人员随后在地下室通道中推动它们。在20世纪70年代，你可以参观这条地下路线，它看上去似乎能够带你回到19世纪。在昏黄的灯光下，走廊的分支看上去像是杂乱无章的蜂窝，地板、灰色石墙和四处堆放的木质支架桌在低矮的房间中散发着霉味。无论这些房间令人们想到了什么（木工？洗衣房？尸体解剖？），它都远离病人。

尽管这些进步在今天看来显得非常简陋，但是它们彻底改变了医护人员照顾患者的方式，使感染率明显下降，也改变了公众将医院视为"死亡陷阱"的意识。但是，它们同样令现今的医院给人以空洞感和压力感：有光泽、容易清洗的表面会反射声音、扩大声音；设定单人房间以控制感染传播速度的趋势增加了病人的孤立感；限制家人和朋友的来访，的确在最大程度上减少了感染，但是会让病人的孤立感进一步扩大；对诊断和诊断设备的日益重视，意味着医院中越来越多的空间会被机器所取代，而不是被病人和愈合取代。

医院在不断融合这些新技术的同时，还应当将病人的路线考虑在内，因为病人们会经过医院建筑物。在一个奇怪的、恐怖的环境（比如隐藏着陌生的仪器的令人感到恐惧的房间）中行走，是一种极为有压力、极易产生焦虑的经历，尤其是对那些已经患病并已萌生恐惧感的人而言。将这些与在患病过程中因免疫分子导致的记忆模糊、认知受损和心情抑郁结合在一起，病人的压力感和痛苦感就会进一步增加。

研究显示压力对健康有害。它减缓了愈合过程，容易使疾病加重，身体更容易受到感染。医院旨在促进愈合，因此应充分发挥其环境消除压力的作用。

哥伦布（Columbus）俄亥俄州立大学的简·基科德－格拉泽（Jan Kiecolt-Glaser）和罗恩·格拉泽（Ron Glaser）是最早证明不同种类的应激源对免疫系统产生作用的人，特别是研究对伤口的愈合和抵御感染的免疫细胞功能所产生的影响。他们在20世纪80年代开始此项研究。当他们将类似于心理学的“软”科学与类似于免疫学的“硬”科学结合在一起，他们的生物学同事对他们皱起了眉头。

基科德－格拉泽是一名金发碧眼的娇小女性。她说话的时候总是从容不迫，当她结束对话的时候，她的脸上总是挂着温暖的微笑。作为一名曾在迈阿密大学（the University of Miami）和罗切斯特大学接受训练的心理学家，她对压力对健康的影响产生了兴趣——这并没有什么好奇怪的，因为这两所大学都因其在健康心理学方面的研究而闻名。罗切斯特大学是心理学家乔治·恩格尔（George Engel）和弗朗茨·莱斯曼（Franz Reichsman）的母校，他们在20世纪50年代开创性研究了隔离对生理反应所产生的影响。罗切斯特大学也是鲍勃·阿代尔和尼克·科恩的母校，他们证明了通过调整适应，免疫反应能够与心理刺激联系在一起。

罗恩·格拉泽是一名身材高大、有气势的男子，他接受了病毒学和免疫学学习，并自称是一名软科学怀疑论者。他在俄亥俄州立大学进行的研究包括了隔离和病毒生产，他也分离了不同种类的免疫细胞，以便研究免疫细胞如何杀死细菌。这是你能够通过显微镜观察到的东西，它与情绪或压力那种含糊的东西有所不同。

罗恩希望自己能够找到一个和他的妻子可以进行合作的研究主题。他一直在寻找这样一个主题。当他的父亲逝世后，他发现自己沉浸在悲伤之中。一名医生朋友告诫他最好关注自己的健康状况，因为有研究显示处于悲伤期的人更容易生病。他由此发现了他的主题——格拉泽夫妇决定，研究丧亲之痛产生的免疫反应。

他们进行的第一个实验表明，配偶因阿尔茨海默氏症而死亡的寡妇，其免疫反应的确受到了损害。值得注意的是，被称为自然杀手细胞的免疫细胞（在对抗病毒感染和杀死癌细胞过程中发挥着极为重要的作用）的作用被削弱。格拉泽夫妇进一步扩展了他们的研究——研究照顾阿尔茨海默氏症病人的妇女的伤口愈合情况。他们采用切片检查法从志愿者的皮肤上切下了铅笔橡皮擦大小的组织，并测量了有压力的志愿者和没压力的志愿者的伤口愈合所需时间。他们发现，与那些相同年龄、同等收入但没有慢性压力的妇女相比，照顾病人的妇女的伤口愈合时间延长了 10 天。他们还检测了压力可能对疫苗的有效性所产生的影响。他们向经历考试压力的医学专业学生注射了流感疫苗，并测量了血液中产生的抗体数量。在考试前的紧张时期接受疫苗注射，疫苗的有效性较低，学生体内产生的抗体也比他们在假期中接受疫苗时产生的抗体少。最后，格拉泽夫妇测量了婚姻压力对血液免疫细胞功能所产生的影响。他们要求一对夫妇选择一个主题争论焦点（比如金钱或公婆关系），随后收集了夫妻双方在争论前、争论中、争论后的血液样本，并测量了免疫细胞功能。他们发现夫妻双方的免疫细胞功能受到了损害，尤其是那些采用了正面对质，但丈夫却退出争论的妇女。简·基科德－格拉泽承认，这些关于夫妻不和以及其对健康产生有害影响的研究与人们产生了共鸣。

另外一个心理学家-免疫学家研究团队——来自匹兹堡（Pittsburgh）卡内基梅隆大学（Carnegie Mellon University）的谢尔顿·科恩（Sheldon Cohen）和布鲁斯·拉宾（Bruce Rabin）研究了慢性压力对常见感冒病毒感染的严重程度所产生的影响。通过问卷调查，他们测量了349名志愿者的压力水平，随后让他们接触一定含量的五种不同的感冒病毒。他们隔离了这些志愿者并观察他们是否会患上感冒。研究结果显示，压力水平越高的人越容易生病且病情越为严重。

在所有情况中，压力的确损害了免疫细胞对抗感染、促进愈合的能力。对各种不同的应激源进行的研究获得了类似的结果。物理压力，如严格的训练，损害了免疫细胞功能，削弱了感染抵抗力。长期缺乏睡眠会导致应激激素升高，抑制免疫细胞功能，降低疫苗的有效性。

另外一种如压力一般对健康有害的东西是隔离。在20世纪50年代，乔治·恩格尔和弗朗茨·莱斯曼证明了隔离和环境剥夺与生理变化有关。他们研究了一名名叫莫妮卡（Monica）的患有先天性胃瘘的一岁婴儿——在她的胃和腹部外侧之间有一个洞。当她在医院中等待接受手术矫正这个缺陷的时候，她被放置在覆盖着白色被单的金属婴儿床中，她每天接受的视觉刺激非常少。当护士处理日常工作的时候，她独自被留在婴儿床中长达数小时。恩格尔和莱斯曼注意到她表现出了抑郁症的症状：恐惧、退缩、哭泣和食欲不振。当她最喜欢的护士走进病房的时候，她变得活跃起来，开始又笑又叫。随后，他们测量了瘘口处流出的胃分泌物量。他们发现当莫妮卡沮丧、闷闷不乐和畏缩的时候，流出的分泌物减少；当她高兴的时候，液体又开始流动。

当然，积极的社会交往是对抗压力的重要缓冲剂。谢尔顿·科恩和布鲁斯·拉宾发现，在一段时间内，人们参加的社会交往类型越多，他们患上呼吸道感染的几率就越小。科恩和拉宾得出的结论是，这些交往所产生的社会支持感有助于抵御感染。

医院中的病人时刻暴露在损害健康、减缓愈合和削弱免疫系统的应激源中。就像理解细菌理论、减少感染是19世纪护理工作的核心，理解并减少医院环境中的压力是21世纪医疗保健的关键。心理学和神经科学的进步为研究情绪对疾病产生的影响提供了科学依据。这些知识就像19世纪的细菌理论那样能够为当今的医院设计和医疗保健做出贡献——它在19世纪的医院设计中十分常见，但那个时代的医学界将身体和心灵分离，有利于心灵健康的物理环境特征只被运用到了治疗精神病的医院中。

1852年，在社会改革者多萝西娅·林德·迪克斯（Dorothea Lynde Dix）的敦促下，联邦政府就在华盛顿特区外的一片土地上修建了圣伊丽莎白医院（St. Elizabeths Hospital）。迪克斯肩负着创建一个照顾精神病患者的全国性慈善机构的任务，而在那个时代，这样的机构并不存在。圣伊丽莎白医院是第一所以更加开明的态度照顾精神失常者的医院。迪克斯得到了杰出医生查尔斯·亨利·尼科尔斯（Charles Henry Nichols）的支持。早在医院刚开始建设的时候，尼科尔斯就被指定为医院的第一主管人。这使他能够帮忙设计该建筑物。他模仿了他的导师托马斯·斯托里·科克布莱（Thomas Story Kirkbride）医生的设计——从1841年到1883年，科克布莱一直担任宾夕法尼亚州精神病医院（the Pennsylvania Hospital for the Insane）的管理人。

圣伊丽莎白医院的位置是由迪克斯和尼科尔斯选的。他们的心中有3个标准：医院的位置应该在乡村；为了生活方便（特别是铁路和供水），它也应该在距离城市较近的地方；它要有辽阔的景色。

匈牙利的圣伊丽莎白是医院和养老院的守护神，但它并非伊丽莎白医院取名的原因。作为政教分离式国家中的一个联邦设施（这是首创），它不能以宗教人物的名字命名。最初，它是政府办的一所精神病治疗医院。然而，修建它的那片土地在17世纪被人们视为“圣伊丽莎白土地”。因此，这个词遗留了下来。1916 年，美国国会发布了一项法令，正式将其更名为“圣伊丽莎白医院”。

10 英尺高的砖墙完全将医院环绕在内。当你经过大门的时候，你能看见自己面前的 3 层楼高的红色砖墙建筑和你右边的暖房框架结构。它带给人的整体感觉是平和与安宁。交通噪声被鸟鸣声取代。一条两侧种植着白橡树、覆盖着青草的小巷通向主体建筑。在这里，来自富裕家庭的精神病患者会骑着马匹或乘着马车在庄严的白橡树之间穿行而过。

尼科尔斯选择了托马斯·尤斯蒂克·沃尔特斯（Thomas Ustick Walters）作为他的建筑师——这是一个明智的选择，因为他所设计的令人印象深刻的建筑正是尼科尔斯和迪克斯设想的。沃尔特斯是设计国会大厦及其圆顶的人——它修建于 1855-1866 年；与此同时，圣伊丽莎白医院也在进行修建。圣伊丽莎白医院的主体建筑看上去像是一座红砖堡垒，顶部有塔楼和城垛，周围按直线分布在四幢侧楼和一幢 5 层楼高的中央塔。每幢侧楼都比周围的建筑矮一点，最高的侧楼最接近中央塔，这一强化设计在最大程度上保证了光线和空气对流。

科克布莱在设计精神病理疗中心时运用的原则后来被人们称为“科克布莱计划（the Kirkbride Plan）”。19 世纪末期和 20 世纪初期，它几乎影响了所有美国精神病院的设计。这一原则的源头是 19 世纪初期英国和法国的庇护运动，其核心思想是，通过提供活动身体的空间和优美的环境，医院的物理特性应该保证病人的情绪和心理健康。土地上四处分散的花园、喷泉和凉亭隐藏了医院的监护性质，而且创造了一个可以让患者们安抚情绪、放松身心的地方——一个乡村庇护所。虽然在我们这个时代看来，科克布莱的其他许多原则和他的同僚们那些原则都是基督教的咒语，但是，在一个没有更佳的精神病治疗理念的时代，科克布莱的原则是有人道主义理念基础的。它们还源自于科克布莱自己的经历。科克布莱在一个农场上长大。作为一名教友会教徒，他坚信农场生活的辛勤工作和日常锻炼对于精神健康来说格外重要。他希望有这样一个地方——在那里，病人们可以自由自在地走动，可以进行社交活动并能够在一起用餐，可以阅读、玩游戏和工作。他也相信美丽的重要性。在他写于1854年的《精神病医院的建设、组织和安排工作》（*On the Construction, Organization and General Arrangements of Hospitals for the Insane*）中，他写道：“周围的景色应该是多种多样且具有吸引力的，四周应该有让人感到愉快的、有趣的特征性物体”。

周围的土地应当易于耕种，这样病人和工作人员们就可以在农场的边缘和花园中种植食用植物。医院建筑物坐落的位置必须保证每个窗户的视角，尤其是那些病人们平常聚集在一起的客厅和房间的视角。暖房中应该种植着鲜花，工作人员每天可以采摘它们，并用它们装点医院大厅和公共领域。《宾夕法尼亚州医院之友通讯周刊》（*the Pennsylvania Hospital Newsletter of the Friends of the Hospital*）是这样描写的：“科克布莱医生……相信美丽的环境……能够帮助患者们恢复自然感官平衡。”

圣伊丽莎白医院坐落在悬崖之上，可以看到波托马克河（Potomac）和阿纳科斯蒂亚河（Anacostia）的汇流处，现在已成为这个国家的一处标志性的历史名胜，它非常具备这样的条件。它坐落于华盛顿特区碗状拓扑结构的边缘处。在与其相反的位置上，国家大教堂（the National Cathedral）坐落在华盛顿地区的最高点上。在这两者之间，人们可以在观景点上轻易看到许多宏伟的场景，它们大都是这座城市最伟大的标志性建筑：美国国会大厦（U.S. Capitol）、美国国会图书馆（the Library of Congress）的大圆顶、老邮政办公大楼（the Old Post Office Building）、杰弗逊纪念馆（the Jefferson Memorial）、华盛顿纪念碑（the Washington Monument）、老行政办公室大厦（the Old Executive Office Building）、五角大楼（the Pentagon）、里根国家机场（Reagan National Airport）、博林空军基地（Bolling Air Force Base）、海军研究实验室（the Naval Research Labs）和海岸警卫队总部（the Coast Guard Headquarters）。最重要的是，这些公共设施与公众毫无间隙。

现在，医院部分建筑的油漆开始脱落，屋顶漏水，管道生锈，已经不再适合人类居住。这个地点的监管者不再是心理医生（最后一名心理医生已于 1987 年退休），而是美国总务管理局（the U.S. General Services Administration）的管理人——该机构负责维护全美各地的联邦大厦。管理人和美国总务管理局对这个地方的每一寸土地都十分熟悉，他们确保该楼宇保持在合理的维修之中；并且他们与可能占用建筑的政府机构进行合作，假以时日，定能恢复其昔日的辉煌。现在，国土安全部（The Department of Homeland Security）已经预定了这一位置。

如今，圣伊丽莎白医院中的几百名神经病患者在门诊工作的基础上接受治疗。最著名的患者之一是小约翰·欣克利（John Hinckley Jr.），他曾试图在 1981 年暗杀里根总统（President Reagan）。另外一名著名的收容者是埃兹拉·庞德（Ezra Pound），从 1945 年到 1958 年，他一直在这里生活和工作。庞德被人诬蔑在第二次世界大战期间发布了反犹太主义、亲法西斯主义的电台广播。在回到美国本土之后，他因叛国罪被逮捕。法院的判决令他发疯，随后他被送到了圣伊丽莎白医院。他的房间跟别人的一样小——长 8 英尺，宽 10 英尺——在离天花板 15 英寸的地方有一个占据了墙壁三分之二面积的大窗户，窗户的对面有一扇与之大小相当的门，这样夏季河流表面产生的微风和全国最先进的采暖系统中流出的暖气就能够在病房之中流通。

这个地方的管理者穿着靴子、牛仔裤和一件卷着袖子的衬衫，手里拿着一件夹克衫，看上去像是一名建筑工人。当我们进入医院主建筑的时候，一股发霉的气味笼罩着我们，我犹豫着踩在凹凸不平的地板上。从这里出发，我们走过一条黑暗的长廊，穿过大拱门，直接来到庞德曾经居住过的病房。它非常小——不比寺庙中和尚的居室大。但根据我的导游的解释，这并不意味着病人只能待在自己的房间中。他们只是在房间中睡觉，他们可以花几个小时的时间在广场上、公共区域中散步，而这些地方都有着能够看到壮丽景色的窗户。庞德阅读了大量书籍，翻译了索福克勒斯（Sophocles）和孔子的作品，接受了T.S. 艾略特（T. S. Eliot）等人的拜访，并完成了他的作品《比萨诗章》（*The Pisan Cantos*）中的两卷。他和医院工作人员在房间外的红土球场上打网球。当然，庞德和他的病友们的生活并非如此轻松，因为他们还必须接受那个时代的原始治疗。

当我们在这个废弃已久的空间中徘徊，我对这些破旧但壮丽的红砖建筑感到震惊——广阔的乡村田园上伫立着近70幢红砖建筑。我想像当病人们在这片田地（位于美国内战时期旧公墓的斜上方）上劳作时的繁忙景象。他们收获玉米、烘焙面包、种植蔬菜、培植花朵、护理果树。相反，就在医院的背后，几幢建筑物分布在冬青树、木兰树、白橡树阴影下方的草坪上。它看上去像是一个四边形大学或小镇，它的中心是一个喷泉，消防站、烘焙店、蛋糕店和图书馆围绕在喷泉四周。圣伊丽莎白不仅仅是一个工作农场。我个人将它归纳为“完全自我维持型”村庄。在过去的几十年间，它得到了蓬勃的发展。

不幸的是，科克布莱的理想主义理论无法承受维多利亚时代的压力——控制精神病患者并将他们隐匿于社会之中。这片土地有着田园诗般的美景，这些建筑是基于人文关怀完成的设计，但治疗病人的方法却十分苛刻——通过约束衣（straitjackets）和其他形式的痛苦的物理限制和处罚。这类机构的名誉受到损害，最终被现代精神健康护理方法所取代。

然而，科克布莱的基本理论仍然适用：医院空间设计应当能够完善情感状态和精神状态。这些原则不应当仅仅适用于治疗心理疾病的机构，而应当适用于所有医疗机构。我们需要将这种精神支持原则和空间对其产生的影响，与过去一个世纪中的身心医学进步结合在一起。为了病人的身体健康和精神健康，我们需要将心理因素（包含了情绪与物理环境的相互作用的方式）重新纳入“健康和康复”模式。

有关建筑空间如何影响情绪和生理反应，以及情绪和生理反应又如何影响病人和医院工作人员的健康的知识，能够为筹资建设促进情绪健康和身体健康的空间提供证据和动机。在今天，推行这样的先进观念所遇到的阻力不仅仅是19世纪时的无知和根深蒂固的教条，还有高成本的建筑设计和技术。应对这种阻力的最佳方式是提供有说服力的数据——证明减少应激源的医院设计变化能够加速愈合，因此也将有利于患者的健康和医院的发展。

这正是2004年在华盛顿举办的罗伯特·伍德·约翰逊研讨会的目的。这也是建筑神经科学院于2005年在伍兹霍尔举办的研讨会的目的。这次特殊的研讨会旨在采用某些已经讨论过的原则，并将其运用到建筑设计的分析之中。它将建筑师、神经科学家和环境心理学家会聚一堂，集思广益。压力神经科学专家观察了各个医院的设计图纸。他们用粗笔标出了可能会加剧压力的特征：狭窄的走廊，靠近护士站的嘈杂的病房，缺少家庭隐私、有着令人沮丧的景色的窗户，等等。随后，建筑师们提出可行的解决方案。在此次会议中，与会者们意识到了科学原则的重要性，并轻易将其运用到了现实生活中，从而提高病人的舒适度和健康水平。

医疗保健设计研究的目的，就是充分考虑病人在精神和社交生活方面的需求，清除环境中的应激源，添加能够提升舒适度的因素。这也是罗杰·乌尔里希提到的生态健康。它不仅包括了花园、自然景观、艺术品、舒缓的音乐、自然声音、柔和的色彩、和家庭成员可以相互扶持的空间，还包括了环保或“绿色”特征，比如可减少有害气体以提升室内空气质量的建筑材料、可再生能源系统、可再生水灌溉系统、休憩用地、自然小径、阳台和花园。一种被称为亲近生物型设计的建筑分支进一步实践了生态健康原则：其奉行的概念是自然本身就具有治愈的效果。这个想法与现代主义建筑观念相差无几——在住房和医院设计中纳入自然特征可以改善健康状况。

梅奥诊所的莱斯利&苏珊·贡达建筑（Leslie and Susan Gonda Building）就是将这种医院设计原则付诸实践的经典例子。它于2001年对外开放，被视为21世纪医学进步的象征。它广受好评，赢得了无数的设计大奖。从大厅处开始，它就有着显著的特点——埃勒布·贝克特（Ellerbe Becket）和塞萨尔·佩里（Cesar Pelli）联合设计的，由玻璃、大理石和钢结构组成的三层楼高的中庭，天花板上悬挂着艺术家戴尔奇·胡利（Dale Chihuly）设计的明亮的彩色吹制玻璃吊灯。这些作品让你联想起海上的浪花或是那些被海风吹拂到岸边的东西，它们弥漫着光线，吸引你向上看。墙壁上悬挂着当代艺术家的巨幅油画，有些作品颇有名气。中庭里还有着温柔的听觉刺激；三角钢琴发出的舒缓音乐声在整个空间中回荡。任何人都可以到这里弹奏钢琴，许多音乐家自愿来这里演奏。通过一个巨大的窗户——有整块墙壁那么大——可以俯视全年种植着各种植物的石梯坪花园，即便是在冬天，花园中也种植着紫色观赏性甘蓝。玻璃墙旁边的座位正好面对着花园景观。病人和他们的家人在那里聚集——有的站着，有的坐着，有的坐在亲属或护士推着的轮椅之中。没有人面对建筑物内部，所有人都目不转睛地看着沐浴在阳光之中的草坪。从整体上看，这是一个平和与安宁的空间，即便它非常空旷且常常有几十个人匆匆走过。

这些医院设计创新被运用到了全国各地的设施上，而目前的研究工作评估了它们对健康产生的益处，以便确定哪些方面的设计发挥了作用，哪些方面没有发挥作用。这种研究（测试建筑空间对健康产生的影响）的难点在于建造一幢建筑并非易事。我们不可能为了测量建筑对健康产生的影响而修建一幢理想的试验建筑。如何应对这一挑战呢？

建筑师、环境心理学家和医疗保健设计研究人员组成了一个小组，以构想一个解决这一难题的方法。这次合作由加利福尼亚州的一家名为健康设计中心（the Center for Health Design）的非营利性组织发起。研究结果于2004年在罗伯特·伍德·约翰逊研讨会上发表。

该小组意识到收集与新设计有关的数据的最佳途径是分别研究各个小项目，而不是单独设计一个大型医院。他们希望每个小型研究结果能够产生涟漪效应，就像将许多卵石扔进水塘那样。因此，这项合作被命名为卵石项目（the Pebbles Project）。每个子项目研究不同类型的医院或病房：儿童医院、康复医院、长期护理医院；重症监护病房、癌症治疗病房和心脏疾病治疗病房。每个子项目采用严格测量方式获取了与健康结果有关的数据，并从病人、病人家属和医院员工处收集了相关信息。卵石项目包含了全国各地的医院：加利福尼亚州的圣地亚哥和帕洛阿尔托（Palo Alto）、明尼苏达州的圣保罗、印第安纳州的印第安纳波利斯（Indianapolis）、密歇根州的卡拉马祖（Kalamazoo）和底特律（Detroit），以及通向康涅狄格州的德比（Derby）沿线一带。

在印第安纳波利斯的教派医院（Methodist Hospital），工作人员发现频繁将病人从高等的心脏疾病重症监护病房转换到普通病房造成了极大的医疗浪费，并且极易造成医疗差错。设计团队最终提出的方案是将病房扩大，这样即便病人必须被转移到中级护理病床，也可以始终停留在同一房间之中——每个大病房的一半空间含有病床和心脏突发事件所需要的所有设备和物资；另一半看上去则像一间起居室，它有着舒适的椅子、边桌、植物和洒满阳光的窗户，墙壁上还挂着艺术作品。这样的安排可以减少医疗差错的风险性，因为在病人住院期间，照顾他的医护人员没有发生改变。它也为病人的家庭成员们提供了一个坐下来休息的舒适地点，从而提高了对康复极为重要的家庭支持。这个简单的改变减少了90%的运输率，75%的员工跌倒率，并得到了更高的忍耐度和家庭满意度。

位于底特律的芭芭拉·安·卡尔马诺癌症研究所（the Barbara Ann Karmanos Cancer Institute）用柔和的颜色和舒适的家具改造了一间病房，并在每间病房外为工作人员、病人和家庭成员添加了互联网接入口。设计者们还重组了所有物资，增加了药房的大小，并在天花板上安装了吸音板。随后，他们对比了新病房和旧病房之间的健康结果。他们发现在新病房中，病人使用的止痛药减少了16%，医疗差错率也下降了30%。

在卡拉马祖的布朗森医院（Bronson Hospital），研究人员进行了一些改变，包括彻底改变水槽位置。最终，医院感染率下降了11%。当圣地亚哥儿童医院（San Diego Children's Hospital）在医疗病房和手术室中增加了可以看到花园景观的阳台之后，也产生了类似的效果。查看卵石项目的整个列表，我们可以发现每一个医疗设计改善都产生了更好的健康结果。不仅如此，它们还节省了金钱，让医院成为了一个看病、工作、拜访的好地方。

2003年，德里克·帕克（Derek Parker），旧金山安什与艾伦医疗建筑事务所（the healthcare architecture firm Anshen and Allen）负责人和健康设计中心创始人，正在寻找一种方式将在卵石计划中得到的发现以专业术语表达出来，从而与那些医疗保健设计专业人士和顽固的行业领导者们（他们的底线就是整个领域的底线）产生共鸣。他想出了一个主意：他要将卵石项目中的许多成功数据结合在一起，从而构建出医院的整体形象。帕克设想了一个最先进的设施，将其命名为"寓言医院（Fable Hospital）"，其健康结果和成本费用的计算都来自卵石项目中的个别单位的真实数据。他在2004年将这些结果发表在《医疗保健服务管理前沿杂志》（*the journal Frontiers of Health Services Management*）上，使商业案例开始朝着这个方向进行设计创新。寓言医院中含有能够有效减少转移的大型病房，最大限度地减少感染，并提升了社交支持度；需要不同级别医疗看护的病人可以入住"敏锐适应度（acuity adaptable）"房间；卫生间的门有两人宽，病人和照顾者可以并行通过；分散的护士站；空气过滤；每张病床旁配有手部消毒剂；更平和的布局；更大的窗户；降噪措施；病人教育中心；为工作人员准备的保障性设施。根据帕克的计算，这样的优化会花费1200万美元，但这样的医院只需营业一年就能够收回1100万美元。看来，对病人和医院工作人员有益的设计，同样能够为医院的发展带来好处。

医疗保健设计的未来是什么？发展这些原则的机构是否存在？至少有两家家具公司坚定地致力于为病人、家庭和医疗工作者改善医院设计。它们与健康设计中心、卵石计划和许多其他医疗保健研究机构、资金机构密切合作。这两家家具公司都位于密歇根州大急流城（Grand Rapids），在家具生产的发展和创新上都拥有悠久的历史。

在密歇根州霍兰镇（Holland）马卡塔瓦湖（Macatawa）边突出的土地上，坐落着一幢名为"金盏花"（ Marigold）的北美草原式灰泥木质乡间小屋。它原来的主人是来自芝加哥的发明家埃格伯特·戈德（Egbert Gold）。他的家族因在20世纪初期设计了住宅采暖系统而获得了一大笔财富。他委托弗兰克·劳埃德·赖特的学生为他的妻子玛格丽特（Margaret）设计了一幢避暑小屋。小屋有很多窗户，上面镶嵌着赖特式彩色玻璃框架，通过窗户可以看到湖水、垂柳等美丽的景色。通往小屋的蜿蜒道路带领你穿过了茂密的树林，树林中的树木非常高大，你必须将脖子伸到车窗外面才能够看到最低矮的树枝。当你在晚上到达这里的时候，你会感觉自己像是踏上了黄砖路（the Yellow Brick Road）的多萝西（Dorothy）。事实上，你的确很接近那里，因为就在马卡塔瓦湖的另一边，弗朗克·鲍姆（Frank Baum）于1900年写下了《绿野仙踪》（*The Wizard of Oz*）。

这是密歇根州西部林地。因为这里的树木，荷兰殖民者在19世纪末期来到了这里。他们是为了自己的生意而寻找高大、笔直的松树和橡树来打造精致家居的工人。他们留下的东西不仅仅有每年春天盛开的郁金香，还有该区域的许多荷兰名字，包括这个小镇的名字。到了20世纪中叶，精致家居产业已经转移到了卡罗来纳（Carolinas），另一种类型的家具制造商取代了他们的地位——这种家具将类似钢材、亚克力（acrylic）的新型材料和类似于木材、藤条、皮革等传统材料组合在一起。这种材料制作的家具有圆滑的现代感线条，迎合了现代商业世界的需求。

斯蒂尔凯斯公司（Steelcase）和赫曼米勒公司（Herman Miller）位于大急流城中，它们是办公家具和医疗家具设计领域中的领跑者。斯蒂尔凯斯公司由维格家族（Wege family）创建于1912年，它的标志性专利产品有防火钢制废纸篓、文件柜和书桌。赫曼米勒公司是由德尔克·简·德普里（Dirk Jan De Pree）创立的。德普里以他继父的名字为该公司命名——他用继父的贷款在1905年成立了这家公司。

赫曼米勒公司现在是金盏花庄园的所有者，并将其作为一个学习中心。当你走进小屋之中，你会惊奇地看到里面的家具比小屋更具有现代气息。你一眼就能够认出这些现代风格浓厚的椅子是由查尔斯·伊姆斯（Charles Eames）和雷·伊姆斯（Ray Eames）设计的曲木休闲椅——这对夫妻在20世纪50-60年代期间为赫曼米勒公司设计产品。按伊姆斯所说，创造这些椅子是为了“拥有棒球手套一般紧密贴合的感觉”。实际上，椅子上的曲线是与背部曲线贴合的，以起到支撑背部的作用。设计师在设计这样一把椅子的时候，充分考虑到了人们的感受。

从20世纪30年代起，人们就开始设想用成型胶合板制造椅子，但那时生产成型胶合板的技术还不完善。胶合板容易断裂，无法进行多向度弯曲。多年以来，伊姆斯夫妇试图寻找以一种更可靠、更廉价、更快速的方法生产成型胶合板。解决这个难题的突破性发现出现在一个让人意想不到的地方：第二次世界大战战场。在战争初期阶段，美军医疗队遇到了一个难题。当医护人员用金属夹板将士兵抬离战场的时候，因金属放大振动，给士兵造成了更大的伤害；木质担架造成的伤害较小，但过于笨重。伊姆斯夫妇与军队合作研发轻便且舒适的压胶合板夹板。因此，他们接触到了关于新型合成胶水和胶合板生产流程的分类信息。战争结束后，他们开始利用这些工艺创造自己的品牌椅子。1946 年，赫曼米勒公司开始销售伊姆斯夫妇设计的椅子。这也许是第一个引用医疗保健知识创造的对人体有益的产品，它有着符合人体工程学的形状和美丽的外观。

该公司正在考虑将这些设计策略应用到未来的产品之中——设计新一代椅子，让病人像一个坐在宝座上的君王那样躺在床上。这是医院房间带给我们的印象。研究显示，帮助病人走动或锻炼，可以尽可能快地降低病人体内的血液凝块现象，并有助于维持良好的健康状态。因此，赫曼米勒公司的设计师设计了一种供病人使用的椅子。它看上去像是 21 世纪版的阿尔瓦·阿尔托式派米奥（Alvar Aalto’s Paimio）扶手椅，并具备了伊姆斯夫妇版躺椅设计的特征。它符合人体工程学的要求，为病人提供了最大的舒适感，同时又为照顾者提供了便利。从设计上看，它时尚又具有现代气息，它的表面覆盖着抗菌、防水防潮、易于清洁的美观面料，它看上去更应该被摆放在客厅之中，而不是医院病房中。

斯蒂尔凯斯公司正在为医院工作成员开发一种新型工作站模块，以提高他们的工作效率，降低他们的压力，并减少背部伤害的几率。此外，这项设计还旨在增加工作人员之间的互动的频率和质量。乔伊斯·布朗伯格（Joyce Bromberg）作为斯蒂尔凯斯公司的副总裁，是该公司加入卵石计划的原则性支持者，也是美国建筑神经科学协会的一名成员。他开发了一种分析护士工作流程的方法，以便评估新的设计创意是否能够较少不必要的步骤。他们将护士工作的过程录制成影片，并使用一种名为“人种学影像（video ethnography）”的处理手段分析了这些影片——研究人员通过医院环境描摹出医护人员的动作。

虽然人种学影像在医疗保健设计中是一个新概念，但其在整体设计领域中并非新元素。在 1926 年 -1927 年，随着德国包豪斯（Bauhaus）

建筑运动的兴起，设计师格雷特·里奥茨基（Grete Lihotzky）与电影导演保罗·沃尔夫（Paul Wolff）进行合作，以证明她所设计的现代的、"合理的"的厨房所拥有的优势。在这部黑白电影之中，有一名穿着寒酸的衣服和围裙的面色严肃的老妇人，她的头发绑成了一个发髻，她在一个老式的、低效的厨房中浪费着她的精力：她在砧板、柴炉、桌子和水槽之间来回奔走。随后，场景切换到了一名穿着时髦连衣裙的年轻女性，她留着俏丽的短发，兴高采烈地在她的现代厨房中做菜，厨房里有闪闪发光的台面、内置柜子和滑动式抽屉。她舒适地坐在凳子上，她只需调整身体的方向就能够拿到自己需要的东西。随后，在厨房建筑图纸的基础上，标示出了每名女性的运动轨迹鸟瞰示意图。显然，年轻女子花费了较少的精力完成了自己的任务。

这样一种鸟瞰的视角与布朗伯格通过人体学影像计算运动效率的视角相似。她的分析表明，在标准规格护士台上，护士们曲折往返，通常往返多次才能完成一个任务。斯蒂尔凯斯公司设计的病房中包含了家具和可调整高度、宽度的模块化台面，它们易于组装且功能优化。门诊室和等候区中的家具同样灵活而方便移动，为病人家属和拜访者们提供了舒适的座位。要在医院中过夜的家庭成员可以睡在拉动式滚轮床上。所有家具表面添加了温暖、柔和的色调及纹理，减少了医院环境的荒芜感，并在很大程度上有效减少了压力和孤立感。

医疗保健设计和建筑学领域中具有领先优势的专业人士与医生、心理学家、护士和医院管理者联合在一起，共同将这些元素纳入了医疗保健环境之中。罗杰·乌尔里希和克雷格·齐姆林提出的设计变更，通过减少感染、跌倒和医疗差错，减轻压力，促进愈合，起到了提高病人生命健康安全的作用。这些措施包括：根据病人的医疗需求安排单人居住式病房；改善空气质量和通风系统；使用吸音天花板和地板；提供更佳的照明和接触自然光的机会；创造舒适、愉悦、有益的环境以减少压力，并为病人、医护人员和病人家属提供放松区域，包括花园、自然景观和为家庭准备的室内空间；让医院变得易于导航；提升护士站的功能特性，帮助医护人员更好地完成自己的任务。材料科学家们也在开发易于清洁、防止细菌、吸收声音的新型材料。

根据我们所了解的感官知觉（与深度、光照、颜色、物体、场景和路标有关的视觉感知，对声音和寂静产生的听觉感知，导航，冥想和信念对康复所产生的影响），神经科学研究将会带来进一步的创新。设计支持所有大脑功能的医院环境将有助于人体自身的愈合过程。通过减少每名病人所负担的压力和焦虑，通过提供能够克服意识和记忆损害的设计，肯定能够减少病人用药剂量、手术和医疗并发症次数、意外事故率和医疗差错率。最终，它们将增强幸福感，加快愈合速度，并延长老人独立生活的时间。

在神经科学与技术的交汇处，一种令人兴奋的前沿学科正在不断发展。在这种学科中，关于我们感知空间的方式的知识，以及当我们处于健康状态或疾病状态时我们如何在空间中运动的知识，改善了医院设计。该领域的进步被应用到了失去记忆或记忆受损人群的导航问题之中。在一个包含了匹兹堡大学（the University of Pittsburgh）、卡内基梅隆大学、密歇根大学和斯坦福大学的合作项目中，医疗保健研究人员正在开发机器人护士，以帮助认知障碍患者在环境中导航。这些“护士机器人”是内置激光向导全球定位导航系统的走步器。这种“聪明”的走步器不仅提供了整个场景的拓扑地图，并告诉患者现在位于空间中的哪个位置，而且能够记忆患者的常规性路线并为患者指引方向。发明这种机器人的目的并不是替代护士和护理人员，而是为个体提供更多的环境导航独立性。因为独立增强了控制感，也减少了压力。

在另外一个由加州大学圣地亚哥分校（the University of California in San Diego，UCSD）的神经科学家、计算机科学家和工程师组成的研究小组中，研究人员合作开发便携式脑电图设备，以监测当人们在真实或虚拟环境中导航时的大脑电流活动。加州大学圣地亚哥分校生物科学系第一任主任爱德华多·马卡尼奥（Eduardo Macagno）设想出利用可移动式脑成像技术研究人们在建筑空间中的导航方式。当他在2002年受邀参加第一届美国建筑神经科学协会伍兹霍尔研讨会（也是罗杰·乌尔里希发表其自然愈合研究成果的会议）的时候，他已经掌握了高校最前沿的虚拟现实技术和脑电波分析技术。作为一名接受了专业培训的神经科学家，马卡尼奥被分配到该研讨会的导航小组中。他提升了将建筑师在设计虚拟空间方面的专业知识与神经科学家测量三位空间中的大脑电流活动结合在一起的可能性。该研究的目的是即便在建筑物建成之前，也能够测量当一个人在建筑内部导航时，其大脑对特定建筑环境特征所产生的反应。甚至是在马卡尼奥接触加州电信与信息技术学院（the California Institute of Telecommunications and Information Technology）研发的虚拟现实空间技术（StarCAVE）之前，他就萌生了这一想法。

虚拟现实空间技术基于芝加哥伊利诺斯大学（the University of Illinois）的独创研发设计，是一种将图像投影到多层结构中的墙壁和地面屏幕上的虚拟现实系统；该技术在每个表面上使用了两台投影仪，其角度和位置与人眼相当。参与测试者戴上能够分别过滤左右眼图像的偏光眼镜。这样产生的效果是参与测试者完全处于三维空间之中。因为参与者使用了手持示踪装置和头戴示踪装置（头戴示踪装置被连接到小棒球帽中），整个场景与人体运动同步变化。

这样的虚拟现实环境技术有多种用途；最有名的是通过飞行模拟器训练飞行员。加州电信与信息技术学院创造的虚拟现实空间技术的新颖性转变是将最先进的脑成像技术和虚拟现实技术结合在一起。在开始尝试这个想法之前，马卡尼奥花了几年的时间将所有的元素聚集在一起。首先，他需要合适的专业性人才组合。斯科特·马凯格（Scott Makeig）就是他所需要的人才。马凯格是一名计算机神经科学家，他研发了一种利用脑电图设备检测大脑在活动物体环境中产生的变化的技术。

另一位人才是伊芙·埃德尔斯坦（Eve Edelstein），她是一名接受了建筑学培训的神经科学家。

马凯格是一名多才多艺的科学家，他能利用数学通用语言进行跨学科研究。利用方程式，他能够解决自从脑电图发明以来困扰了神经科学家半个多世纪的难题：如何通过头骨表层的检测数据来精确定位大脑中的电流活动起源。马凯格制订了一种用三维图像表示脑电波曲线的方法，从而揭示了电信号的来源并解决了这一难题。

埃德尔斯坦的早期研究主要集中在大脑如何感知声音。她为加利福尼亚州打造了一个新生儿听力测试程序，建议美国国家航空航天管理局（NASA）如何在太空中检测听力劳损，并帮助美国海军确定噪音所引起的听力损失的遗传性危险因素。但她一直对建筑学十分有兴趣，这得益于她那建筑师父亲——哈尔·埃德尔斯坦（Hal Edelstein）。随着她逐渐长大，埃德尔斯坦说，“我曾经以为桌布也是餐桌设计图纸的一部分，因为餐桌上总是覆盖着桌布。”最终她决定将她的爱好变成事业。她开始参加美国建筑神经科学协会的研讨会，并在圣地亚哥新建筑与设计学校（the New School）获得了一个建筑学学位——美国建筑神经科学协会的创始人埃利森·怀特洛在该校任教。

埃德尔斯坦现在在加州电信与信息技术学院，她给被测人员带上了脑电图测试帽，并观察他们的大脑在虚拟空间产生的反应。她与学生和其他科学家共同研发出了在解剖学上与人体相对应的、有着256个电极的脑电图测试帽；因此，当被测人员在虚拟世界中移动时，脑电波信号所形成的图像就能够投射在屏幕上方。当埃德尔斯坦论证了这个外观看上去跟浴帽差不多、顶着一堆乱七八糟的五颜六色的电线的仪器，她感叹到自己还没有成为研究对象，尽管她深深地期望自己能够成为那样的人。但要成为一名志愿者，她将不得不剪掉她那又长又多的红色卷发。与在莫霍克（Mohawk）从事体育事业的研究生不同，尽管埃德尔斯坦对科学事业有着奉献精神，但她也不愿为此剪掉她的长发。

该试验的目的是观察哪些大脑组成部分恰好能够对建筑空间特征产生反应，以及这种反应是如何形成的。建筑特征能够让人产生恐惧、兴奋或平静么？那么，它是否能够对大脑空间记忆组织产生影响呢？环境中是否存在能够吸引参与者注意力并帮助人们在环境中导航的特定线索，比如地标、阴影、颜色、数量、规模、对比度？研究人员希望这项技术最终能够显示当人迷路时所产生的类似于焦虑感的特定电流信号，或是一种能够表明处于熟悉的环境中的舒适度的模式。它甚至可以帮助阿尔茨海默氏症患者找到方向，或揭示特定物理环境如何引发成瘾人群的复发。

目前，虚拟现实技术同样被运用到军事发展之中，用于治疗从战场回国的士兵的创伤后应激障碍症（post-traumatic stress disorder，PTSD）。早期研究结果表明，将障碍症患者重复放置到与创伤性场景相似的虚拟空间之中，仅需 10 周的时间就能够有效缓解 80% 的症状——非常显著的治愈率。这种治疗水平，与几十年来 300 多个与恐惧和焦虑有关的科目研究（包括创伤后应激障碍症）的汇总分析所得到的治疗水平相当。因此，无论是真实的还是虚拟的建筑空间，终将在某一天会成为治疗精神障碍（因物理环境而产生或恶化）的有效辅助措施。

埃德尔斯坦现在是HMC建筑设计所(HMC ARCHITECTS)的高级副总裁。HMC 是一家专门提供医疗建筑设计新技术的公司。他们的研究不仅帮助科学家了解到我们的大脑在工作时如何运行，也帮助设计师们更好地设计医疗建筑，并从中选出最好的方案。这些信息对于设计用于病人的医疗设备特别重要，尤其是对那些记忆能力受到损坏的病人。

一些研究人员目前正在研究设计含有“精神义肢”的医院——一种能够弥补神经能力丧失的改良式物理空间。患有阿尔茨海默氏症的病人通常患有深度知觉障碍，这导致他们无法识别台阶或悬崖上的线条。当他们调整步伐通过想象中的障碍物时，有时会跌倒或造成危及生命的骨折，尤其是臀部骨折。设计师通过调整辅助性生活住宅楼地面的纹理，能够减少认知错误和跌倒的发生率。

而类似于维芙尼护理中心所在大街的设计元素——拥有户外景观的室内休闲空间、大量指引方向的地标、病床与浴室之间的直接视线空间——能够让居住者独立生存更长的时间。另一种辅助生活设施链中包含了大量帮助居住者应对物理环境的特征性元素：在两侧有着截然不同的景观的宽阔过道、类似于壁炉的地标、对居住者来说易于出入且安全的有着高大栅栏的花园。2003 年，发表在《老年病学》（*The Gerontologist*）上的一篇文章指出，居住在类似设施中的居民相较于那些居住在典型养老院病房中的居民，产生抑郁症、侵略性和社会退缩性的几率更小。

还有其他一些特征——比如，利用光照和声音打造等候区或安静区域中的冥想空间——那里可能有小瀑布、柔和的灯光、植物、大地色系的家具、在地板或墙壁上使用类似于麻或竹子的天然材料。这些特征似乎明显能够带来平静感。减少压力能够带来健康，这一研究结果，为建筑师在设计方案中添加这些特征性元素提供了理论依据。

科学家们还在研究不同的波长和光照强度如何影响睡眠周期，从而对应激反应产生影响。这样的知识产生了与重症监护病房（这里进行着不分昼夜的工作）照明有关的新建议。测量心率变异性的技术让研究人员能够评估光照波长和强度以及建筑空间的其他方面的特征，对应激反应的不同组成成分所产生的影响。其他正在研发的技术能够测量汗液中的免疫分子和与压力有关的化学物质。比如，一种贴在腹部皮肤表面的贴片，在与皮肤接触 24 小时之后就能够在不抽血的情况下测量人体免疫反应和应激反应。这样的技术能够帮助人们识别可能产生压力、活力或放松情绪的空间特征，并确定它们对免疫反应产生的影响；因此，特定的设计元素就能够被使用、删除或增强。

在一个被称为“空间芳香（environmental aroma）”的领域中，关于味觉和嗅觉的新知识被运用到了医院设计之中。费城蒙内尔中心的研究重心在于如何将这种技术运用到公共空间之中。因为人们都知道这种香味能够唤起愉快的记忆，所以将这种从自然环境中提取的芳香混合物与通风系统技术结合在一起，可以为医院的病人提供一次愉快的经历。气味的组合不仅可以掩盖难闻的味道，而且能够唤起积极的情绪。这种方法已经被用于商业用途，被用到酒店和其他建筑物之中，它能够放松居住者的心情。

这也许听起来像是一个无畏的新世界——直观设计被技术和机器所取代。但实际上并非如此。直观设计和技术进步之间应该建立起一种令人满意的平衡，从而改善健康、心情和认知，增强医院病人和医护人员的幸福感。

19 世纪，通过改变医院设计根除传染性疾病所付出的努力，在宏观上也产生了类似的效果——对整个城市而言。纵观历史，有远见的科学家和规划者都尝试通过改变城市物理结构来控制疾病蔓延。

而在 18 世纪中叶，一名来自英格兰的医生在改善城市环境方面，几乎比任何人付出了更大的努力。至今为止，全世界仍在用他所发明的方法识别新型传染病、减缓传染病的蔓延。他的观察结果彻底改变了城市设计，改善了公共健康状态，创造了现代城市景观。

第十一章

愈合之境：让整个世界都成为健康福地

约翰·斯诺（John Snow）对于城市公共卫生的影响，就像塞梅尔维斯和霍姆斯对医院卫生和感染控制所产生的影响。1813 年，斯诺出生于英国约克郡（York）的一个工人阶级家庭，他在伦敦亨特利安医学院（the Hunterian School of Medicine）学习。他在医药领域中做出了两个杰出的贡献：霍乱流行病学和氯仿麻醉剂的发展。也许，他在后一领域中名气更大，部分原因是他曾两次应维多利亚女王（Queen Victoria）的邀请出席了她的生日宴会——女王这样做是为了保护他，因为他受到了同僚们的彻底排斥，他们坚决抵制他的霍乱蔓延理论。

斯诺不断奋斗和预防、制止伦敦霍乱流行的故事是值得好莱坞（Hollywood）拍摄的戏剧性故事——这是一名与大产业、政治权力、根深蒂固的教条主义作斗争以保护弱小的英雄的故事。在工业革命高度发展的时期，城市是条件恶劣的地方，新生儿和成人死亡率都非常高——这一点在贫民窟和工人阶级住宅区显得尤为严重。19 世纪统计数据中的人均寿命一栏揭示了巨大的“城市惩罚（the urban penalty）”。比如，在 19 世纪 80 年代，美国城市地区的死亡率比农村地区的死亡率高出 50%——这是一个惊人的比率；如果设想总人口中只有 6% 的人居住在城市中，那么死亡率的比例则低得多。

城市死亡率暴增的主要原因是传染性疾病——除了霍乱之外，还有流行性肺结核、流感、麻疹和天花等等。城市越大，死亡率越高。美国人口普查结果显示，在19世纪中叶和19世纪末期，新奥尔良的平均死亡率最高，甚至仅因流行性疾病造成的死亡率就达到了50‰，纽约、费城、巴尔的摩（Baltimore）和波士顿紧随其后（高达45‰）。疾病爆发是多种因素综合作用所产生的结果：人满为患，卫生条件差，破旧不堪，不良设计，下水道缺乏，饮用水匮乏，以及堆满腐烂垃圾的街道。农村和外来劳动力的涌入让这个问题变得愈发严峻，因为他们带来了新型传染病，而且对抗传染性疾病的能力比长期居住在城市中的人更差。“农村优势（the rural advantage）”并不意味村民更注重培养卫生习惯；这仅仅因为他们生活在相距较远的地方。

到了20世纪20年代，情况有所改善，“城市惩罚”彻底消失。这在很大程度上得益于19世纪中叶创建的卫生和公共安全措施——甚至比提出细菌理论和公众完全接受细菌理论的时间还要早。起初，发展十分缓慢。疾病可以从一个人传染到另一个人，或疾病可以通过受到污染的水源进行传播的概念，与当时的教条所宣扬的传染性疾病来自腐烂的有机物散发出的瘴气、来自贫困的普通老百姓或来自上帝的判决的概念背道而驰。一种地方传言甚至将某种传染病归因于下水道公司——称其挖掘到了17世纪埋葬瘟疫受害者的万人坑。如果这些是城市流行疾病产生的原因，那么改善卫生条件、铺设下水道、开发淡水资源、减少人口拥挤现象似乎就没有任何逻辑意义。

在1831-1832年，身处纽卡斯尔（Newcastle）的约翰·斯诺第一次亲身经历了霍乱疫情。到了1849年，他开始相信这种疾病是通过污染水源进行传播的。这一认识比罗伯特·科克系统地推测出细菌性疾病的病因早30年——30年后，他才知道霍乱弧菌是引发霍乱的罪魁祸首。斯诺注意到霍乱患者表现出的是肠胃症状——特别是因脱水导致死亡的“米汤状”大便。他认为不管是什么引起了这种疾病，它都是通过嘴巴进入人体内部的。他认为这种“毒”很有可能在肠道中进行了大量繁殖；虽然他知道列文虎克通过显微镜发现了污水和受害者组织中的“动物生命迹象”，但是他并没有将这些有机体与霍乱联系在一起。尽管如此，他提出饮用被粪便污染的水源是造成霍乱蔓延的原因，避免饮用这样的水源可以有效预防疾病。他像一名侦探一般，证明了自己的假设。

那个时期的伦敦，有很多旨在改善卫生环境的公共卫生项目。维多利亚时代的英国卫生改革运动指出，城市人口拥挤、有缺陷的公共卫生设施和空气、水源污染是疾病产生的原因。一些有远见的公司，比如兰贝斯（Lambeth）供水公司，开始将他们的水源改到上游，以便远离受到污染的水源。斯诺意识到兰贝斯公司新建的供水系统能够为他提供证明他的理论所需的数据，因为兰贝斯公司的水源位于泰晤士河上游，远离受到污染的水域；而为英国南部区域供水的另一家名为索斯沃克＆沃克斯霍尔（Southwark and Vauxhall）的公司则采用受到污染的水源。通过对比两家公司提供的家庭霍乱死亡率，他发现兰贝斯供水区中的家庭霍乱死亡率比索斯沃克＆沃克斯霍尔供水区中的家庭霍乱死亡率低8.5倍。仅此项研究成果已令斯诺受到了来自多方的阻力，但他还是继续进行这项“不讨好”的研究。随后，在1854年9月2日，他应要求前往布劳德大街（Broad Street）——伦敦苏荷区（London’s SoHo district）黄金广场（Golden Square）区域，协助调查一种新爆发的霍乱。

建立减少传染疾病的公众卫生措施一直是政治辩论的焦点，“黄金广场霍乱大爆发”出现在一个非常尴尬的时间点，因为政府机构已经采取了预防和控制流行病的措施。1848年，议会已经通过了《公共健康法》（*the Public Health Act*），并成立了一个临时的中央卫生机构，以改善卫生条件并在疾病爆发期间给政府提供信息和建议。这个机构包括了业外人士和国会议员，他们充分地行使了议会赋予的权利；但它所进行的许多调查引起了当地商人和医疗专业人员的愤怒。当其任期结束的时候，议会将其解散。1854年8月12日，议会成立了一个小型的、权利限制的卫生局（Board of Health）——由议会成员本杰明·霍尔爵士（Sir

Benjamin Hall）领导。霍尔任命了一批顾问，负责监督公共卫生和调查流行病。这些顾问包括了医学团体和公共健康团体的领导者，还有一些知名的显微学家、化学家——他们能够评估空气和水源的污染程度。

大约在一个月后，布劳德大街流行病爆发了。几个研究小组针对其进行了调查，包括医学委员会和来自威斯敏斯特（Westminster）的圣詹姆斯教区委员会(the Parish of St. James)。因当时斯诺正在研究霍乱，他应邀为圣詹姆斯教区委员会提供建议，并成为了该调查委员会的成员。

通过采访当地居民，记录霍乱死者所在地点，参考其他调查人员获取的数据，斯诺发现在布劳德大街抽水机周围有一连串的死亡病例。虽然，据说他用圆点或竖线代表死亡病例（一个圆点或一条竖线代表一名受害者），并将它们描绘在该区域的街道地图上，由此得到了他的结论；但事实上，他并非最先使用这种统计技术的人。斯诺利用这些地图直观地证明了他的理论，而现在的科学家们使用的方法是幻灯片演示文稿。为伦敦首都污水下水道委员会（Metropolitan Commission of Sewers）工作的埃德蒙·库珀（Edmund Cooper）绘制了这幅解决布劳德大街疾病传播路线的地图——黄金广场霍乱疫情（Golden Square cholera epidemic）。现在，该方法是流行病学中的标准，它提供了关于流行疾病的起源、爆发和传播的重要线索。利用演绎推理原则，斯诺似乎已经确定布劳德大街抽水机就是霍乱大爆发的病源。他发现该区域中的所有受害者都喝过抽水机抽取的水。大多数受害者都居住在抽水机附近，并将其作为主要水源；其他住得较远的人，偶尔会在这里取水。也有居民称，在霍乱爆发之前，抽水机抽出的水有异味，表面还漂浮着肥皂状泡沫。

斯诺确定抽水机抽取的水就是霍乱爆发的源头，因此他在9月7日会见了教区当权者。翌日，他们将抽水机手柄移走，防止人们在那里取水。根据斯诺于1854年9月23日发表在《医疗时报与宪报》（*Medical Times and Gazette*）上的说明，在抽水机手柄被移走后的两三天后，新出现的发病数量“变得极少”。他谨慎地发表了上述评论。他认为，即使不能说禁用抽水机手柄加速了疫情的结束，但手柄被移走后病例数量已开始下降，所以抽水机取的水是疫情源头的观点是正确的。关闭抽水机后，接踵而至的是霍乱大爆发的结束，这就证明了霍乱是通过受污染的水源进行传播的，且停止使用受污染的水源可以有效阻止疾病的传播。

别的一些信息也明显支持斯诺的观点，斯诺自己也知道这一点。这些信息是由教区委员会和卫生局中的其他成员发现的。教区在调查中发现了首例病例——第一名受害者是一个居住在布劳德大街 40 号的女婴，她 9 月 2 日死于霍乱。她的母亲在房屋的水槽中清洗了她弄脏的尿布。调查人员发现房屋水槽相距抽水机只有几英尺，而且这两种系统都已破损，排水沟中的污水渗透到抽水机里的饮用水之中。另一个信息来自埃德蒙·库珀绘制的关于附近街道、抽水机和下水道排水沟的地图：斯诺原本将布劳德大街抽水机绘制在了错误的地点，没有正好位于布劳德大街 40 号附近，而库珀的地图更正了这一点。

斯诺正确地解释了这一数据，其行动也在很大程度上遏制了霍乱的蔓延。相反，尽管卫生局拥有更完整的信息，可在当时的医疗结构教条主义的驱动下，他们公然反对斯诺关于水源是霍乱传播之源的理论。卫生局推断霍乱产生的原因是空气停滞、气压较高和夜晚泰晤士河水水温较高，其传播源是空气，而不是水源。误导卫生局的一份证据是由显微镜学家亚瑟·希尔·哈斯尔（Arthur Hill Hassall）提供的，他检测了索斯沃克 & 沃克斯霍尔公司提供的水，发现这些水受到了污染，含有与受害者粪便相同的微生物，而布劳德大街抽水机中获取的水确实干净的。这很可能是由于当哈斯尔检测布劳德大街抽水机引用水的时候，水中的污染源——婴儿尿布上的粪便——已经被冲走了。

一段时间之后，以控制疾病蔓延为目的的公共卫生措施仍然包括了在街道上洒石灰，但没有人建议大家减少与受污染的材料和被感染者之间的接触。直到 30 年后，当细菌理论被大众所接受，科克证明了霍乱是由其在显微镜中所观察到的水中的细菌所导致的疾病，政府推出的公共卫生措施才转变为净化饮用水、精心修建下水道和降低人口密度。

约翰·斯诺并没有因其关于霍乱的突破性发现而得到医学界的赞扬。1858年，《柳叶刀》发表的关于斯诺的讣告非常简短，而且没有提到他在霍乱方面的发现，只是提到了他在氯仿方面进行的研究。这种忽视可能斯诺自身的人性弱点有关：他可能对自己提出的关于水源是霍乱传播之源的理论过于执着，而忽视了其他疾病通过空气进行传播的可能性。

他踌躇满志，证明了以前国会委员会代表着"厌恶性行业"——它们在生产过程中污染了城市空气。类似行业包括了这些活动，比如烹煮动物骨头以生产肥皂，为了获取毛皮而屠杀马匹或家畜。不过，斯诺在回应医学委员会的质疑的时候，一再表示他不相信这些行业应该对疾病的产生承担责任，腐烂的动物尸体所产生的臭味也不会对人体产生任何危害。他为这些行业发表的辩护，让他与《柳叶刀》杂志的编辑产生了隔阂——这名斗志昂扬的医学记者认为，这些行业的做法应该受到严格管制。由于这些因素，斯诺在医学界的声誉蒙受了损失。

尽管在约翰·斯诺首次观察到伦敦霍乱产生的影响后，城市设计有了很大的进展，但全世界的贫困地区相较于特权性区域仍然维持着较高的死亡率。在当今的内陆城市中，造成年轻人死亡的最大杀手已不再是传染性疾病，而是暴力犯罪。同时，造成最高死亡人数的疾病也不再是霍乱，而是哮喘——它的发病率还在不断增加。没有人知道这是为什么，但它可能与尘螨、蟑螂蛋白质的频繁接触有关（这是由于家长们为了保护自己的孩子不受暴力性伤害，而让孩子们尽量待在室内）。有人指出，加剧哮喘病的一个因素可能是暴力威胁和艰辛的贫困生活所带来的压力。但是，与受污染的空气进行接触，可能是加剧哮喘病产生的最大的原因。毫无疑问的是，这种环境中的空气是不健康的。

纵观历史，人们已经将城市中的空气污染与健康状况不佳联系在一起，并尝试着改善或避免这些问题。大约在公元前400年，希腊医生希波克拉底（Hippocrates）谴责了城市中的污浊空气。在公元61年，塞内卡（Seneca）写道："当我从城市［罗马］压迫性氛围中逃脱，我远离了厨房所产生的浓烈恶臭气味，远离了源源不断的蒸汽和烟尘，我意识到我的健康状况立即得到了改善。"在1170年，希伯来（Hebrew）医生迈蒙尼德（Maimonides）说："城市空气和全国空气之间的对比，就像是用严重污染的肮脏空气与清澈、透明的空气进行比较"。

在13世纪的英国东北海岸沿线，酿酒商和铁匠们开始使用烟煤从事生产工作。后来，大多数人将烟煤用于取暖和做饭。伦敦和英国其他城市的著名烟雾就是在那个时候开始产生的，这些烟雾成为了贵族们的烦恼。在1257年，埃莉诺王后（Queen Eleanor）曾抱怨诺丁汉（Nottingham）的烟雾太重，因此她搬到了附近的特伯利城堡（Tutbury Castle），那里的空气要干净一些。直到1285年，伦敦成立了一个委员会来尝试解决这个问题。通过禁止用煤，爱德华一世（Edward I）暂时缓解了这一情况，但好景不长。1578年，伊丽莎白一世（Elizabeth I）再次禁止用煤，不过，这种禁令只在议会会议期间生效。

在工业革命期间，情况有了进一步恶化。1819年，成立了一个专门委员会来研究这个问题。该委员会指出，建造熔炉和引擎能够降低污染的危险性。1843年，因相同的目的，第二个专门委员会成立了，但这次没有任何实质性收获。1845年成立的第三个专门委员会得出的结论是这个问题没有任何解决方案。1873年，浓密的、令人窒息的雾持续出现在伦敦上空。这实际上并不是雾，而是无数煤炭的燃烧所产生的烟雾。它们笼罩在城市上空，即便是在伦敦周围数英里外的地方也能看到。1845年，查尔斯·狄更斯（Charles Dickens），在《荒凉山庄》（*Bleak House*）的开篇之处这样描写它："煤烟从烟囱顶上纷纷飘落，化作一阵黑色的毛毛雨，其中夹杂着一片片煤屑，像鹅毛大雪似的，人们也许会认为这是向死去的太阳致哀呢。"

数千人因为这些烟雾而死亡，但最糟糕的情况出现在20世纪中叶：1952年12月的刺鼻浓烟在城市上空笼罩了5天，估计造成了4000人死亡——实际死亡人数可能比其高出3倍。

这种促使烟雾产生的气候条件被称为逆温（thermal inversions）。当凉爽、较重的冷空气接近地面时，受到上方的热空气阻隔，无法进行对流活动，就与烟雾粒子结合在一起。这种气候条件不仅仅出现在伦敦。加利福尼亚州南部，尤其是洛杉矶，也因其烟雾而臭名昭著。第一篇关于洛杉矶烟雾空气的报道由西班牙探险家胡安·罗德里格斯·卡夫里略（Juan Rodríguez Cabrillo）写于1542年，当他航行到洛杉矶湾之时，他注意到印第安人在海岸上生火所产生的烟雾上升到一定高度，就横向蔓延开来。这些烟雾非常明显地倒置了运动方向。他将这个海港命名为“冒烟之海湾（Bay of Smokes）”。其他烟雾弥漫的城市还包括了墨西哥城（Mexico City）、布宜诺斯艾里斯（Buenos Aires）、北京、开罗（Cairo）、首尔（Seoul）、雅加达（Jakarta）和圣保罗（S.o Paulo）。

毫无疑问，城市污染对人体健康产生了负面影响。世界卫生组织估计，全球每年有60万人死于空气污染。与空气污染有关的臭氧累积会导致哮喘病的频繁发作。加利福尼亚州的研究显示，长时间接触这些污染物会损坏肺部呼吸道，还与肺癌发生率、心肺疾病死亡率的增加有关（甚至还包含了非吸烟者）。因此，伦敦卫生局将被污染的空气与疾病的传播联系在一起的想法是正确的。除了烟雾造成的伤害之外，类似于肺结核的疾病的蔓延也与空气流通有关。并且，19世纪末期拥挤的城市状况，也给以空气、水源为传播媒介的疾病创造了条件。所以，世纪之交出现的许多城市重建项目都以清新空气、阳光和降低人口密度为重点，从而减少空气传播型疾病的蔓延。当然，抗生素的出现发挥了更大的作用。

不幸的是，曾被认为在20世纪末期已经被彻底消灭的结核病在美国内陆城市中卷土重来。穷人、无家可归者和毒品上瘾者通常在完成所有疗程之前中断肺结核治疗，这导致了耐抗生素细菌的产生，并在人口稠密的居民区和飞机旅行过程中传播。

随着人们逐渐意识到城市条件可以促进传染性疾病的传播，政府制定了措施以减少空气污染和水污染，降低人口密度，改善卫生条件，并废除那些繁殖的蚊子和其他携带疾病的载体的积水区。渐渐地，这些措施改善了城市卫生。直到今天，尽管内陆城市仍在与健康问题作斗争，但比较富裕的街区已经在健康和寿命方面显示出了“城市优势”。

“城市优势(the urban advantage)”与不断增加的“农村惩罚((the rural penalty)”或“城郊惩罚(the suburban penalty)”并行出现，且城市优势在农村惩罚或城郊惩罚的反衬下被扩大。在20世纪，数百万人逃离城市。尤其是在美国，他们生活在市郊，从而导致了自身的健康风险。由于不注意情绪方面的问题，医院在推行无菌技术的同时产生了大量的健康问题，城市设计的改变亦是如此。要前往相距甚远的公共福利设施，人们需要依赖于汽车运输，而这导致了类似于抑郁症、肥胖症的产生，随之而来的疾病还有心脏病、糖尿病和中风。因此，随着乡村或城郊区域中的风险性因素不断增加，城市风险因素不断减少，后者获得了一种独特的保健优势。

2007年，纽约市公共卫生专员发布的一份报告表明，纽约现在是全国最健康的城市。2004年出生于纽约的人可能比出生于其他地方的人多生存9个月，且纽约预期寿命的增长速度也比美国的其他地方要快：从1990年开始，纽约的预期寿命增长了6.2年，而全美其他地方只增长了2.5年。谁又想得到纽约会成为一座愈合的城市呢？当我们想到曼哈顿，最先浮现在脑海中的词语就是压力——因为曼哈顿有着拥挤、嘈杂的人群，巨大的车流量，明亮的灯光，和各种各样的感官负荷。而与纽约联系在一起的形容词是积极的，包括了“令人兴奋的”、“刺激的”、“快节奏的”和“有竞争力的”——但没有“愈合性的”。

然而，曼哈顿的肥胖居民比例却出奇的低。2004年，纽约卫生署

(New York Health Department)发表的一份报告中引用了一份纽约州地图，该地图于2004年首次发表在《美国医学协会杂志》(*he Journal of the American Medical Association*)中，地图中的每个行政区或郡都被标上了颜色，包括白色(肥胖比例最低)、灰色(中段比例)和黑色(肥胖比例最高)。与纽约州中的其他地方相比，曼哈顿被标上了白色：只有10%-14%的曼哈顿人患上了肥胖症。其他地方的比例分布在15%到25%以上：长岛的肥胖比例在15%～18%；大多数行政区域的比例在20%～24%；有些偏远郡县的肥胖比例甚至超过了25%。

美国疾病预防和控制中心(the Centers for Disease Control)同样绘制了全国肥胖症分布情况。在中心的网站上(CDC.gov)，你可以发现自20世纪80年代以来根据数据绘制的一系列美国地图("美国肥胖趋势，1985-2007")，其中充满了戏剧性和可怕性。随着几十年的发展，红色(表示很高的肥胖症发病率：25%～29%)持续稳定地向整幅地图蔓延。从东南部到西部，从中西部到沿海地区，都已经被染红。1986年，地图中的大多数区域都是浅蓝色，其肥胖症比例都在10%以下。到了1991年，它们逐渐变成了绿色(肥胖比例在10%～14%)。再到20世纪90年代中期，绿色逐渐转变黄色，再转变为橙色：大多数州的肥胖症比例转变到了20%～24%。现在，21世纪初，橘色变成了红色。最终，在2007年的地图上，美国东南部的几个州变成了紫色——紫色所代表的肥胖症患者比例高于30%。这幅地图让人们不得不开始反思，是什么导致了这样的趋势？而且，整张地图都会被紫色所取代么？

上面的表述遗漏了一点，即肥胖症不仅仅从东南部向北部、从中部地区向外部蔓延，它还主要聚集在农村和城郊地区。如果我们将城市扩张地图覆盖在肥胖症分布图上，它们会呈现出近乎完美的匹配。城市扩张在东南地区和中西部地区最为普遍，同样的，这些地方也普遍存在肥胖症。而在较紧凑的市区肥胖症则不那么普遍，比如像纽约这样最紧凑的城市，肥胖症比例相对较低。

“城市优势”的出现可能基于多方面原因，包括财富的积累、更好的基础设施、可使用的高质量医疗保健设施，以及更多种类的食物和相关设施。它使城市产生了更紧密的社会网络，或从物理因素方面培养了更健康的生活方式，比如运动量的增加。“城市优势”的产生有可能基于上述所有因素。

一些研究人员指出，喜欢散步的瘦子偏好于选择在纽约市居住，而喜欢驾车出行的胖子则偏好于选择在郊区居住。就像研究人员所指出的那样，这可能是因为城市建筑环境鼓励人们步行，反之，郊区的建筑特点却阻碍了它。纽约市最能折磨你的神经的特征是交通拥堵，停车位缺乏，当你需要搭乘出租车时你却找不到它们；也许，它们就是这些健康现象的基础，因为环境能够改变习惯。没有什么激励措施比告诫人们把车留在家里并开始步行更有效了。由于曼哈顿是如此的紧凑且充满了美景，步行远比搭乘公共交通设施有趣多了！并且，步行带来的压力更小——因为一切在你自己的掌控之中。你知道你能够准时到达目的地。你需要做的仅是穿上一双舒适的鞋子。城市建筑设计研究指出，各种非常细微的建筑细节能够鼓励人们步行，而纽约有着丰富的城市细节。

当然，安全是我们步行的时候必须考虑的一个问题，但特定的因素能够增强安全性，比如充足的照明、商店、街道中的其他行人和邻近区域的物理环境。人行道的可利用性也能够鼓励人们步行，并且，是否临近公园也是影响人们使用公园频率的一个很大的因素。纽约有很多公园——几乎所有市民都能够在住宅的步行距离里找到一个公园。20世纪80年代以来，相关组织清理了这些绿地，让它们远离了垃圾、涂鸦以及毒品贩卖者。现在，公园被用于社交活动、运动和遛狗——这些都是有利于健康的活动。

在纽约，完成最简单的任务，都含有一定的运动量。说实话，闻名于世的纽约式繁忙生活有助于人体健康。纽约人比其他地方的人走得更快，当他们完成自己的差事或忙于工作的时候，他们的节奏非常快。行走的速度已被证明是减轻体重、改善健康状态的重要因素，步行速度较快的人拥有更大的健康优势。曼哈顿就好像是一个巨大的健身房，人们在日常生活过程中有很多锻炼机会。

有趣的地标会鼓励人们向其行走，迪士尼主题公园将其称为“具有吸引力的事物”，城市规划者们则称其为 “引人注意之物”。它们不必像童话中的城堡那样令人感到兴奋。一个关于伦敦圣马克广场（St. Mark's Square）的研究表明，人们偏向于在广场四周沿着排列的灯柱行走，而不是沿着广场的对角线行走，尽管后者的间距较短。毫不意外的，一项关于蒙特利尔市场的研究发现，人们喜欢朝着令人愉快的、有趣的事物行走。

这些解释了人类行为、城市布局和建筑类型之间的关系的研究被称为空间句法。这种类型的研究——它包括了复杂的计算机模型——指出，城市和城市建筑的特定特征更能够鼓励人们行走。其中一种特征被称为“整合”——这是一种衡量空间建筑如何与周围的城市环境相融的方法，它与步行率的增长密切相关。空间中含有的有趣的事物越多，人们就越愿意在这个空间中行走，尤其是在人们有更多的选择和拥有多个可能性路径的时候。街道两旁的建筑高楼也十分重要；在类似于伦敦和纽约的城市之中，那些建于 20 世纪 50 年代之前的老式建筑与街道靠得更近，街道两旁还设有商店，这些特征能够鼓励人们行走。类似于长椅、喷泉和自行车架的设施，同样能够鼓励人们行走。

与在城市景观中有着鼓励人们步行的特征相对应，郊区则拥有鼓励人们驾车且阻碍人们步行的特征。长长的、蜿蜒曲折的、漫无边际的街道缺乏供人行走的人行道，街道两旁的雷同景观缺少让人产生活动兴趣的景观，居民区与当地的商店和公共设施之间有着漫长的间距——所有这一切构成了郊区环境的特征，从而减少了人们步行的兴趣。

除了肥胖症之外，郊区和农村地区的布局还与其他健康风险有关。19 世纪促成乡村优势的关键性因素——较低的人口密度——现在给农村地区带来了其他健康问题。社交网络越密集，人们就会变得越健康，而孤立和缺乏社会支持则会增加抑郁症产生的风险。同时，相较于居住在城市中的人，农村人口获得专业医疗保健的机会要少些。当我们考虑到社会经济因素的时候，农村贫困人口所面临的问题相较于城市贫困人口而言更是雪上加霜。

尽管居住在城市之中的人拥有一定的健康优势，但城市本身对其周围的景观和气候产生了有害影响。这种情况给一定区域范围或全球范围带来了一系列新健康问题。事实上，由于破坏了周围的生态系统，城市造成了多种疾病的出现和蔓延。城市扩张，以及随之而来的森林破碎化，导致类似于麋鹿的野生动物前往距离人类住所更近的地方觅食。这种接触大大提升了疾病传染的可能性，比如莱姆病就是通过麋鹿身上的壁虱进行传播的。莱姆病以皮疹、关节炎和神经系统症状为特征，并以康涅狄格州的一个小镇的名字命名——这里出现了北美第一起莱姆病病例。现在，这种疾病在美国东北郊区十分流行。

森林砍伐和沼泽排水同样损坏了那些保护城市免受恶劣气候影响的重要缓冲区。1998 年，中美洲持续遭受米奇飓风（Hurricane Mitch）的严重破坏，部分原因就是森林砍伐导致的泥石流。新奥尔良州附近湿地——抵御风暴潮的宝贵缓冲带——的被移除，被认为是导致卡特里娜飓风（Hurricane Katrina）袭击期间产生洪水的原因。

城市还以其他方式改变了气候模式和与天气有关的健康风险。“热岛（heat island）”效应导致城市温度比周围乡村的温度高出许多。在某些城市，比如达拉斯（Dallas），城市温度可比周围乡村的温度高出 10 摄氏度。除了直接影响城市居民（尤其是那些在极热的情况下也因贫穷而无法购买空调的人）的健康之外，这样的条件也可能导致污染物堆积的逆温现象产生。空气悬浮颗粒物、氮氧化物和硫氧化物对肺部有害。这些条件可能引发心血管疾病和呼吸系统疾病，而这些疾病可能危及老年人、体弱者和幼儿的生命。

城市也将那些会加重污染和全球变暖现象的气候模式扩大化了。通过排放混有一定浓度污染物的热废气，大型城市改变了周边环境的气候。根据报道，1995年，16个美国城市的下风处出现了降水量增加和频繁的雷电天气现象，这可能就是受到上述影响所产生的变化。相反的，此后不久，美国大城市和以色列出现了降水减少的现象。城市对地区气候所产生的影响的累积很有可能对全球气候产生更大的影响，尤其是当城市化仍在不断进行的时候。据预计，到了21世纪中叶，全球人口的80%将生活在大都市地区，特别是亚洲。

如果19世纪是城市流行病盛行的时代，20世纪初期是清除这些流行病的时代，那么，21世纪将是传染病在全球变暖和气候变化作用下迅速蔓延的时代。因此，政治领导人和公共健康政策专家就应当肩负起改变基础设施和环境条件的责任，从而遏制这些与全球变暖现象有关的疾病的蔓延。

世界卫生组织的政府间气候变化专门委员会（Intergovernmental Panel on Climate Change）于2007年发表的报告侧重于气候变化对健康产生的作用。同年，在国立卫生研究院举办的讲座中，陈冯富珍博士（Dr. Margaret Chan）说："气候决定了传染性疾病的地理分布，而天气决定了其严重程度。"据陈冯富珍所说，气候变化"是本世纪健康问题的关键"。

世界卫生组织在2007年发表的报告中含有全球地图，它鲜明地强调了这一问题。在这份地图中，橙色阴影和紫色阴影分别代表了海洋和大陆表面的温度；据预测，在21世纪末期，这些温度最高会上升7摄氏度。这种海洋温度的上升会导致传染病的蔓延，特别是霍乱的蔓延。

马里兰大学公园学院（the University of Maryland at College Park）的丽塔·科尔韦尔（Rita Colwell）利用这些地图证明了上述观点。科尔韦尔几乎算得上是21世纪的约翰·斯诺。她是一名留着灰色短发、带着金边眼镜的思维敏捷的结实妇女，她行事作风非常果决。她研究的内容是霍乱的蔓延与河口浮游生物、海洋温度升高之间的关系，她是第一个将气候变化与传染性疾病的传播联系在一起的人。2000年，她的作品发表在了《美国国家科学院院刊》中，那时“全球变暖”还没有出现在大多数生物科学家和一般公众的视线之中。她曾接受细菌学、遗传学和海洋学的专业培训，这让她能够完美地发现这些学科之间的共通之处。

她使用的研究方法与约翰·斯诺和埃德蒙·库珀在研究1854年伦敦霍乱疫情时所采用的方法相似，但她并没有采用挨家挨户的调查方式，而是利用卫星遥感设备所收集的数据和高分辨率红外飞行器所收集的热映射数据。这些技术能够检测世界各地海洋温度、海面高度和海洋中的叶绿素浓度的微妙变化。随后，在地理信息系统（the Geographic Information System，GIS）软件程序的帮助下，她将这些数据与其他区域的传染性疾病统计数据进行了对比。

科尔韦尔选择的研究区域是孟加拉和孟加拉湾（the Bay of Bengal），这个区域在春秋两季会爆发霍乱疫情。用颜色进行标记的全年海水温度卫星图显示，在4月和5月时，海湾中涌动的流水呈现出戏剧性的红色（代表着最温暖的水温）；3月和6月主要以黄色（代表着比较温暖的水温）为主；9月和10月则没有那么的戏剧性，但水温仍然比冬季温暖很多。随着季节的变化，海面高度和叶绿素浓度也有类似的起伏。

科尔韦尔和她在孟加拉国际腹泻病研究中心（the International Centre for Diarrhoeal Disease Research）的同事能够绘制出这个区域中出现的霍乱病例，并将其与环境数据进行对比。这个区域中霍乱病例数量的变化模式与海洋变化规律几乎完全匹配。这是第一个明确证明了人类传染病大规模受到气候模式影响的研究。看来，伦敦卫生局在1854年得出的“水温对霍乱爆发有一定影响”的观察结论并非毫无事实根据。泰晤士河是一条与海洋变化密切相关的河流——这些变化包括了水温和水平面高度的变化，就像孟加拉湾的变化那样。

经过几年的研究，科尔韦尔知道测量叶绿素含量的重要性。霍乱细菌需要浮游生物才能生长。浮游生物是漂浮在海洋中的单细胞植物，一般有两种类型：浮游植物类似于植物，能够产生叶绿素，它们的能量来自太阳；浮游动物类似于动物，将浮游植物作为它们的食物。霍乱菌附着在一种名为桡足虫的浮游动物上，海洋因此成为了霍乱菌一年四季生活的温床。

科尔韦尔也知道测量海洋表面温度变化的重要性，因为就像土地表层的植物那样，海洋浮游植物的生长需要温暖的温度、养分和阳光。当海洋温度在春季和夏季升高，这些浮游生物的繁殖量会突然猛增，该现象被称为赤潮。其他一些环境因素，包括农业径流中富含氮元素的土壤和肥料导致海水营养成分的增加，改变了海水含盐量，也能够刺激浮游生物的生长。当浮游植物大量出现，以其为食的生物——浮游动物和他们的寄生者，霍乱菌也出现了。

最后，海面高度的测量也十分重要，因为当海平面高，海水会回流到河流和河口，增加霍乱菌与人体接触的可能性。通过绘制巨大的全球表面地图并对这些数据进行分层比较，科尔韦尔能够发现全球环境变化与传染性疾病之间的关联。现在，这些方法通常被使用于绘制环境性因素（特别是与全球变暖有关的温度）与其他多种传染性疾病的传播之间的关系。这些研究结果给人们拉响了警钟。

由于季节的更替，病原体所生长的水塘发生了与温度相关的变化，其他因病原体产生的疾病也会随着季节变化发生改变。疟疾、登革热、裂谷热、罗斯河病毒、圣路易斯脑炎（由蚊子传染）、汉坦病毒和瘟疫（由鼠类携带）随着温度和降水量的变化而变化；当温度升高、降水量增多，这些疾病也会增加——因为蚊子和老鼠在潮湿的环境中会大量繁殖。除了季节性变化之外，这些疾病还与较大的周期性天气变化有关，比如厄尔尼诺现象（El Niño）——一种平均每 2-7 年出现的太平洋水温升高现象。有几次病毒性传染病的爆发与厄尔尼诺现象所造成的降雨量增加和洪水灾害有关。其中一次是发生在 1993 年 5 月新墨西哥州（New

Mexico）、亚利桑那州（Arizona）、科罗拉多州（Colorado）和犹他州（Utah）这四角区之间的汉坦病毒的爆发。

当一名年轻的女性和一名年轻的男性因迅速恶化的呼吸系统疾病相继在一周之内死亡，就意味着这次爆发开始了。这名21岁的女性与19岁的未婚夫（一名马拉松运动员）生活在一起，此前，他们的健康状况非常不错。在她死于呼吸道疾病后2天，他来到了当地急症室。在住院的第一天中，他表现出类似于流感的症状：发热、不适、肌痛、畏寒、头痛。但他的身体检查结果十分正常，也没有咳嗽或是出现呼吸困难。他在注射了抗生素、抗病毒药物和乙酰氨基酚之后就被送回了家中。他的病情持续恶化，并在两天后回到了急诊室，现在还伴随着呕吐和腹泻的症状。他的身体检查结果再次显示一切正常。在接受了同样的治疗方法之后，他被送回了家中。在回家后一天，他开始咳嗽且产生了大量带血的黄色口痰，伴随着气短和白细胞数量急速增多的症状。此后不久，他的症状发展为急性呼吸衰竭，心脏和呼吸骤停。医生们尝试着抢救他，但失败了。X射线和尸检显示，他的肺部出现了大量肺炎现象，基本上可以说他溺死在自己的分泌物之中。

截止1993年6月7日，在同一地理区域之中，共有24名年龄分布在13岁到34岁的人出现了相似的疾病症状，他们中的某些人是已死亡的两名患者的亲戚。大部分人还处于良好的健康状态。72%的患者是印第安人。

幸运的是，一位名叫罗伯特·帕门特（Robert Parmenter）的哺乳动物学家——他于1993年春夏两季在该区域工作——提供了线索，揭示了这次流行病产生的原因。他注意到，由于厄尔尼诺现象引起的一系列不正常气候条件，鹿鼠的总数急剧增加，上升到了正常数量的10倍。六年的干旱和不正常的大雨、大雪天气，使松子和蝗虫的数量大幅增长，进而导致以松子和蝗虫为食的鹿鼠的总量增长。与此同时，鹿鼠的增多导致了汉坦病毒的增加。

全球变暖也让某些之前未受影响的地区出现传染性疾病。就像科尔韦尔利用遥感设备和地理信息系统软件程序进行研究那样，其他科学家通过记录哪些植物能够产生光合作用、哪些植物不能产生光合作用计算出了降雨量，从而得到了特定区域中的湿气指数或降雨指数。这样的分析显示，类似疟疾等疾病与非洲山坡相匹配——但该海拔的气候对于这些疾病的产生和传播来说显得过于干燥和寒冷。研究人员在过去的不毛之地中找到了传播疟疾的蚊子。随着湿度的增高，过去贫瘠而干燥的地方变成了新的温床。温度升高加快了蚊子的生长速度、提高了蚊子吸食血液的频率以及接触寄生虫的频率，也加快了寄居在蚊子体内的寄生虫的生长速度。非洲高原大量产生疟疾的原因是，在低温条件下，哪怕是小幅的温度上升也对疟疾的传播产生了很大的影响。此外，还有一个复合因素是：在从未受疟疾影响的区域中，人们的免疫能力很低，这使得他们更容易受到感染。

气候变暖所产生的疾病也开始向北扩散，并四处传播开来。疫情于初春爆发，并一直持续到晚秋。而大规模的流行传染病——通常是能够杀死成千上万人的腹泻类疾病——往往在类似于飓风的大型气象灾害之后出现。有人预测，随着全球气候持续变暖，这种极端气候条件发生的频率和强度将会增大。在近万人丧生于米奇飓风——不仅因为风暴的直接性影响，而且因为随之爆发的传染病。生活在贫困地区和不发达国家的人民是最容易遭受这种灾害的人。

我们应该如何应对这一切？首先，我们必须在每个层面上认识到这些问题的存在——地方性层面、区域性层面和全球层面。在地方性层面上，当我们设计街道、乡镇和建筑的时候，我们必须考虑到影响健康和与健康相关的行为的建筑环境特征。在全球层面上，我们必须认识到这些建筑环境特征能够对气候变化产生影响，并且我们应当尽量减少它们。在研究这些变化的同时，我们还必须收集数据以评估其对健康产生的影响。

当华特·迪士尼设计奥兰多艾波卡特中心（Epcot Center）的时候，

他站在了时代的前沿。艾波卡特是未来社区的实验原型（Experimental Prototype Community of Tomorrow）的缩写。迪士尼将这个公园设想成一个可以测试并展示城市设计试验和技术进步的地方。他还设计了一个名为“庆典（Celebration）”的乌托邦式（utopian）小镇，该小镇在他死后被建造在佛罗里达州中部地区。许多人畏惧生活在这样一个高度控制的环境之中，而生活在那里的人都深爱着它。

迪士尼曾设想他可以创造一个乌托邦——那里的社区整洁而有序，那里的环境得到了控制，那里的人们幸福地生活着。还没来得及实现这个梦想，迪士尼就因肺癌过世。但它的一个版本已然存在，并成为了美国文化的一部分。不管怎样，他留下的最大的遗产是迪士尼化的美国——迪士尼化商场，迪士尼化街道，甚至是迪士尼化城镇。

这一点在购物环境中表现得尤为明显。在20世纪50年代，迪士尼乐园开幕前，所有商店沿公路一字排开。没有路标，没有什么引人注目或与众不同的东西能够吸引顾客。它们就像是街道沿线的商店带，但从未试图诱发过路人的情绪反应。

现在的商场与之前恰好相反。站在许多将总部设在达拉斯（Dallas）的连锁百货公司的自动扶梯底部，你会看到孩子们挂在母亲的手臂上滑动，青少年们忙着摆弄手里的手机，疲惫的购物者呆呆地凝视着前方。当自动扶梯载着他们经过悬挂着蝴蝶状云朵的圆顶天窗时，他们全都抬头张望并微笑起来，他们的眼睛盯着那数千个在天花板上晃来晃去的银白相间的羽毛蝴蝶和硬币状镜子。在白天的时候，这些蝴蝶在阳光的照射下闪闪发光；而在夜晚的时候，它们被下面的景观点亮——雪花和纳尼亚（Narnia）的传奇，圣诞节和《胡桃夹子》（*Nutcracker*）中的糖果仙女，它们唤起了所有人的童年幻想。

谁能抵挡得了这样的诱惑呢？谁不想与那成千上万只展翅飞舞的蝴蝶靠得更近呢？这样的设计非常巧妙。在通往商场一楼的道路上只悬挂了几只蝴蝶，它们只是为了引起你的好奇心。当你随着电梯不断上升，上方悬挂的蝴蝶就变得越多、越密集。当你到达最顶端，你置身于一个满是银白色蝴蝶和小镜子的世界之中，它们反射的光芒在电梯墙壁上跳动。随后，你看到了闪闪发光的遮挡物后面那琳琅满目的商品陈列。这样的陈列是为了吸引你进入商场，并改善你的心情，进而让你产生购物的欲望。并且，它的确有效。

这种夸张的陈列，通过视觉、听觉、嗅觉和共同记忆信号改变了消费者的心情。它在零售市场得到了一遍又一遍的应用，以至于我们认为它是理所当然的。这听起来似乎有些不可思议，但同时又表明我们可以通过设计城市环境来引导人们的情绪，引诱人们行走，并鼓励人们进行社会活动。如果我们能够将这些原则运用到城市设计之中，而不仅仅是运用到主题公园和商场之中，那么，我们也许能够消除消极的情绪和落后的乡村对身体健康的影响，甚至提高贫困地区的健康水平。

越来越多的郊区城镇根据这样的原则进行了修建。在那里，有供人们聚集的中央广场；有供人们与邻居进行社交活动的前门廊；有鼓励人们行走的短街区和人行道；有良好的照明和方便行走的公共设施；有由写字楼、商业区、住宅楼和康乐中心组成的混合使用区；有鼓励人们步行的、减少驾车出行的良好的公共交通系统；有距离小镇中心地带不远的自行车车道、网球场、公园和高尔夫球场。甚至连商场的水泥墙也被“打通”了，窗户和入口正对街道，从而鼓励人们步行。这些城镇让人联想到欧洲的老城镇和村庄。也许，我们无法凭借这些设计创造一个乌托邦，但为了到达那里我们至少会进行更多的锻炼。通过设计鼓励步行的城镇，我们能够减少自己对化石燃料的依赖度，减少城市对气候和环境的负面影响，同时改善我们自身的健康状况。

亚特兰大站（Atlantic Station）就是一个这样的地方——它是位于亚特兰大商业区的一个自给自足式城市中心。它是在一个所谓的棕色地带的基础上改建而成的。棕色地带是指曾经被污染的城市空间，在这里，它指的是一个建于1901年的废弃钢铁厂。亚特兰大站就像一个现实世界版的艾波卡特，它成为了一个人们无需驾驶汽车也能够生活、工作的理想的城市中心。

亚特兰大站是由布莱恩·利里（Brian Leary）创作的。布莱恩·利里是一名佐治亚理工学院（Georgia Tech）的学生，他最先在他的硕士论文中提出了这个想法。也许因为他在刚开始的时候从未设想这个任务有多么重大，也许因为这是大胆应用可持续发展城市设计概念的最佳时机，利里将他的蓝图变成了现实。通过说服真正的房地产开发商和一家保险公司，他接管了138英亩的土地，并把其改造成了混合利用式房地产。根据报刊报道，这个社区中有供10000名居民居住的洋房、城区住宅和公寓，供4000人工作的工作场所，还有零售商店、餐厅、剧院、11亩公园和绿地、自行车道、宽人行道，以及“共享式”汽车和与亚特兰大快速交通系统相连的电车。

利里现在是亚特兰大站的设计与发展副主席，他在2007年接受埃默里大学（Emory University）《公共健康》（*Public Health*）杂志的采访时解释道：“我们仔细观察了世界各地很多城市的街区布局，并找出它们对人们产生影响的原因。像萨凡纳（Savannah）这样的城市提升了人们步行的节奏。亚特兰大的步行节奏增长到了每小时55英里。现在的人们厌倦了交通堵塞。我们按照100年前的定义建设了这个社区。当人们居住在距离工作地点、购物地点较近的地方，他们就能够走出汽车，步行至餐馆或电影院，并在那里度过美好时光。他们可以通过步行前往任何自己想去的地方。方便非常重要，它也是一种更健康的生活方式——无论是身体上，精神上，还是情感上。”

这一构想与疾病预防控制中心提出的重新设计建筑环境以减少肥胖症的建议非常匹配。疾病预防控制中心的研究人员，也以亚特兰大站为基础进行研究。他们意识到亚特兰大站提供了一个完美的现实生活实验室，准确地测试了这些城市设计变化如何影响了居住在那里的人们的健康水平。2007年，疾病预防控制中心联合埃默里大学与亚特兰大站的开发人员，从亚特兰大站的居民那里收集数据，推出了一个名为“可走性与步行研究”（Studying Walkability and Travel，SWAT）的项目。

这个项目召集了200名参与者，并在他们搬进亚特兰大站之前对其进行了健康状况评估，随后在一年后再次对其进行评估。在5天的时间中，他们需要佩戴活动/行走监测设备，并填写关于健康、步行和活动的调查问卷。研究人员所希望的是他们获取的信息会带来建筑环境如何影响活动及运动的证据，并为未来的发展提供指导。

当然，如果该研究目得以实现，它的发现会以收集城市环境中的客观证据为基础——经芝加哥城市住房项目“罗伯特·泰勒之家（the Robert Taylor Homes）”中的一个与居民有关的早期路标研究加以证实。研究人员发现，那些偶然被分配到距离绿色林地较近的公寓中的居民，相较于那些居住在靠近贫瘠区域的公寓中的居民，能够更好地集中精神完成测试，且能更好地应对其他重大生活问题。在他们的报告中，研究人员认为这些发现证明了自然的力量，就像哲学家亨利·大卫·梭罗所说的那样：“几棵树和16层高的公寓外侧的玻璃的存在，对居住其中的居民的身体功能产生了可衡量的影响。”

这一切给人们带来了希望：建设可持续发展的城市生活空间不仅能给环境带来好处，而且对我们自身的健康有益。这样的研究支持了绿色运动的理念——“放眼全球，立足本地”——凭借个人化方式。还有什么能够比健康更私密呢？我们每个人可以尽自己的努力改善当地环境，并以这样的方式找到我们自己的愈合之境。

要找到自己的愈合之境有很多不同的方法。有时需要经历一定的压力和困难——甚至是疾病，就像我所经历的那样——才能找到你自己的平和与愈合之境。

第十二章
构筑属于你自己的好地方

在春天的早晨，我和父亲坐在厨房门外的露台上吃早餐。他在印着“父亲”一词的超大白瓷咖啡杯对面埋首读书。离我出门上学还有个小时，母亲和妹妹仍在屋里穿衣服。当我吃着谷物早餐的时候，父亲把头从书中抬了起来，对着我微笑。

“听……你听这平静的声音。”他说。我听见了狗叫声、鸟叫声，还有街道对面的网球场里发出的“砰砰”声。这些声音对我来说没有什么不一样。我常常能够听见它们。直到多年后，当父亲离开人世，我才明白他说的话代表着什么意思。他在20世纪50年代中期说的这些话，那时距离欧洲战争结束只有十年——他记忆里的战争依然鲜活，他非常珍惜这样安静的时刻，能够理解陶醉在这种平和的环境之中的感觉。

他最爱的赞美诗是《圣经》诗篇第二十三篇。有时，吃完晚饭后，他会从书架中抽出一本《圣经》，坐在台子上念给我的妹妹和我听。每隔一会儿，他会用睿智而冷静的眼神，微笑着看着我们。

耶和华是我的牧者：我必不至缺乏。
他使我躺卧在青草地上，
领我在可安歇的水边。
他使我的灵魂苏醒，为自己的名引导我走义路。

是啊，我虽然行过死荫的幽谷，

也不怕遭害。

在战争期间，我的父亲曾走过一个笼罩着死亡阴影的峡谷——一个位于德涅斯特河沿岸地区（Transnistria）的集中营附近的地方。在他死后，我找到了这个地方。他从未谈论过这里。我从不认为我的父亲是一名宗教人士，事实上，从有组织的宗教意识上来看，他的确不是。他从没有去过犹太教堂，也从未遵循任何犹太仪式。但他有着深刻的宗教精神，而我在很久以后才理解了这一点。

在他生命的最后阶段，他罹患了一种漫长的致残性疾病，类似于阿尔茨海默和帕金森氏症的结合。这是一件可怕的事情：疾病的症状慢慢地摧毁了一个曾将生命的全部集中于创造性尝试的人——包括和平利用辐射的医学研究，在世界各地讲学、写作和编辑。

在他去世前几天，我站在厨房中搅拌着炉子上冒着泡的金桔果酱，我的女儿则站在我的手肘处。我刚从加利福尼亚州带了一袋金桔回来，准备将它们制作成果酱。厨房的空气中弥漫着它的香味。它让我想起了我母亲的厨房，而我就像我的女儿那样站在我母亲的旁边，眼巴巴地等待着品尝第一口果酱。我们会把这些果酱滴在盛有冷水的玻璃杯之中，以确保它与玻璃杯底部紧紧地粘贴在一起。这就意味着我们可以把这些果酱装在准备好的罐子中。随后，电话铃响了。是我父亲在蒙特利尔的医生打来的，他告诉我最好尽快赶到那里。已经没有多少时间了。我朝行李箱中胡乱扔了几样东西。当我冲向门口，我犹豫了一下，又回到厨房拿了一罐果酱。因为我的父亲一直很喜欢吃果酱。

当我赶到父亲所在的位于蒙特利尔的病房时，他正躺在病床之中，他的呼吸有着深层而缓慢的节奏——揭示他正处于濒临死亡的状态。他似乎陷入了沉睡，或是无意识状态。我俯身在他耳边低语。他没有任何反应，但呼吸还没有间断。我抚摸他那满是汗水的额头，他还是没有任何反应。最后，我想起了手提袋中的果酱。我把它拿出来，并在病床旁边的床头柜上取了一个勺子。当我打开瓶子，果酱的芬芳散发了出来，在一瞬间覆盖了他的呼吸所散发出来的酸臭味。我挖了一勺果酱，把它滴在了他那干燥而苍白的舌头上。最开始没有任何反应，但随后，笑容慢慢地浮现在了他的脸上。这是他最后的微笑。几天后，他去世了。

在很久以前，父亲和我所坐的那个露台可以俯瞰我家的花园——那里是我母亲的圣殿。每个季节，不管春天、夏天和秋天，那里总是布满了不同的鲜花，都有不同的植物开放。郁金香、水仙花、白瓣雪花莲和番红花之后是白色延龄草和蓝色长春花。随后开放的是白色和蓝色的勿忘我（我祖母最爱的花朵）。还有爬满了蚂蚁的桃红色、红色和白色的芍药花，每当我尝试着嗅闻花朵的芬芳时，这些蚂蚁就会让我觉得鼻子很痒。角落中的亮紫色鸢尾花闻起来也十分芬芳。三色堇那毛茸茸的黄色花心和剑锋式叶片让它们看上去十分端庄，就像一张紫色和黄色组成的笑脸。我一直不喜欢那些橙色的虎皮百合——它们看上去总是乱做一团——但我的母亲喜欢它们，因为她爱所有的植物。栅栏上爬满了两种相互缠绕的铁线莲——一种是深紫色的，一种是浅紫色的。花园中还有各种颜色各种形状的玫瑰，一串串淡蓝色的附子花，粉红色和紫红色的绣球花，还有像棉絮一般挂在灌木丛中的白色绒线菊花花球。早春的空气中弥漫着紫丁香的气味，而在夏季的夜晚白色山梅花和紫色香雪球的香味漂浮在房子的周围。

在花园的中间还种植着两棵樱桃树和一棵苹果树。在5月和6月的时候，我会躺在樱桃树下的草坪中，盯着树上一簇簇的白色花团，看着它们像雪球一般簌簌地掉落下来，有时候，花瓣还会落在我的舌头上。夏天快要结束的时候，我们爬上高高的梯子采摘挂在树枝上的黄色的酸樱桃。为了这些果实，我母亲与松鼠和小鸟进行了一场持久战。她用这些果实烘焙派尔斯卡斯（pirishkas），一种她跟她那来自罗马尼亚的母亲学习的装满了樱桃的酥皮糕点。在厨房中，我和妹妹总是站在母亲的身边，帮助她用玻璃杯分割面团，再用这些圆形面皮包樱桃，小心翼翼地将面皮的边缘捏在一起以形成一个小口袋。我们焦急地等待着它们出炉，这样我们就可以趁它们散发着热气、滴落着酸酸甜甜的樱桃汁儿的时候吃掉它们。

冬季的花园覆盖着厚厚的积雪，这意味着它正处于休眠期。直到4月下旬，绿色的嫩芽才从枯死的树叶和干枯的枝条中萌发出来。在那个时候，我的母亲会在花园中耗上几个小时，为她深爱的植物们拔草、修剪枯死的枝条、翻土，以帮助它们生长。在一天结束的时候，她穿着沾满了泥土的靴子，带着被泥土弄脏的疲惫而快乐的面容回到家中。夏天，下雨时她充满了喜悦，因为她的植物得到了雨水的浇灌和滋养。

花园是平和的空间，是城市中的小块“再创造式”自然空间，是根据野外景观打造的空间。根据传说、诗歌和歌曲，花园在历史起源的时候就为人们提供了一个喘息的空间，比如说伊甸园（the Garden of Eden），巴比伦空中花园（the hanging gardens of Babylon），古代波斯（Persia）、印度、中国、日本的丝绸之路（Silk Road）沿线的花园。

你可以在最令人惊奇的地方找到花园的踪迹。敦巴顿橡树园（Dumbarton Oaks）位于华盛顿特区，它是联合国的肇始地。1944年夏秋之交，在一个多月的时间之中，来自美国、前苏联、英国和中国的代表聚集在这里，制定了最终的协议。正是在这里，所有处于战争状态但渴望和平的国家聚集在了一起。

这个意大利风格的地坪花园修建于20世纪20年代。根据季节的不同，你可以沿着曲径漫步，路过小径旁的连翘丛、杜鹃花丛、玫瑰丛，或是经过开满了花朵的榆叶梅树和布满了观赏性樱花树、野苹果树或水木的小山丘，也可以坐在布满紫藤萝的屋檐下方的长木椅上，沉醉在它们那甜美的芬芳之中。当你站在花园深处，你会忘记自己身处之地距离华盛顿中心——最拥挤的乔治敦（Georgetown）大道只有几个街区的距离。

在洛杉矶市中心，你可以找到一个更小的空间，一个隐藏在酒店后方角落之中的日式地坪花园。花园比周围的街道高出3层楼的高度，被旁边高耸的加州交通局（Caltrans）和一侧的酒店包围在中央。当你走出酒店的日式餐馆，开始在花园中漫步的时候，你会误以为自己站在一个覆盖了草坪的斜坡上。在花园的入口处有一棵日本枫树和精心修剪的树木，正前方是一个瀑布，附近有一排通往“小山”顶部的阶梯。事实上，“小山”和瀑布巧妙地伪装了花园下方、餐厅天花板上方的阶梯状屋顶。在这个精心打造的、如风景画一般的屋顶花园中，有一条小径蜿蜒着经过了许多水景：一个有着倾斜卵石滩的宁静小池塘；从8英尺高的岩石墙上飞溅而下的瀑布；一条放置着踏脚石的曲折小溪和横跨在小溪上的木桥。当你坐在花园角落中的大树荫下的小酒馆桌旁，你能够听见汽车轰鸣的喇叭声和小溪潺潺的流水声混合在一起。小溪旁生长着纸莎草、香蒲、高草和蕨类植物，还有粉红色和白色的凤仙花、杜鹃花。你可以闻到植物和泥土的气味与“小东京（Little Tokyo）”餐馆中散发出来的油炸鱼和牛肉香气混合在一起的味道。如果你将注意力集中在花园中的声音、景观和气味上，在那一刻，你会感觉自己逃离了城市的繁忙和喧嚣。即便是从酒店窗户向公园望去，它的景色也能够让你的眼睛在反光和热反射的沥青屋顶和路面中拥有一个喘息的机会。

就在洛杉矶市中心东北方向的圣马力诺（San Marino）有一个中式园林，它是亨廷顿图书馆（Huntington Library）综合建筑群的一部分。这个综合建筑群是由真正的铁路大亨和房地产开发商亨利·爱德华·亨廷顿（Henry Edwards Huntington）在1919年创建的。它含有很多来自世界各地的不同类型的花园，包括一个莎士比亚风格花园和一个巴洛克风格花园（由许多的大理石雕像和喷泉组成）。最新修建的景观名为“留芳园”（Liu Fang Yuan），又名“漂浮着香气的公园”（Garden of Flowing Fragrance），是一个根据中国传统风格修建的公园。当地盛产的树木——加州橡树，有着类似于冬青树树叶的高大树木——在池塘景观后方形成了一片庄严的树林。在树林前方，自然积累的雨水形成了一个池塘。在所有景观之后，隐隐可以看到远方环抱花园的圣加布里埃尔山（the San Gabriel Mountains）。当然，这个花园的布局符合古老的风水传统：后方有着保护性的群山和森林，前方则有流动的水源。根据这些原则，这样的安排最适合养“气”或促进生命力和谐流通。这个花园与它的名字完全符合：整个空间中流通着香气、水源和生命力。

从花园的表面构造来看，它遵循了中国的和谐原则，并与花园后方未经修饰的自然景观形成了鲜明对比。在水塘周围有一系列人行环道，它们环绕着小型半岛和小岛，每条环道都通往有着小石板屋顶的宝塔或更大、更华丽的雕花木制凉亭。这些建筑为人们提供了休息、思考、冥想或与朋友聊天的阴凉而安静的场景。与此同时，远处的山脉，装饰建筑的格子窗、走道、拱门和木柱，也构成了许多不同的花园景观。在更开放的宝塔中，你可以感受到拂面的微风，听到周围树木上的树叶所发出的沙沙声。或者，你可以听到浅水池中的冒泡声，闻到茉莉和松树散发出的味道。

水塘的边缘放置着来自中国太湖的石头。安置这些石头是为了突出原汁原味的和谐原则，同时，它们也象征着永不改变——与水相反，水象征着不断的改变。水塘边种植的树木和植物也有自己的象征：竹子象征着弹性和强度；松树象征着持久，因为它一年四季都是绿色的；梅花象征着毅力和勇气，因为它的花朵即便是在天气恶劣的寒冬也能够绽放。当你斜倚在拱形石桥的栏杆上，你可以看到金色、白色和橙色斑点的大锦鲤在池水中懒洋洋地游动。

一名带有浓浓的中国口音的保安用流利的英语说道，根据中国的传统，如果你能与自己周围的环境和谐共处，那么你就像是水中的鱼儿。因此，池塘边的一条花岗岩人行道被命名为“鱼乐桥（Bridge of the Joy of Fish）”。他犹豫了一下，转过身来告诉了我更多。他出生于1948年，上个世纪60年代的时候他刚刚从高中毕业。他和他的战友们被送到了乡下，在农场中劳作了五年。他的家庭遭受了可怕的磨难。

1976年，他逃到了香港，随后来到了美国。他成为了一名航空航天工程师，但频频发作的抑郁症阻碍了他的事业发展。他开始画画，并尝试着向这方面努力，但最终也因为抑郁症而放弃了。在这个花园中，他开始愈合，并逐渐回到了正常的生活轨迹。他每天在池塘周围平静的小路上散步，检查场地，并为游客们提供帮助。

在距离洛杉矶市中心更远的北部地区，建筑师罗伯特·欧文（Robert Irwin）设计的盖蒂中心（Getty Center，包括一座非常现代化的美术博物馆、一个艺术研究中心和一所漂亮的花园）位于可俯瞰整座城市的高山顶端。一条小瀑布从博物馆的墙壁上倾泻而下，落在巨石上，最后流进了一个圆形水池。一条与纵横交错的生锈的铁轨一致的曲折的锯齿状通道，与旁边那条凉爽的又安静的小溪形成了鲜明对比。沿着这条通道来回穿梭，你从树荫走到炙热的太阳下，你与流水声之间的距离也忽近忽远，这样你就能够敏锐地意识到周围环境中的元素的变化。

但是，并非所有的花园都是平和而引人入胜的。它们也可以像城市站台那样小，只含有一棵或两棵树。在芝加哥市中心，距离北密歇根大道（North Michigan Avenue）几步之外的湖泊旁边，你可以进入四长老教会（the Fourth Presbyterian Church）的庭院之中，周围所有的噪声似乎立刻就消失了。经过教堂的5个石牌坊，你看到的还是熙熙攘攘的人来车往。而转过身来，你就置身于一个截然不同的世界之中：中心草坪上耸立着两棵高大而茂盛的银枫树，靠着围墙的人行道上有一排低矮的黄杨树篱和一些零星的花朵，庭院中央有一个巨大的石头喷泉，与我们从卡米诺弗朗西斯到圣地亚哥德孔波斯特拉大教堂路上看到的喷泉相似。一块牌匾上写着它是由教堂的建筑师拉尔夫·亚当斯·克拉姆（Ralph Adams Cram）捐赠的，克拉姆也设计了纽约圣约翰神圣大教堂（the Cathedral of St. John the Divine）。水从四个方向喷出，平静地流入了一个八角池中，流水的声音与鸟鸣声融合在一起。

在我的父亲去世三周后，我去了位于华盛顿特区的国家大教堂（the

National Cathedral）中的主教花园（the Bishop's Garden）。那是一个完美的夜晚，3月的天气刚刚开始转暖。大教堂和花园位于城市的最高点。当树木还没有长满叶子的时候，从那里向下望去，你可以看到城市中闪烁的灯光。我曾来过这里，在这里发泄自己的情绪，无法抑制地大声哭泣。但自我父亲过世之后，我还没有以这种方式进行宣泄。那晚稍早的时候，我参加了为纪念大屠杀中被杀害的600万犹太人而举行的仪式——这个仪式每年举行一次，而我那10岁的女儿是仪式合唱团中的一员。今年的仪式与往年的仪式有所不同。它在犹太教堂中按照犹太人的葬礼模式举行，还有颂歌、祷告及其他仪式。我坐在黑暗的大厅后面的位置上，当孩子们甜美的歌声在教堂中响起时，我开始哽咽且不能自已。我不得不离开那里，前往一个可以独处的地方。

我站在大教堂花园，看着教堂下方的城市中闪烁的灯光。这时，一阵暖风拂动了矗立在公园入口处石质月拱门旁的垂樱上的花朵。花瓣在空中飞舞、旋转，落在了我的身上，就像三周前蒙特利尔落下的大雪那样——那时我们在皇家山（Mount Royal）半山腰的公墓里埋葬了我的父亲。我不知道是不是因为环境的相似性，但是在那一刻，我强烈地感觉到了父亲的存在，就好像他还活着一般，并与我一同站在我记忆中的樱桃树下。这让我想起了当我生病的时候，他轻轻地抚摸我的额头。就这样，我渐渐感到了一种平静感。

六年后，我的母亲躺在蒙特利尔皇家维多利亚医院（the Royal Victoria Hospital）中，生命垂危。她的病床旁边有一扇弗洛伦斯·南丁格尔所赞许的高大窗户。窗户面对着高山和茂密的树林，而不是朝向医院旁边的城市和急剧上升的地面。树下堆积了很多雪，树木枝条上也挂满了重重的冰雪，它们在阳光下闪闪发光。大多数时间里，我的母亲都在沉睡之中，而当她睁开眼睛的时候，她总是紧紧地盯着那些树木，她看起来似乎很平和。

在我母亲过世后三个月，我独自坐在一座小山上的小型石头教堂门口，那里能够俯瞰整个克里特岛南部海岸上的楞塔斯村（Lentas）。教堂的门楣非常低，我不得不弯下身子才能进入教堂内部的黑暗空间。但教堂里面非常凉爽，可以让我在炙热的阳光中得到喘息。教堂中散发着石头、土壤的发霉味和蜡烛（居民们在圣像周围点燃的蜡烛）的味道。我弯腰坐在地上，眯起因阳光而感到刺痛的眼睛。透过门框可以看到土地、大海、村庄的广阔景色——环绕在半山腰的海湾因小山而改变了流向，最终汇入了地中海（Mediterranean）。这是我所看过的最蓝的海水，它在村庄红顶白墙的屋舍以及大片紫红色三角梅的映衬下，显得更蓝了。

我和我的新邻居——一个希腊家庭（他们还邀请我居住在他们村里的山寨中）一起来到了这里。在我的母亲患病的最后一个月，我因为筋疲力尽而患上了关节炎，我的膝盖、手腕和肩膀变得僵硬、疼痛和肿胀。我接受了各种各样的测试——切片检查、针刺吸引术和X射线——以查明病因。我接受了药物治疗，但这些症状仍然存在。我打算重新回到医院，尝试新的治疗方法，但为了来到克里特岛，我将治疗延后了。

我所休憩的小石头教堂建在一个很大的拜占庭教堂（Byzantine church）的废墟上，位于古希腊治愈之神阿斯克勒庇俄斯的神庙上方。2000多年前，病人们来到这里，凭借睡眠、做梦、健康饮食、新鲜的水源、音乐、运动和朋友的支持而得到愈合。他们会爬上寺庙的斜坡，就像我爬上这些鹅卵石道路一般。我在最开始时有些犹豫不决，但后来，我的信心提高了。我可以坐在高处花几个小时静静沉思、凝望周围的景观并观察那些在岩石坡上攀爬的山羊。我可以聆听寂静，聆听远处偶尔出现的绵羊叫声，聆听鸟儿叽叽喳喳的叫声，聆听园丁手中的耙翻动神圣的土壤时所发出的声音。对我来说，这些都是平和的声音。

无论是从宏观的角度还是从微观的角度，我们都与周围的空间紧密地连接在一起。我们对空间产生的意识可能来自非常渺小的物质，比如小草上掉下的一滴晨露，雨后湿润的泥土散发出来的味道，或是麻雀掠过人行道时所发出的声音；可能来自我们的感觉，比如与脚下的沙砾产生的触感，或是阳光照射在裸露的手臂上的温暖；也可能来自某些非常庞大的物质，比如悬挂在黑暗而寂静无声的外太空中的星球。总之，我们对空间的意识来自所有感官——凭借我们所看、所感、所闻、所听的内容。当我们感受或重新感受某个空间的时候，记忆也能够对意识进行创造或是再创造。而情绪，无论是好是坏，都能与空间产生联系，进而唤起无数不同层面的感受：与家庭联系在一起的平静感；与新鲜事物联系在一起的刺激感和焦虑感；再次经历精神创伤时所产生的恐惧感；对多年前经历过的爱情的向往感。空间也能够触发不好的记忆或是坏习惯，而我们自身对此毫无意识，这会导致毒瘾复发或陷入绝望。反之，有些与安全感联系在一起的空间在我们需要的时候能够拯救我们。这些情绪触发了级联（cascades）神经化学物质和激素，并通过大脑途径传递到人体各个部位。它们改变了免疫细胞对抗疾病的功能或愈合的功能，从而影响了我们的健康。

所有的人都在力图改变空间对健康产生的影响。人数太多，可能会产生拥挤并导致传染性疾病爆发；人数太少，我们则会感到孤立和沮丧。恰如其分的人数和安全的社交关系网络，会帮助我们度过疾病所带来的艰难时期。疾病同样改变了我们对空间产生的意识，它让我们的情绪变得低落并让我们的记忆变得模糊。

我们都是这个世界中的一部分，我们对周围空间所做的一切不仅能够改变空间，而且能够改变我们自身。我们能够创造吞噬并破坏自然环境的空间，但它最终会摧毁我们自身。或者我们可以采用截然不同的方法——创造一个与自然环境和谐共处的、并能维持自身健康的空间。

千百年来，建筑师们一直仰望着先贤的辉煌：古希腊人非常重视“黄金分割率”；克里斯托弗·韦恩设计的圣保罗大教堂应用了声音；弗兰克·劳埃德·赖特和现代主义者利用光线和通风创造了20世纪初期的建筑；

路易斯·康努在拉霍亚海洋峭壁上建造了索尔克研究所。一种关于环境如何影响情绪、行为和健康的意识，帮助当今的设计师的设计理念能够对我们的身体产生有益的影响，以保持身体健康进而促进愈合，而不是加大压力并使疾病恶化。

这些原则被运用到了医院设计中——包含了能够维持身体健康和心灵健康的元素。这些设计考虑到在减少噪声的同时保持表面的清洁。它们包含了保护病人防止感染的隔离空间，同时也为家人和朋友提供了房间。它们提供了舒缓性质的景观——通过适当的光照、颜色创造有助于愈合的心情。它们考虑到病人的记忆损害和情感性障碍，从而在环境中添加特定元素以帮助他们保持独立性。那些让人联想到医院和疾病的难闻气味，已经被令人愉悦的香气所取代。技术创新和精心设置的地标帮助人们——尤其是老人和记忆受到损害的人——在迷宫和医院走廊中穿行自如。锻炼和体力活动的需要也被纳入了考虑范畴之中，技术创新改变了与医院病床有关的理念。

除了医院，在全球化水平上，关于环境能够鼓励行走、健康运动或阻碍运动导致肥胖症的知识，已经催生了一个与城镇设计有关的行动，从而鼓励人们进行锻炼并加强社会相互作用。正如维多利亚时代的卫生运动最终终止了传染性疾病的流行，添加了鼓励运动和健康生活方式的、控制现代肥胖症传播的建筑特征的城市设计也能够达到同样的目的。可持续发展、绿色建筑和城市规划新行动能够帮助人们做到这一点。

在建筑神经科学协会会议结束之后，当埃利森·怀特洛载着我回到拉霍亚，经过索尔科研究所和太平洋的时候，星星在漆黑的夜空中闪烁，她向我吐露了当她第一次听说将神经学家和建筑师联系在一起的可能性时，是什么让她产生了灵感。“建筑神经科学协会的产生，”她说，“就好像是合乎逻辑的下一步。我们有各种各样的绿色建筑标准，但我们忽略了建筑对人体产生的影响。我们需要证明这样的建筑元素对人体有益。”

神经科学家爱德华多·马卡尼奥在研究循证设计的时候也提到了这

一点。我们需要什么证据，我们如何获取这些证据？当人们进行空间体验的时候，我们可以观察大脑功能。如果能够找到一种综合性方式来检测大脑的所有生理反应，我们就能够认识到什么产生了影响，什么不能产生影响及其原因。我们也能够意识到什么样的空间才能促进学习，促进更好的健康结果，促进更好的心情，或者设计这样的空间需要些什么。而且，我们还能够设计可以帮助有记忆缺陷和心理功能障碍的人康复的空间。

当伊芙·埃德尔斯坦获得圣地亚哥城市中心发展机关（the City Center Development Corporation of San Diego）授予的“最佳可持续发展实践奖（the Best Sustainable Practices Award）”时，还有一位名列前茅的建筑师是埃利森·怀特洛。埃德尔斯坦获得这个奖项是因为她“将可持续发展等级系统与人类表现衡量措施结合在一起，致力于将人为因素可见化、量化作为努力创造真正高性能设计的一部分”。在接受这一奖项时，埃德尔斯坦说：“绿色设计对人类行为产生的影响与其对建筑性能产生的影响同样重要。”

这正是很久以前，约翰·艾伯哈德和我第一次在华盛顿见面的时候，他问我的问题：“当人类正在进行的创造性工作是无法通过数量和重量进行测量时，我们如何测量人类对建筑空间产生的反应，从而提高其生产力和创造力？”为了解决这一问题，我们已经走了很长一段路，但进展非常缓慢，仍有很多工作需要我们完成。

建筑学和城市设计新领域必须考虑到我们的情绪需要，以及我们的大脑在整合感官信号方面的优势和局限性。它必须考虑到每一个层面，从小到大，从我们周围的环境到全球范围。研究必须解决大脑如何对建筑空间产生反应，以及特定方面的设计是否会对特定方面的健康问题产生影响。此外，我们还需要进行更多的虚拟或实际空间研究，并将其作为单独性疾病（特别是由环境所引发的疾病）治疗手段或传统药物疗法的辅助性手段。

这将是改变我们生存环境的下一个步骤，它超越了前几个世纪所关注的身体需要性的基本问题。它不仅仅是清理医院和城市，让它们摆脱传染性疾病和中毒性疾病。它包含了一个新的健康概念——健康不仅是没有病，情绪也是健康的一个重要组成部分。

当我问美国国立卫生研究院临床研究中心疼痛及缓和疗护病房负责人安·伯杰，在她看来愈合的定义是什么时，她说："在缓和照顾中，愈合被视为一种整体感。愈合不一定是治愈，但它对整体感受产生了一定影响。治愈和愈合之间存在着差异，而我们在缓和照顾中所做的就是帮助人们愈合，无论他们病得有多重。"

世界卫生组织将健康定义为"健康不仅是没有病，而是身体、心理和社会适应方面都处于完好状态"。建筑空间对所有健康问题产生了影响。许多组织都跨越了很多学科，包括健康科学、医疗保健专业知识、建筑学、设计学和城市规划学，他们将这些学科结合在一起发展研究项目，从而解决健康定义中涉及的问题。2002年，亚特兰大疾病控制中心（the Centers for Disease Control in Atlanta）聚集了不同的学科代表，来解决以下几个问题：如何研究建筑空间对健康产生的影响；如何确定建筑环境对健康方面的问题所产生的影响；如何确定各个层面的系统性需要。在同一年，美国国家科学院召开了名为"为医疗保健行业建设绿色建筑与健康建筑（Green and Healthy Buildings for the Healthcare Industry）"的会议。2005年，美国国家科学院发表了一份名为《在建筑物中应用健康保护性功能和实践》（*Implementing Health-Protective Features and Practices in Buildings*）的研讨会报告，参与者有许多来自联邦机构。包括美国国家航空航天管理局和环保局（EPA），他们作为联邦室内空气质量机构间委员（the Federal Interagency Committee on Indoor Air Quality）的一部分，仍在一同进行研究工作。现在，许多其他组织也拓宽了视野，检查建筑环境对所有健康方面的问题产生的影响：美国疾病预防和控制中心对可走性和肥胖症进行的研究就是一个典型的例子。位于华盛顿特区的国家建筑博物馆（The National Building Museum）同样开始采取行动，组织了一个名为“绿色社区（Green Community）”的展览，解决了许多与其相关的问题，包括健康。

已有许多研究像它们这样制定了相应的计划，还有更多机构将要进行类似的研究。我们现在正处于一个出发点——我们可以应用新的微型技术和便携式技术来测量因环境空间产生的大脑、情绪和免疫反应。这些措施将有助于确定环境是如何对健康产生影响的。反之，该信息会帮助我们确定特定方法来设计可以维持健康的空间。

无论是大型组织还是小型组织，无论是已建成的组织还是处于起步阶段的组织，都加入了挑战。这样的组织包括了：健康设计中心（the Center for Health Design），和它的卵石项目；美国国家科学院，和它的健康建筑项目；美国建筑神经科学协会，它致力于环境神经科学的系统研究；罗伯特·伍德·约翰逊基金会和美国医疗保健研究与质量局。它们只是这些研究组织中的一部分，它们筹集资金调查了这个问题的不同方面。

我们每个人都能履行自己的职责。我们应当关注自己周围的空间，而不是在繁忙的日子中四处奔波。我们需要抽出一点时间观察周围的一切，从而意识到我们周围的环境对世界、对自己所产生的影响。我们应该抽出时间观察阳光下闪闪发光的树叶，聆听寂静的声音和自然的声音。我们需要停下脚步，闻一闻海水的味道或金银花在夏季夜晚中散发的芬芳。我们需要感受春风温柔地触摸脸庞的感觉。无论我们是否健康，我们都能够做到这一切。我们需要让这些感受渗透进我们的身体，抽出时间保存它们所触发的记忆，无论其是好是坏，都渗透到了我们的思想层面。我们需要让这些记忆与情绪联系在一起，并让自己拥有遐思的时间。也许，这就是为什么看到大自然美景的病人的愈合速度比那些看到砖墙的病人的愈合速度要快。当我最终决定放开一切前往克里特岛，让太阳和大海、让记忆和情绪洗涤我的心灵，我才开始了真正的愈合。

按照这种方式，无论我们身处世界何处，无论是在繁忙的生活间隙中的哪个时刻，我们都能够为自己创造一个愈合的空间——这个小岛，它真实地存在于我们身体内部，是存在于我们的情绪和记忆之中的空间，每个人都能够找到它。此外，拥有最强大的愈合能力的地方，就是我们的大脑和心灵。

【参考书目】

第一章 康复的空间

M. 坎贝尔（M.Campbell），2005年，《肺结核为现代社会带来了什么：医疗环境对现代设计和现代建筑学的影响》（*What tuberculosis did for modernism: The influence of a curative environment on modernist design and architecture*），载《医学史》（*Medical History*），49(4)：463 - 488。

J.P. 埃伯哈德（J.P. John Eberhard），2008年，《大脑中的风景：神经科学与建筑学的共存》（*Brain Landscape: The Coexistence of Neuroscience and Architecture*）。纽约：牛津大学出版社（Oxford University Press）。

F. 古特海姆（F.Gutheim），1960年，《阿尔法·阿尔托》（*Alvar Aalto*）。纽约：布拉齐勒出版社（Braziller）。

R. 霍布雷（R.Hobday），2006年，《光的变革》（*The Light Revolution*），苏格兰福里斯（Forres Scotland）：芬德霍恩出版社（Findhorn Press）。

L. 贾汀（L.Jardine），2002年，《宏大的规模：克里斯托弗·韦恩爵士的杰出一生》（*On a Grander Scale: The Outstanding Life of Sir Christopher Wren*）。纽约：哈珀·柯林斯出版集团（Harper Collins）。

L. 科恩（L.Kohn），J.M. 克里根（J.M.Corrigan），M.S. 唐纳森（M.S.Donaldson），2000年，《犯错是人性：构建一个更安全的医疗体系》

（*To Err Is Human: Building a Safer Health System*）。华盛顿特区：美国医学研究所（Institute of Medicine）、美国国家科学院、美国学术出版社（National Academies Press）。

E. 麦考依（E.McCoy），1960 年，《理查德·努特拉》（*Richard Neutra*）。纽约：布拉齐勒出版社（Braziller)。

Z. 莫纳（Z.Molnar），2004 年，《托马斯·威利斯（1621-1675），临床神经科学的奠基人》（*Thomas Willis（1621-1675），the founder of clinical neuroscience*），载《神经系统科学自然评论》（*Nature Reviews Neuroscience*），5(4)：329 - 335。

R.S. 乌尔里希（R.S.Ulrich），1984 年，《窗外视野能够对病人的术后恢复产生影响》（*View through a window may influence recovery from surgery*），载《自然》（*Science*），224(4647)：420 - 421。

第二章 观察与愈合

视力与视觉系统

D.H. 胡贝尔(D.H.Hubel),T.N. 维瑟尔(T. N. Wiesel),1962 年,《猫的视觉皮层中的视网膜感受场、双眼相互作用和功能型结构》(*Receptive fields, binocular interaction and functional architecture in the cat's visual cortex*)，载《美国生理学杂志》（*Journal of Physiology*），160：106 - 154。

N.K. 洛戈赛蒂斯（N.K.Logothetis)，1999 年，《视觉：意识的窗口》（*Vision: A window on consciousness*)，载《科学美国人》(*Scientific American*)，281(5)：69 - 75。

A.J. 帕克（A.J.Parker），2007 年，《双眼深度知觉与大脑皮层》（*Binocular depth perception and the cerebral cortex*），载《神经系统科学自然评论》，8(5)：379 - 391。

C.J. 夏兹（C.J.Shatz），S. 林特斯龙（S. Lindstrom），T.N. 维瑟尔，1977年，《猫的视觉皮层中的左右眼传入神经分布》（*The distribution of afferents representing the right and left eyes in the cat's visual cortex*），载《大脑研究》（*Brain Research*），131(1)：103－116。

色觉、色盲和颜色对情绪产生的影响

B. 巴宾（B.Babin），T. 舒特（T.Suter），2003年，《颜色与购物意图：价格公正和意识影响所产生的干预性效果》（*Color and shopping intentions: The intervening effect of price fairness and perceived affect*），载《商业研究杂志》（*Journal of Business Research*），56：541－551。

M. 菲尔德（Field），T. 杜卡（T.Duka），2002年，《视觉线索和小剂量酒精调整了饮酒者体内的奖励性机制》（*Cues paired with a low dose of alcohol acquire conditioned incentive properties in social drinkers*），载《心理药理学》（*Psychopharmacology*），柏林，159(3)：325－334。

D.M. 亨特（D.M.Hunt），K.S. 杜赖（K.S.Dulai），J.K. 鲍梅克（J.K.Bowmaker），J.D. 莫伦（J.D.Mollon），1995年，《约翰·道尔顿的色盲症的化学原理》（*The chemistry of John Dalton's color blindness*），载《科学》（*Science*），267(5200)：984－988。

A. 费尔（A.Schafer），K.W. 克拉基（K. W. Kratky），2006年，《彩色照明对心脏变异性所产生的影响》（*The effect of colored illumination on heart rate variability*），载《补充替代医学基础及临床》（*Forschende Komplementarmedizin*），13(3)：167－173。

L.T. 夏普（L.T.Sharpe），A. 斯托克曼（A.Stockman），J. 内森斯（J.Nathans），2001年，《视蛋白基因，视紫素视锥细胞，色觉，色盲》（*Opsin genes, cone photopigments, color vision, and color blindness*），载L.T. 夏普和K.R. 吉根弗纳（K.R.Gegenfurter）编辑出版的《色觉：

从基因到知觉》（*Color Vision: From Genes to Perception*）。剑桥：剑桥大学出版社（Cambridge University Press）。

H. 谢尔曼（H. Sherman），1914 年，《圣路加医院里的绿色手术室》（*The green operating room at St. Luke's Hospital*），载《加利福尼亚州医学杂志》（*California State Journal of Medicine*），181 - 183。

S.G. 所罗门（S.G. Solomon），P. 伦尼（P. Lennie），2007 年，《色觉的原理》（*The machinery of colour vision*），载《神经系统科学自然评论》（Nature Reviews Neuroscience），8(4)：276 - 286。

观察：识别、场景与模式

G.K. 阿吉雷（G.K. Aguirre），E. 扎龙（E. Zarahn），M.D• 埃斯波西托（M.D' Esposito），1998 年，《人类大脑腹皮层中对“建筑”刺激敏感的部位：证据及影响》（*An area within human ventral cortex sensitive to "building" stimuli: Evidence and implications*），载《神经元》（*Neuron*），21(2)：373 - 383。

M. 巴尔（M. Bar），2004 年，《环境中的可视性物体》（*Visual objects in context*），载《神经系统科学自然评论》（Nature Reviews Neuroscience），5(8)：617 - 629。

R.A. 爱泼斯坦（R.A. Epstein），W.E. 帕克（W.E. Parker），A.M. 费勒（A.M. Feiler），2007 年，《我现在身处何方？海马旁回皮质和后压部皮质在环境识别过程中发挥的不同作用》（*Where am I now? Distinct roles for parahippocampal and retrosplenial cortices in place recognition*），载《神经科学杂志》（*Journal of Neuroscience*），27(23)：6141 - 49。

A.L. 戈德伯格（A.L. Goldberger），1996 年，《分形与哥特风格的诞生：生物创造力基础上的反思》（*Fractals and the birth of Gothic: Reflections on the biologic basis of creativity*），载《分子精神病学》（Molecular Psychiatry），1(2)：99 - 104。

K.M. 欧克雷文（K.M.O' Craven），N. 康维斯（N.Kanwisher），2000年，《面部和环境的心理意向激活了与之对应的特定大脑刺激区域》（*Mental imagery of faces and places activates corresponding stimulus-specific brain regions*），载《认知神经科学杂志》（*Journal of Cognitive Neuroscience*），12(6)：1013－23。

X. 岳（X.Yue），A. 维索（A.Vessel），I. 毕得曼（I.Biederman），2006年，《环境偏好的神经基础》（*The neural basis of scene preferences*），载《神经学报道》（*NeuroReport*），18(6)：525－529。

G.J. 范•腾德（G.J.Van Tonder），M.J. 莱昂斯（M.J.Lyons）和 Y. 江岛（Y.Ejima），2002年，《日本禅宗花园的视觉结构》（*Visual structure of a Japanese Zen garden*），载《自然》（Nature），419(6905)：359－360。

光：健康与循环

J阿伦特（J. Arendt），2006年，《褪黑激素与人体节奏》（*Melatonin and human rhythms*），载《国际时间生物学》（*Chronobiology International*），23（1－2）：21－37。

C. 伊文（C. Even），C.M. 施罗德（C.M.Schröder），S. 费里德曼（S.Friedman），F.（F.Rouillon），2008年，《非季节性抑郁的光疗疗效：系统性评价》（*Efficacy of light therapy in nonseasonal depression: A systematic review*），载《情感障碍杂志》（*Journal of Affective Disorders*），108（1－2）：11－23。

E.S. 奥利里（E.S.O' Leary），E.R. 舍恩菲尔德（E.R.Schoenfeld），R.G. 史蒂芬斯（R.G.Stevens），G.C. 卡巴特（G.C.Kabat），K. 亨德森（K.Henderson），R. 格里姆森（R.Grimson），M.D. 盖蒙（M.D.Gammon），M.C. 列斯克（M.C.Leske），2006年，《长岛、纽约地区的夜班、夜间照明光线与乳房癌症之间的关系》（*Shift work, light at night, and breast cancer on Long Island, New York*），载《美国流行病学杂志》（*American Journal of Epidemiology*），164（4）：358－366。

S.R. 潘迪-博努玛（S.R.Pandi-Perumal），V. 斯里尼瓦桑（V.Srinivasan），G.J. 马埃斯特罗尼（G.J.Maestroni），D.P. 卡迪尼里（D.P.Cardinali），B. 波格勒（B.Poeggeler），R. 哈德兰德（R.Hardeland），2006年，《褪黑激素：自然界中功能最强大的生物信号？》（*Melatonin: Nature's most versatile biological signal?*），载《生物化学与分子生物学杂志》（*Febs Journal*），273（13）：2813-38。

D.J. 雷腾（D.J.Raiten）和M.F. 皮恰诺（M.F.Picciano），2004年，《维他命D与21世纪的健康：骨头及其他身体部位报告说明》（Vitamin D and health in the 21st century:Bone and beyond—Executive summary），载《美国临床营养学杂志》（*American Journal of Clinical Nutrition*），*80（6 Suppl）*：1673S-77S。

R.G. 史蒂芬斯（R.G.Stevens），D.E. 布拉斯克（D.E.Blask），G.C. 布雷纳德（G.C.Brainard），J. 汉森（J.Hansen），S.W. 洛克利（S.W.Lockley），I. 普罗文西奥（I.Provencio），M.S. 里（M.S.Rea），L. 雷利普（L.Reinlib），2007年，《会议报告：环境照明和昼夜节律中断对癌症和其他疾病所产生的影响》（*Meeting report: The role of environmental lighting and circadian disruption in cancer and other diseases*），载《环境与健康展望》（*Environmental Health Perspectives*），115（9）：1357-62。

A. 维斯特里（A.Westrin），R.W. 兰姆（R.W.Lam），2007年，《季节性情绪障碍：临床更新》（*Seasonal affective disorder: A clinical update*），载《临床精神病学记事》（*Annals of Clinical Psychiatry*），19（4）：239-246。

第三章 声音与寂静

聆听与声音

A.E. 达西（A.E.Darcy），L.E. 汉考克（L.E.Hancock）和E.J. 威

尔（E. J. Ware），2008年，《针对新生儿重症监护病房内的噪声进行的描述性研究：环境水平及与成因有关的看法》（*A descriptive study of noise in the neonatal intensive care unit: Ambient levels and perceptions of contributing factors*），载《新生儿护理的实质性研究》（*Advances in Neonatal Care*），8（3）：165－175。

M. 戴维斯（M. Davis），D. S. 金德尔曼（D. S. Gendelman），M. D. 蒂施勒（M. D. Tischler）和P. M. 金德尔曼（P. M. Gendelman），1982年，《主要听觉惊跳反应路径：病变与刺激性研究》（*A primary acoustic startle circuit: Lesion and stimulation studies*），载《神经科学杂志》（Journal of Neuroscience），2（6）：791－805。

M. 克里希（M. Konishi），1993年，《用两耳聆听》（*Listening with two ears*），载《科学美国人》（Scientific American），268（4）：66－73。

W. A. 约斯特（W. A. Yost），2007年，《感知真实时世界中的声音：人类复杂的声音感知体系的简介》（*Perceiving sounds in the real world: An introduction to human complex sound perception*），载《生物科学前沿》（*Frontiers in Bioscience*），12：3461－67。

音乐：聆听与治疗

M. S. 西佩达（M. S. Cepeda），D. B. 卡尔（D. B. Carr），J. 刘（J. Lau），H. 阿尔瓦雷斯（H. Alvarez），2006年，《缓解病痛的音乐》（*Music for pain relief*），载《考科蓝实证医学数据系统综述》（*Cochrane Database of Systematic Reviews*），（2）：CD004843。

A. L. 戈德伯格（A. L. Goldberger），L. A. 阿玛拉尔（L. A. Amaral），J. M. 豪斯多夫（J. M. Hausdorff），P. Ch. 伊万诺夫（P. Ch. Ivanov），C. K. 彭（C. K. Peng），H. E. 斯坦利（H. E. Stanley），2002年，《生理上的分形动力学：疾病与衰老所带来的改变》（*Fractal dynamics in physiology: Alterations with disease and aging*），载《美国国家科学院院刊》（Proceedings of the National Academy of sciences

USA)，99，增刊1：2466－72。

C. 格雷普（C. Grape），M. 山格林（M. Sandgren），L. O. 汉森（L. O. Hansson），M. 埃里克松（M. Ericson），T. 泰乌雷尔（T. Theorell），2003年，《唱歌能为我们带来福祉么？针对专业歌手和业余歌手参加歌唱学习进行的实证研究》（*Does singing promote well-being? An empirical study of professional and amateur singers during a singing lesson*），载《生理科学与行为科学的结合》（*Integrative Physiological and Behavioral Science*），38（1）：65－74。

D. 哈格曼（D. Hagemann），S. R. 华德斯坦（S. R. Waldstein），J. F. 赛耶（J. F. Thayer），2003年，《情感上的中央神经系统与自主神经系统》（*Central and autonomic nervous system integration in emotion*），载《大脑与认知》（*Brain and Cognition*），52（1）：79－87。

G. 克鲁兹（G. Kreutz），S. 本加德（S. Bongard），S. 罗尔曼（S. Rohrmann），V. 霍达普（V. Hodapp），D. 格里普（D. Grebe），2004年，《合唱团的歌声或听觉对分泌免疫球蛋白、皮质醇、情绪状态所产生的影响》（*Effects of choir singing or listening on secretory immunoglobulin A, cortisol, and emotional state*），载《医学行为杂志》（*Journal of Behavioral Medicine*），27（6）：623－635。

S. 莱亚尔迪（S. Leardi），R. 彼得罗莱蒂（R. Pietroletti），S. 尼克来罗尼（S. Necozione），G. 安杰洛尼（G. Angeloni），G. 罗纳雷特（G. Ranallett），B. 德尔·古斯特（B. Del Gusto），2007年，《针对音乐疗法对应激反应、日间手术产生的影响所进行的临床随机试验研究》（*Randomized clinical trial examining the effect of music therapy in stress response to day surgery*），载《英国外科学杂志》（*British Journal of Surgery*），94（8）：943－947。

D. 列维京（D. Levitin），2006年，《音乐感知的科学：用理性解释感性》（*This Is Your Brain on Music: The Science of Human Obsession*）。纽约：企鹅出版社（Penguin）。

U. 尼尔森（U.Nilsson），N. 纳瓦尔（N. Rawal），B. 恩克维斯特（B.Enqvist），M. 乌诺松（M.Unosson），2003 年，《在术后麻醉恢复室或门诊手术的麻醉中，遵循音乐治疗建议所带来的止痛效果：一个随机控制实验》（*Analgesia following music and therapeutic suggestions in the PACU in ambulatory surgery: A randomized controlled trial*），载《斯堪的纳维亚麻醉学报》（*Acta Anaesthesiologica Scandanavica*），47（3）：278－283。

C.A. 史密斯（C.A.Smith），C.T. 科林斯（C.T.Collins），A.M. 西兰（A.M.Cyna），C.A. 克劳瑟（C.A.Crowther），2006 年，《体力劳动疼痛治疗的补充及替代疗法》（*Complementary and alternative therapies for pain management in labour*），载《考科蓝实证医学数据系统综述》（Cochrane Database of Systematic Reviews），（4）：CD003521。

J.F. 赛耶（J.F.Thayer），M.L. 菲斯（M.L.Faith），2001 年，《音乐诱发情绪的动态系统模型：生理根据和自陈法证据》（*A dynamic systems model of musically induced emotions: Physiological and self-report evidence*），载《纽约科学院记事》（*Annals of the New York Academy of Sciences*），930：452－456。

K.J. 特蕾西（K.J.Tracey），2007 年，《胆碱能抗炎通路的生理学、免疫学研究》（*Physiology and immunology of the cholinergic anti-inflammatory pathway*），载《临床研究杂志》（*Journal of Clinical Investigation*），117（2）：289－296。

H. 万可（H.Wago），S. 笠原（S.Kasahara），2004 年，《音乐疗法，一种对抗疾病的未来替代疗法》（*Music therapy, a future alternative intervention against diseases*），载《实验医学与生物学进展》（*Advances in Experimental Medicine and Biology*），

546：265－278。

N.M. 温伯格（N.M.Weinberger），2004年，《音乐与大脑》（*Music and the brain*），载《科学美国人》（Scientific American），291（5）：88－95。

R. 查图尔（R.Zatorre），I. 佩雷兹（I.Peretz），2001年，《音乐的生物学基础》（*The Biological Foundations of Music*），纽约：纽约科学院出版社（New York Academy of Sciences）。

第四章 脱脂棉与乳香云

嗅觉：感知与交流

G.K. 比彻姆（G.K.Beauchamp），K. 山崎（K.Yamazaki），1997年，《人类白细胞抗原（HLA）与人类择偶：评论》（*HLA and mate selection in humans: Commentary*），载《美国人类遗传学杂志》（*American Journal of Human Genetics*），61（3）：494－496。

M. 蒂克里斯蒂娜（M.DiChristina），2006年，《感官的秘密》（*Secrets of the senses*），载《科学美国人》（Scientific American），16（3）：2－92。

R. 赫茨（R.Herz），2007年，《气味之谜：主宰人类现在与未来生存的神秘器官》（*The Scent of Desire: Discovering Our Enigmatic Sense of Smell*）。纽约：哈珀·柯林斯出版集团（HarperCollins）。

E. 松本（E.Kodama），P. 乔拉杜（P.Jurado），2007年，《丁酮：一种对气味的记忆》（*Butanone: The memory of a scent*），载《神经科学杂志》（Journal of Neuroscience），27（20）：5267－68。

M.K. 麦克林托克（M.K.McClintock），1971年，《月经的同步与抑制》（*Menstrual synchrony and suppression*），载《自然》（Nature），229（5282）：244－245。

J. 波特（J.Porter），B. 克雷文（B.Craven），R.M. 汗（R.M.Khan），

S. J. 常（S. J. Chang），I. 康（I. Kang），B. 加德克维兹（B. Judkewitz），J. 沃尔佩（J. Volpe），G. 谢托斯（G. Settles），N. 索贝尔（N. Sobel），2007年，《人类体中的嗅觉追踪机制》（*Mechanisms of scenttracking in humans*），载《自然神经科学》（*Nature Neuroscience*），10（1）：27－29。

A. T. 舍费尔（A. T. Schaefer），T. W. 马格里（T. W. Margrie），2007年，《嗅觉系统中的时空模式表现法》（*Spatiotemporal representations in the olfactory system*），载《神经科学发展趋势》（*Trends in Neurosciences*），30（3）：92－100。

J. C. 斯强克（J. C. Schank），2001年，《月经周期的同步性：存在的问题和新的研究方向》（*Menstrual-cycle synchrony: Problems and new directions for research*），载《比较心理学杂志》（*Journal of Comparative Psychology*），115（3月刊）：3－15。

M. 斯密兹（M. Smeets），P. 道尔顿（P. Dalton），1999年，《被嗅觉左右》（*The nose of the beholder*），载《芳香心理疗法评论》（*Aroma-Chology Review*），8（2）：1，9－10。

N. 内田（N. Uchida），A. 凯派奇（A. Kepecs），Z. F. 迈宁（Z. F. Mainen），2006年，《看到一瞬即逝的景象，闻到一缕飘散的芬芳：感官决定的快速形成》（*Seeing at a glance, smelling in a whiff: Rapid forms of perceptual decision making*），载《神经系统科学自然评论》（Nature Reviews Neuroscience），7（6）：485－491。

嗅觉与康复：精油与香薰

V. 奥尔福德（V. Alford），1957年，《加利西亚圣地亚哥的盛宴，1956》（*The Feast of Santiago in Galicia*, 1956），载《民间文艺》（*Folklore*），68（4）：489－495。

H. M. 卡文纳夫（H. M. Cavanagh），J. M. 威尔金森（J. M. Wilkinson），2002，《薰衣草精油在生物学上的功效》（*Biological activities of lavender essential oil*），载《植物疗法研究》（*Phytotherapy

Research），16（4）：301－308。

V. 爱德华兹－琼斯（V.Edwards-Jones），S.G. 肖克洛斯（S.G.Shawcross），R. 巴克（R.Buck），M.M. 道森（M. M. Dawson），K. 邓恩（K.Dunn），2004年，《利用敷料模式研究精油对耐甲氧西林金黄色葡萄球菌所产生的影响》（*The effect of essential oils on methicillin-resistant Staphylococcus aureus using a dressing model*），载《燃烧》（*Burns*），30（8）：772-777。

N. 戈埃尔（N.Goel），H. 金（H.Kim），R.P. 劳（R.P.Lao），2005年，《夜晚睡眠时间的嗅觉刺激对青年男女所产生的影响》（*An olfactory stimulus modifies nighttime sleep in young men and women*），载《国际时间生物学》（*Chronobiology International*），22（5）：889－904。

P.E. 路斯比（P.E.Lusby），A.L. 库姆斯（A.L.Coombes），J.M. 威尔金森（J.M.Wilkinson），2006年，《比较阿拉地薰衣草蜂蜜或精油疗法对伤口愈合的影响》（*A comparison of wound healing following treatment with Lavandula x allardii honey or essential oil*），载《植物疗法研究》（Phytotherapy Research），20（9）：755－757。

R. 高知（R.Masago），T. 松田（T.Matsuda），Y. 菊池（Y.Kikuchi），T. 宫崎（Y.Miyazaki），K. 岩永（K.Iwanaga），H. 原田（H.Harada），T. 胜浦（T.Katsuura），2000年，《吸入精油对脑电波活动和感官评估系统所产生的影响》（*Effects of inhalation of essential oils on EEG activity and sensory evaluation*），载《生理人类学和应用人文科学杂志》（*Journal of Physiological Anthropology and Applied Human Science*），19（1）35－42。

B.R. 米海尔（B.R.Mikhaeil），G.T. 马图克（G.T.Maatooq），F.A. 巴德利亚（F.A.Badria），M.M. 阿米尔（M.M.Amer），2003年，《乳香油的化学成分和免疫调节活性》（*Chemistry and immunomodulatory activity of frankincense oil*），载《自然研究杂志，C辑：生物科学》（*Zeitschrift für Naturforschung C*），58（3-4）：230-238。

抚摸与按摩

J.R.埃尔伯兹（J.R.Alberts），2007年，《聚集在一起的幼鼠：个体发生学和群体行为》（*Huddling by rat pups: Ontogeny of individual and group behavior*），载《发展心理生物学》（*Developmental Psychobiology*），49（1）：22-32。

M.S.比彻姆（M.S.Beauchamp），2005年，《观察我，聆听我，触摸我：位于外侧枕颞叶皮层的多种传感集中区》（*See me, hear me, touch me: Multisensory integration in lateral occipital-temporal cortex*），载《神经生物学的当代观点》（*Current Opinion in Neurobiology*），15（2）：145-153。

S.巴克尔（S.Buckle），2003年，《芳香疗法与按摩：证据》（*Aromatherapy and massage: The evidence*），载《儿科护理》（*Paediatric Nursing*），15（6）：24-27。

M.A.迪亚戈（M.A.Diego），T.菲尔德（T.Field），M.埃尔南德斯-赖夫（M.Hernandez-Reif），O.迪兹（O.Deeds），A.阿森西奥（A.Ascencio），G.伯格特（G.Begert），2007年，《早产儿按摩能够刺激迷走神经活动和肠胃蠕动，且与早产儿的体重增加有一定关联》（*Preterm infant massage elicits consistent increases in vagal activity and gastric motility that are associated with greater weight gain*），载《儿科学报》（*Acta Paediatrica*），96（11）：1588-91。

M.埃尔南德斯-赖夫（M.Hernandez-Reif），G.爱恩森（G.Ironson），T.菲尔德（T.Field），J.赫尔利（J.Hurley），G卡茨（G.Katz），M.迪亚戈（M.Diego），S.魏斯（S.Weiss），M.A.弗莱彻（M.A.Fletcher），S.斯坎伯尔格（S. Schanberg），C.库恩（C. Kuhn），I.伯尔曼（I. Burman），2004年，《按摩疗法改善了乳腺癌患者的免疫系统功能和神经内分泌功能》（*Breast cancer patients have improved immune and neuroendocrine functions following massage therapy*），载《身心医学研究杂志》（*Journal of Psychosomatic Research*），57（1）：45－52。

J. 罗宾逊（J. Robinson），F. C. 百利（F. C. Biley），H. 多尔克（H. Dolk），2007 年，《焦虑症的触摸治疗》（*Therapeutic touch for anxiety disorders*），载《考科蓝实证医学数据系统综述》（*Cochrane Database of Systematic Reviews*），（3）：CD00624。

A. P. 维哈根（A. P. Verhagen），C. 卡雷尔斯（C. Karels），S. M. 博尔玛－泽因斯特拉（S. M. Bierma-Zeinstra），A. 菲莱勒斯（A. Feleus），S. 达哈金（S. Dahaghin），A. 波尔多夫（A. Burdorf），H. C. 德·维特（H C. de Vet），B. W. 库斯（B. W. Koes），2007 年，《治疗成人手臂、颈部或肩部疾病的人体工程学理疗及干预性治疗方法：考科蓝系统评价》（*Ergonomic and physiotherapeutic interventions for treating workrelated complaints of the arm, neck or shoulder in adults: A Cochrane systematic review*），载《欧洲物理医学》（*Europa Medicophysica*），43（3）：391－405。

M. A. 沃尔瑞斯（M. A. Vollrath），K. Y. 关（K. Y. Kwan），D. P. 科瑞（D. P. Corey），2007 年，《毛细胞中的生物电传导机制》（*The micromachinery of mechanotransduction in hair cells*），载《神经科学年评》（*Annual Review of Neuroscience*），30：339－365。

第五章 迷宫与魔幻迷宫

压力：经验与生理学

H. 本森（H. Benson），J. A. 赫德（J. A. Herd），W. H. 莫尔斯（W. H. Morse），R. T. 凯莱赫（R. T. Kelleher），1970 年，《松鼠猴的行为所引起的高血压》（*Behaviorally induced hypertension in the squirrel monkey*），载《循环研究》（*Circulation Research*），27，增刊 1：21－26。

E. 恰曼达里（E. Charmandari），C. 吉格斯（C. Tsigos），G. 克罗索斯（G. Chrousos），2005 年，《应激反应的内分泌》（*Endocrinology of the stress response*），载《生理学评论年刊》（*Annual Review of Physiology*），67：259 - 284。

D. S. 戈尔茨坦（D. S. Goldstein），2001 年，《健康与疾病水平中的自主神经系统》（*The Autonomic Nervous System in Health and Disease*），纽约：马塞尔·德克尔出版社（Marcel Decker）。

C. J. 海宁（C. J. Heijnen），2000 年，《谁相信'沟通'？诺曼·卡森在 1999 年发表的演讲》（*Who believes in 'communication'? The Norman Cousins Lecture, 1999*），载《大脑的行为与免疫》（*Brain Behavior and Immunity*），14（1）：2 - 9。

B. 麦克尤恩（B. McEwen），E. N. 莱斯利（E. N. Lasley），2002 年，《我们所知的压力尽头》（*The End of Stress as We Know It*），纽约：约瑟夫·亨利出版社（Joseph Henry）。

J. 迈特斯（J. Meites），1977 年，《1977 年诺贝尔生理学奖或医学奖》（*The 1977 Nobel Prize in physiology or medicine*），载《科学》（Science）杂志，198（1977）：594 - 596。

D. M. 兰斯（D. M. Nance）和 V. M. 桑德斯（V. M. Sanders），2007 年，《免疫系统的自主支配与调节功能（1987 - 2007）》（*Autonomic innervation and regulation of the immune system, 1987 - 2007*），载《大脑的行为与免疫》（Brain Behavior and Immunity），21（6）：736 - 745。

V. M. 桑德斯，2006 年，《跨学科研究：去甲肾上腺素对适应性免疫活动的调节》（*Interdisciplinary research: Noradrenergic regulation of adaptive immunity*），载《大脑的行为与免疫》（Brain Behavior and Immunity），20（1）：1 - 8。

R. M. 萨波斯（R. M. Sapolsky），2004 年，《为什么斑马不会患溃疡？》（*Why Zebras Don't Get Ulcers*），第三版，纽约：霍尔特出版社（Holt）。

H. 赛来，1976 年，《生命的压力》（*The Stress of Life*），纽约：麦克罗·希尔出版社（McGraw Hill）。

H. 赛来，1998 年，《由多种有害药物所产生的综合性症状，1936》（*A syndrome produced by diverse nocuous agents, 1936*），载《神经精神病学和临床神经科学期刊》（*Journal of Neuropsychiatry and Clinical Neurosciences*），10（2）：230－231。

J. 斯皮斯（J. Spiess），J. 里维埃（J. Rivier），C. 里维尔（C. Rivier），W. 维尔（W. Vale），1981 年，《绵羊下丘脑产生的促肾上腺素皮质激素释放因子的基本结构》（*Primary structure of corticotropin-releasing factor from ovine hypothalamus*），载《美国国家科学院院刊》（Proceedings of the National Academy of Sciences USA），78（10）：6517－21。

压力的治疗：运动、冥想、太极和瑜伽

H. 本森（H. Benson），B. A. 罗斯纳（B. A. Rosner），B. R. 马扎特（B. R. Marzetta），H. P. 克利姆丘克（H. P. Klemchuk），1974 年，《临界高血压患者通过冥想练习降低血压》（*Decreased blood pressure in borderline hypertensive subjects who practiced meditation*），载《慢性疾病杂志》（*Journal of Chronic Diseases*），27（3）：163－169。

A. 伯杰（A. Berger），2006 年，《治疗疼痛》（*Healing Pain*），罗代尔出版公司（Rodale）。

J. D. 布朗（J. D. Brown），J. M. 西格尔（J. M. Siegel），1988 年，《作为一种应对生活压力的缓冲练习：一个针对青少年进行的前瞻性研究》（*Exercise as a buffer of life stress: A prospective study of adolescent health*），载《健康心理学》（*Health Psychology*），7（4）：341－353。

R. K. 迪西曼（R. K. Dishman），H. R. 贝尔索德（H. R. Berthoud），F. W. 布施（F. W. Booth），C. W. 科特曼（C. W. Cotman），V. R. 埃杰顿（V. R. Edgerton），

M.R. 弗雷什纳（M.R.Fleshner），S.C. 甘地维亚（S.C.Gandevia），2006年，《运动神经生物学》（*Neurobiology of exercise*），载《肥胖·银泉版》（*Obesity·Silver Spring*），14（3）：345－356。

T. 埃斯科（T.Esch），J. 达克斯坦恩（J.Duckstein），J. 威尔克（J.Welke），V. 布劳恩（V.Braun），2007年，《减少生理压力和心理压力的心灵/身体技巧：通过练习太极调整压力的一次试验究》（*Mind/body techniques for physiological and psychological stress reduction:Stress management via Tai Chi training—A pilot study*），载《医学科学箴言报》（*Medical Science Monito*），13（11）：CR488－497。

M. 弗雷什纳（M. Fleshner），2005年，《物理活性与抗压力：交感神经系统调整，防止压力诱发免疫抑制》（*Physical activity and stress resistance: Sympathetic nervous system adaptations prevent stress-induced immunosuppression*），载《锻炼与运动医学评论》（*Exercise and Sport Sciences Reviews*），33（3）：120－126。

T.E. 费利（T.E.Foley），M. 弗雷什纳（M. Fleshner），2008年，《运动后的可塑性多巴胺神经路径：中枢疲劳的影响》（*Neuroplasticity of dopamine circuits after exercise: Implications for central fatigue*），载《类分子神经医学》（*Neuromolecular Medicine*），10（2）：67－80。

A. 莫纳斯卡（A.Moraska），T. 迪克（T.Deak），R.L. 斯宾塞（R.L.Spencer），D. 罗斯（D.Roth），M. 弗雷什纳（M. Fleshner），2000年，《在跑步机上跑步的大白鼠既产生了正面的生理适应反应又产生了负面的生理适应反应》（*Treadmill running produces both positive and negative physiological adaptations in Sprague-Dawley rats*），载《美国生理学杂志：调节、整合与比较生理学》（*American Journal of Physiology-Regulatory Integrative and Comparative*

Physiology），279（4）：R1321 - 29。

R.K. 华莱士（R.K.Wallace），1970 年，《超觉静坐的生理效应》（*Physiological effects of transcendental meditation*），载《科学》（Science），167（926）：1751 - 54。

J. 韦斯特（J.West），C. 奥特（C.Otte），K. 吉尔（K.Geher），J. 约翰逊（J.Johnson），D.C. 莫尔（D.C.Mohr），2004 年，《哈达瑜伽和非洲舞蹈对压力、疾病以及唾液皮质醇所产生的影响》（*Effects of Hatha yoga and African dance on perceived stress, affect, and salivary cortisol*），载《行为医学年报》（*Annals of Behavioral Medicine*），28（2）：114 - 118。

G.Y. 耶尔（G.Y.Yeh），M.J. 伍德（M.J.Wood），B.H. 罗雷尔（B.H.Lorell），L.W. 史蒂文森（L.W.Stevenson），D.M. 艾森伯格（D.M.Eisenberg），P.M. 韦恩（P.M.Wayne），A.L. 戈德伯格（A.L. Goldberger），R.B. 达维斯（R.B.Davis），R.S. 菲利普斯（R.S.Phillips），2004 年，《太极身心运动疗法对慢性心脏衰竭患者的功能状态和运动状态所产生的影响：一个随机对照试验》（*Effects of tai chi mind-body movement therapy on functional status and exercise capacity in patients with chronic heart failure: A randomized controlled trial*），载《美国医学杂志》（*American Journal of Medicine*），117（8）：541 - 548。

迷宫与魔幻迷宫

L. 艾翠思（L.Artress），1995 年，《迷宫中的冥想：西方灵修传统再发现》（*Walking a Sacred Path: Rediscovering the Labyrinth as a Spiritual Tool*），纽约：里弗黑德出版社（Riverhead）。

S. 霍格（S.Hogg），1996 年，《审查高架十字迷宫对动物焦虑所产生的有效性和可变性影响》（*A review of the validity and variability of the elevated plus-maze as an animal model of anxiety*），载《药理学、生物化学与作用》（*Pharmacology*

Biochemistry and Behavior），54（1）：21－30。

H. 克 恩（H.Kern），2000 年，《 走 过 迷 宫 》（*Through the Labyrinth*），纽约：普雷斯特出版社（Prestel）。

J. 凯特利－拉波特（J. Ketley-Laporte），O. 凯特利－拉波特（O.Ketley-Laporte），1997 年，《沙特尔：迷宫的破解》（*Chartres: Le Labyrinthe Déchiffré*），马耶纳儒弗（Jouve Mayenne）：JM. 卡尼尔出版社（J.-M.Garnier）。

J.K. 罗琳（J.K.Rowling），2000 年，《哈利·波特与火焰杯》（Harry Potter and the Goblet of Fire），纽约：学乐教育集团（Scholastic）。

第六章 找到自己的方式

A.S. 艾蒂安（A.S.Etienne），K.J. 杰弗里（K.J.Jeffery），2004 年，《哺乳动物体内的路径整合》（*Path integration in mammals*），载《海马体》（*Hippocampus*），14（2）：180－192。

N. 高步乐（N.Gabler），2006 年，《华特·迪士尼：美式想象力的胜利》（*Walt Disney: The Triumph of the American Imagination*），纽约：科诺夫出版社（Knopf）。

J. 亨 奇（J. Hench），P. 范 · 佩 尔 特（P.Van Pelt），2003 年，《 迪 士 尼 设 计： 幻 想 与 艺 术 的 展 览 》（*Designing Disney: Imagineering and the Art of the Show*）。纽约：迪士尼出版社（Disney Editions）。

D.Y. 恩里克（D.Y.Henriques），J.F. 泽希廷（J.F.Soechting），2005 年，《触觉传感器的研究方法》（*Approaches to the study of haptic sensing*），载《 神 经 生 理 学 杂 志 》（*Journal of Neurophysiology*），93（6）：3036－43。

R. 门泽尔（R. Menzel），R.J. 德·马科（R.J.De Marco），U. 格莱格斯（U. Greggers），2006 年，《蜜蜂的空间记忆以及导航、舞蹈

行为》（*Spatial memory, navigation and dance behaviour in Apis mellifera*），载《比较生理学——神经行为学、感官、神经与行为生理学杂志》（*Journal of Comparative Physiology A-Neuroethology, Sensory, Neural, and Behavioral Physiology*），192（9）：889 - 903。

E. M. 斯滕伯格，M.A. 威尔逊（M.A.Wilson），2006 年，《神经科学与建筑学：求同存异》（*Neuroscience and architecture: Seeking common ground*），载《细胞》（*Cell*），127（2）：239 - 242. 6。

第七章 丢失的记忆

记忆

S. 科金（S.Corkin），2002 年，《遗忘症患者 H.M. 有何新情况？》（*What's new with the amnesic patient H.M.?*），载《自然神经科学评论》（*Nature Reviews Neuroscience*），3（2）：153 - 160。

E. 坎德尔（E. Kandel），2006 年，《追寻记忆的痕迹》（*In Search of Memory*）。纽约：诺顿出版社（Norton）。

B. 米尔纳，2005 年，《内侧颞叶遗忘综合症》（*The medial temporal-lobe amnesic syndrome*），载《北美临床精神病》（Psychiatric Clinics of North America），28（3）：599 - 611。

M. 莫斯科维奇（M.Moscovitch），L. 兰德尔（L.Nadel），G. 温诺克尔（G.Winocur），A. 吉尔博亚（A. Gilboa），R.S. 罗森鲍姆（R. S.Rosenbaum），2006 年，《久远的事件记忆、语义记忆和空间记忆的认知神经科学》（*The cognitive neuroscience of remote episodic, semantic and spatial memory*），载《神经生物学新观点》（*Current Opinion in Neurobiology*），16（2）：179 - 190。

A.M. 里兹 - 杰克逊（A.M. Rizk-Jackson），S.F. 阿切维多（S. F.Acevedo），D. 英曼（D.Inman），D. 霍因维森（D.Howieson），

T.S. 比赖斯（T.S.Benice），J. 瑞博尔（J.Raber），2006 年，《人类性别对物体识别和空间导航的影响》（*Effects of sex on object recognition and spatial navigation in humans*），载《行为脑研究》（*Behavioural Brain Research*），173（2）：181 - 190。

L.R. 斯奎尔（L.R.Squire），P.J. 贝利（P.J.Bayley），2007 年，《久远记忆的神经科学原理》（*The neuroscience of remote memory*），载《神经生物学新观点》（Current Opinion in Neurobiology），17（2）：185 - 196。

E.M. 斯滕伯格，2001 年，《拼凑出一个令人费解的世界》（*Piecing together a puzzling world*），载《科学》（Science），292（5522）：1661 - 62。

阿尔茨海默氏症，炎症与运动

M.T. 黑内卡（M.T.Heneka），M.K. 欧班诺（M.K.O'Banion），2007 年，《阿尔茨海默氏症的炎症发展过程》（*Inflammatory processes in Alzheimer's disease*），载《神经免疫学杂志》（*Journal of Neuroimmunology*），184（1 - 2）：69 - 91。

V.H. 佩里（V.H.Perry），C. 坎宁安（C.Cunningham），C. 霍姆斯（C.Holmes），2007 年，《全身性炎症和感染会影响慢性神经退行性病变》（*Systemic infections and inflammation affect chronic neurodegeneration*），载《自然免疫学评论》（*Nature Reviews Immunology*），7（2）：161 - 167。

H. 范·普拉赫（H. Van Praag），B.R. 克里斯蒂（B. R. Christie），T.J. 森兹诺斯基（T.J.Sejnowski），F.H. 盖齐（F. H. Gage），1999 年，《运动能够增强老鼠的神经元活力，提升学习能力》（*Running enhances neurogenesis, learning, and long-term potentiation in mice*），《美国国家科学院院刊》（Proceedings of the National Academy of Sciences USA），96（23）：13427 - 31。

将大脑与免疫系统联系在一起

R.M. 巴里恩托斯（R.M.Barrientos），E.A. 希金斯（E.A. Higgins），E.A. 斯布朗格尔（D. B. Sprunger），L.R. 沃特金斯（L.R. Watkins），J.W. 鲁迪（J.W.Rudy），S.F. 迈尔（S.F.Maier），2002 年，《在背海马注射白细胞介素 -1 β 后造成的环境记忆受损》（*Memory for context is impaired by a post context exposure injection of interleukin-1 beta into dorsal hippocampus*），载《行为脑研究》（Behavioural Brain Research），134 (1 - 2)：291 - 298。

F. 贝肯波什（F.Berkenbosch），J. 范·欧尔斯（J.van Oers），A. 德雷（A.del Rey），F. 蒂尔德斯（F.Tilders），H. 贝斯多夫斯基（H. Besedovsky），1987 年，《白细胞介素 -1 激活了老鼠体内的促肾上腺皮质激素释放因子神经细胞》（*Corticotropin-releasing factor-producing neurons in the rat activated by interleukin-1*），载《科学》（Science），238 (4826)：524 - 526。

R. 丹泽尔（R. Dantzer），J. C. 奥康纳（J.C.O' Connor），G. G. 弗伦德（G.G.Freund），R. W. 约翰逊（R. W. Johnson），K. W. 凯利（K. W. Kelley），2008 年，《从炎症到疾病和抑郁症：当免疫系统征服大脑的时候》（*From inflammation to sickness and depression: When the immune system subjugates the brain*），载《自然神经科学评论》（Nature Reviews Neuroscience），9 (1)：46 - 56。

A. M. 德皮诺（A.M.Depino），M. 阿隆索（M.Alonso），C. 法拉利（C.Ferrari），A. 德雷，D. 安东尼（D.Anthony），H. 贝斯多夫斯基，J.H. 麦地那（J.H.Medina），F. 比托西（F.Pitossi），2004 年，《内生海马体白细胞介素 -1 对学习的调制作用：内源性白细胞介素 -1 促进记忆的形成》（*Learning modulation by endogenous hippocampal IL-1: Blockade of endogenous IL-1 facilitates memory formation*），载《海马体》（Hippocampus），14 (4)：526 - 535。

L.E. 格勒（L.E.Goehler），R.P. 格科玛（R.P.Gaykema），K.T. 阮（K.T. Nguyen），J.E. 李（J.E.Lee），F.J. 蒂尔德斯（F.J.Tilders），

S.F. 迈尔（S.F. Maier），L.R. 沃特金斯（L.R. Watkins），1999 年，《腹腔迷走神经免疫细胞中的白细胞介素 -1β：免疫系统与神经系统之间的连接？》（*Interleukin-1 beta in immune cells of the abdominal vagus nerve: A link between the immune and nervous systems?*），载《神经科学杂志》（Journal of Neuroscience），19（7）：2799 - 806。

S. 雷伊（S. Layé），R.M. 布鲁斯（R.M. Bluthé），S. 肯特（S. Kent），C. 康博（C. Combe），C. 麦地那（C. Médina），P. 帕雷特（P. Parnet），K. 凯利（K. Kelley），R. 丹泽尔（R. Dantzer），1995 年，《膈下迷走神经切断术促使白细胞介素 -1 β 核糖核酸对老鼠大脑外围脂多糖结合蛋白产生反应》（*Subdiaphragmatic vagotomy blocks induction of IL-1 beta mRNA in mice brain in response to peripheral LPS*），载《美国生理学杂志》（*American Journal of Physiology*），268（5, pt. 2）：R1327 - 31。

A. 马克思 - 迪克（A. Marques-Deak）和 E. M. 斯滕伯格（E.M. Sternberg），2005 年，《大脑免疫相互作用与疾病易感性》（*Brain-immune interactions and disease susceptibility*），载《分子精神病学》（Molecular Psychiatry），1 - 12。

H. 斯耐德（H. Schneider），F. 比托西（F. Pitossi），D. 巴尔斯川（D. Balschun），A. 瓦格纳（A. Wagner），A. 德雷（A. del Rey），H.O. 贝斯多夫斯基（H.O. Besedovsky），1998 年，《白细胞介素 -1 β 在海马体中的神经调解作用》（*A neuromodulatory role of interleukin-1 beta in the hippocampus*），载《美国国家科学院院刊》（Proceedings of the National Academy of Sciences USA），95（13）：7778 - 83。

W. 万（W. Wan），L. 维特莫尔（L. Wetmore），C. M. 索伦森（C. M. Sorensen），A. H. 格林伯格（A. H. Greenberg），D. M. 兰斯（D. M. Nance），1994 年，《细菌肉毒素的神经、生化调节作用与老鼠大脑中的癌细胞应激诱导表达》（*Neural and biochemical mediators of endotoxin and stress-induced c-fos expression in the rat brain*），载《大脑研究学报》（*Brain Research Bulletin*），34 (1)：7 - 14。

L.R. 沃 特 金 斯（L.R.Watkins），M.R. 哈 金 森（M. R. Hutchinson），A. 雷德伯尔（A. Ledeboer），J. 维斯勒 - 弗兰克（J. Wieseler-Frank），E. D. 米利干（E. D. Milligan），S. F. 迈尔（S. F. Maier），2007 年，《诺曼·卡森的演讲：胶质这个'坏家伙'——改善临床疼痛控制的意义与阿片类药物的临床实用性》（*Norman Cousins Lecture: Glia as the 'bad guys'—Implications for improving clinical pain control and the clinical utility of opioids*），载《大脑行为与免疫》（*Brain Behavior and Immunity*），21 (2)：131 - 146。

第八章 愈合的思想与愈合性祷告

冥想

M. 巴里纳加（M.Barinaga），2003 年，《佛教与神经科学：针对受过良好训练的头脑进行的研究》（*Buddhism and neuroscience: Studying the welltrained mind*），载《科学》（Science），302（5642）；44 - 46。

J.A. 布雷夫塞恩斯基 - 刘易斯（J.A. Brefczynski-Lewis），A. 卢茨(A. Lutz)，H. S. 舍费尔(H.S.Schaefer)，D.B. 勒文森(D.B.Levinson)，R.J. 戴维森（R.J.Davidson），2007 年，《长期冥想练习者的专业知识与神经性关联》（*Neural correlates of attentional expertise in long-term meditation practitioners*），载《美国国家科学院院刊》（Proceedings of the National Academy of Sciences USA），104（27）：11483 - 88。

R.J. 戴 维 森（R.J.Davidson），J. 卡 巴 金（J.Kabat-zinn），

J. 舒马赫（J. Schumacher），M. 罗森克朗茨（M. Rosenkranz），D. 穆勒（D. Muller），S. F. 圣雷利（S. F. Santorelli），F. 乌尔班诺夫斯基（F. Urbanowski），A. 哈灵顿（A. Harrington），K. 保勒斯（K. Bonus），J. F. 谢里登（J. F. Sheridan），2003 年，《正念冥想所带来的大脑和免疫功能的改变》（*Alterations in brain and immune function produced by mindfulness meditation*），载《身心医学研究杂志》（Psychosomatic Medicine），65（4）：564 - 570。

J. 吉尔兰德（J. Geirland），2006 年，《佛教对大脑的影响》（*Buddha on the Brain*），载《连线》（*Wired*），14：1 - 4。

A. 卢茨（A. Lutz），L. L. 葛莱查尔（L. L. Greischar），N. B 罗林斯（N. B. Rawlings），M. 里卡德（M. Ricard）和 R. J. 戴维森（R. J. Davidson），2004 年，《长期冥想练习者在进行精神练习的时候会自我诱导产生大量伽玛同步》（*Long-term meditators self-induce high-amplitude gamma synchrony during mental practice*），载《美国国家科学院院刊》（Proceedings of the National Academy of Sciences USA），101（46）：16369 - 73。

A. 卢茨（A. Lutz），H. A. 斯拉格特尔（H. A. Slagter），J. D. 邓恩（J. D. Dunne），R. J. 戴维森（R. J. Davidson），2008 年，《冥想的意识调节和监测作用》（*Attention regulation and monitoring in meditation*），载《认知科学发展趋势》（*Trends in Cognitive Sciences*），12（4）：163 - 169。

L. 梅洛尼（L. Melloni），C. 莫利纳（C. Molina），M. 佩纳（M. Pena），D. 托雷斯（D. Torres），W. 辛格（W. Singer），E. 罗德里格斯（E. Rodriguez），2007 年，《跨皮质区的神经活动与意识知觉的同步相关性》（*Synchronization of neural activity across cortical areas correlates with conscious perception*），载《神经科学杂志》（Journal of Neuroscience），27（11）：2858 - 65。

M. B. 奥斯皮纳（M. B. Ospina），K. 邦德（K. Bond），M. 科尔堪恩

（M.Karkhaneh），L. 乔斯佛德（L.Tjosvold），B. 范德米尔（B.Vandermeer），Y. 梁（Y.Liang），L. 比亚利（L.Bialy），N. 胡顿（N.Hooton），N. 布谢米（N.Buscemi），D.M. 德赖登（D.M.Dryden），T.P. 克拉森（T.P.Klassen），2007 年，《对健康有益的冥想练习：一次研究说明》（*Meditation practices for health: State of the research*），加拿大阿尔伯塔省（Alberta）埃德蒙顿市（Edmonton）阿尔伯塔大学循证实践中心（University of Alberta Evidence-Based Practice Center）为医疗照护研究与品质机构（Healthcare Research and Quality）进行的研究。证据报告 / 技术评估第 155 号，AHRQ 出版编号 07-E010。美国，马里兰州，罗克维尔（Rockville）。“E.M. 斯滕伯格（E.M. Sternberg），2006 年，《“慈悲世界？”——关于第十四世达赖喇嘛丹增嘉错的〈单一原子里的宇宙〉的评论》（“A compassionate universe？” Review of The Universe in a Single Atom, by the XIV Dalai Lama, Tenzin Gyatso），载《科学》（Science），311（5761）：11-612.

宗教体验与祷告

N.P. 阿扎里（N.P.Azari），J. 尼克尔（J.Nickel），G. 文德利希（G.Wunderlich），M. 尼德根（M.Niedeggen），H. 黑夫特尔（H.Hefter），L. 特拉曼（L.Tellamen），H. 赫尔佐格（H. Herzog），P. 施特里希（P.Stoerig），D. 比恩巴赫尔（D.Birnbacher），R.J. 塞茨（R.J.Seitz），2001 年，《神经与宗教体验之间的关联》（*Neural correlates of religious experience*），载《欧洲神经科学杂志》（*European Journal of Neuroscience*），13（8）：1649 - 52。

M. 博勒加德（M.Beauregard），V. 帕克特（V.Paquette），2006 年，《加尔默罗修女的神秘经历与神经关联》（*Neural correlates of a mystical experience in Carmelite nuns*），载《神经科学快报》（*Neuroscience Letters*），405（3）：186 - 190。

J.-P. 别雷（J.-P.Bély），2001 年，《关于医疗与精神治疗》（*Rapport médico-spirituel sur la guérison*），国际医学委员会卢尔德医疗局

（Bureau Médical et Comité Médical International de Lourdes），二月。

J. 博格（J.Borg），B. 安德烈（B.Andrée），H. 索德斯登（H. Soderstrom），L. 法尔德（L.Farde），2003 年，《羟色胺系统与精神体验》（*The serotonin system and spiritual experiences*），载《美国精神病学杂志》（*American Journal of Psychiatry*），160（11）：1965 - 69。

A. 卡雷尔（A.Carrel），1950 年，《卢尔德之旅》（*The Voyage to Lourdes*），纽约：哈珀·柯林斯出版集团（HarperCollins）。

J.M. 沙尔科（J.M.Charcot），1893 年，《神经与精神疾病评论》（*Revue des maladies nerveuses et mentales*），载《神经病学档案》（*Archives de Neurologie*），25：72 - 87。

R. 哈里斯（R.Harris），1999 年，《卢尔德：尘世间的身心圣地》（*Lourdes: Body and Spirit in the Secular Age*）。纽约：企鹅出版社（Penguin）。

T. 曼吉潘（T.Mangiapan），1994 年，《卢尔德的治疗》（*Les Guérisons de Lourdes*），意大利：工作的洞穴出版社（Oeuvre de la Grotte）。

K.H. 泰伯（K.H.Taber），R.A. 赫尔利（R.A.Hurley），2007 年，《精神分裂症患者的影像学研究：错误认定与宗教妄想》（*Neuroimaging in schizophrenia: Misattributions and religious delusions*），《神经精神病学和临床神经科学期刊》（Journal of Neuropsychiatry and Clinical Neuroscience），19（1）：1 - 4。

第九章 希望与愈合的激素

安慰剂效应

D.G. 芬尼斯（D.G.Finniss）和F. 贝内德蒂（F. Benedetti），2005年，

《安慰剂效应机制及它对临床试验和临床实践所产生的影响》(*Mechanisms of the placebo response and their impact on clinical trials and clinical practice*)，载《疼痛》(*Pain*)，114 (1-2)：3-6。

R. 德拉·富恩特·费尔南德斯（R. de la Fuente-Fernández），M. 舒尔策尔（M. Schulzer），A. J. 斯托塞尔（A. J. Stoessl），2004 年，《安慰剂机制和奖励性路径：来自帕金森症的线索》(*Placebo mechanisms and reward circuitry: Clues from Parkinson's disease*)，载《生物精神病学》(*Biological Psychiatry*)，56 (2)：67-71。

A. 哈林顿（A. Harrington），2008 年，《内部愈合：身心医学历史》(*The Cure Within: A History of Mind-Body Medicine*)，纽约：诺顿出版社（Norton）。

J.D. 莱文（J.D.Levine），N.C. 戈登（N.C.Gordon），H.L. 菲尔兹（H.L.Fields），1978 年，《安慰剂镇痛的机制》(*The mechanism of placebo analgesia*)，载《柳叶刀》(Lancet)，2 (8091)：654-657。

J.D. 莱文，N.C. 戈登，H.L. 菲尔兹，1979 年，《纳洛酮剂量依赖性所造成的术后镇痛和过敏》(*Naloxone dose dependently produces analgesia and hyperalgesia in postoperative pain*)，载《自然》(Nature)，278 (5706)：740-741。

T.D. 威杰尔（T.D.Wager），J.K. 里尔宁（J.K.Rilling），E.E. 史密斯（E. E. Smith），A. 索科利克（A.Sokolik），K.L. 凯西（K. L. Casey），R. J. 戴维森，S.M. 科斯林（S.M.Kosslyn），R.M. 露丝（R.M.Rose），J.D. 科恩（J. D. Cohen），2004 年，《利用功能性磁振造影技术观察安慰剂所造成的预期疼痛与疼痛经历的改变》(*Placebo-induced changes in FMRI in the anticipation and experience of pain*)，载《科学》(Science)，303 (5661)：1162-67。

J.K. 苏维塔（J.K.Zubieta），Y.R. 史密斯（Y.R.Smith），J.A. 布勒尔（J.A.Bueller），Y. 徐（Y.Xu），M.R. 吉尔伯恩（M.R.Kilbourn），D.M. 朱

伊特（D. M. Jewett），C. R. 迈耶（C. R. Meyer），R. A. 克佩（R. A. Koeppe），C. S. 斯托勒（C. S. Stohler），2001年，《μ 阿片受体调节区域的感知与情感上的痛苦》（*Regional mu opioid receptor regulation of sensory and affective dimensions of pain*），载《科学》（Science），293（5528）：311 - 315。

奖励机制与调理

R. 阿代尔（R. Ader），N. 科恩（N. Cohen），1982年，《行为调节性免疫抑制与小鼠系统性红斑狼疮》（*Behaviorally conditioned immunosuppression and murine systemic lupus erythematosus*），载《科学》（Science），215（4539）：1534 - 36。

M. T. 巴多（M. T. Bardo），R. A. 贝文斯（R. A. Bevins），2000年，《条件性位置偏爱：它如何改变了我们对药物奖赏的临床理解？》（*Conditioned place preference: What does it add to our preclinical understanding of drug reward?*），载《心理药理学》（Psychopharmacology），柏林，153（1）：31 - 43。

M. S. 埃克斯顿（M. S. Exton），C. 吉尔泽（C. Gierse），B. 迈尔（B. Meier），M. 莫森（M. Mosen），Y. 谢（Y. Xie），S. 弗雷德（S. Frede），M. U. 格贝尔（M. U. Goebel），V. 里姆罗斯（V. Limmroth），M. 席德洛夫斯基（M. Schedlowski），2002年，《老鼠的免疫抑制行为事受到去甲肾上腺素和 β - 肾上腺素受体的调节》（*Behaviorally conditioned immunosuppression in the rat is regulated via noradrenaline and beta-adrenoceptors*），载《神经免疫学杂志》（Journal of Neuroimmunology），131（1 - 2）：21 - 30。

M. U. 格贝尔（M. U. Goebel），A. E. 特雷布斯特（A. E. Trebst），J. 斯坦纳（J. Steiner），Y. F. 谢（Y. F. Xie），M. S. 埃克斯顿（M. S. Exton），S. 弗雷德（S. Frede），A. E. 詹巴伊（A. E. Canbay），M. C. 米歇尔（M. C. Michel），U. 希曼（U. Heeman），M. 席德洛夫斯基（M. Schedlowski），2002年，《人体上也可能存在着行为调解免疫抑制》

（*Behavioral conditioning of immunosuppression is possible in humans*），载《美国实验生物学会联合会会志》（*FASEB Journal*），16（14）：1869－73。

发现激素与炎症之间的联系

P.S. 亨 奇（P.S.Hench），E.C. 肯 德 尔（E.C.Kendall），C.H. 斯 洛 康 姆（C.H.Slocumb），H.F. 波 利（H.F.Polley），1949年，《肾上腺皮质激素（17-羟-11-脱氢皮质酮：化合物E）和垂体促肾上腺皮质激素对治疗类风湿性关节炎所产生的影响：初步报告》（*The effect of a hormone of the adrenal cortex[17-hydroxy-11-dehydrocorticosterone: Compound E] and of pituitary adrenocorticotropichormone on rheumatoid arthritis: Preliminary report*），载《明尼苏达州罗切斯特梅奥诊所员工会议议程》（*Proceedings of the Staff Meetings of the Mayo Clinic, Rochester, Minnesota*），24（8）：181－197。

J. 兰兹（J.Lantz），2000年，《梅奥诊所的历史概况：1950年诺贝尔生理学奖或医学奖获得者》（*Historical profiles of Mayo Clinic: The 1950 Nobel Prize in physiology or medicine*），载《梅奥诊所公报》（*Mayo Clinic Proceedings*），24。

性，爱与联系：关于神经生物学和激素的基本原则

C.S. 卡特尔（C.S. Carter），1998年，《从社交依恋和爱情的角度上研究神经内分泌》（*Neuroendocrine perspectives on social attachment and love*），载《神经心理学》（*Psychoneuroendocrinology*），23（8）：779－818。

T.R. 因瑟尔（T.R.Insel），L.E. 夏皮罗（L.E.Shapiro），1992年，《催产素受体的分布反应了田鼠社会组织中的一夫一妻制和一夫多妻制》（*Oxytocin receptor distribution reflects social organization in monogamous and polygamous voles*），载《美国国家科学院院刊》（Proceedings of the National Academy of Sciences USA），89（13）：

5981-85。

M. 科斯费尔德（M.Kosfeld），M. 海因里希（M.Heinrichs），P.J. 扎克（P.J.Zak），U. 菲施巴赫尔（U.Fischbacher），E. 菲尔（E.Fehr），2005年，《催产素能够提升人与人之间的相互信任》（*Oxytocin increases trust in humans*），载《自然》（Nature），435（7042）：673-676。

J.A. 孟（J.A.Mong），D.W. 普法夫（D.W.Pfaff），2004年，《荷尔蒙"交响曲"：社会群体内性关系类固醇编排基因模块》（*Hormonal symphony: Steroid orchestration of gene modules for sociosexual behaviors*），载《分子精神病学》（Molecular Psychiatry），9（6）：550-556。

S.W. 波格斯（S.W.Porges），1998年，《爱：哺乳动物的植物神经系统的特殊产物》（*Love: An emergent property of the mammalian autonomic nervous system*），载《神经心理学》（Psychoneuroendocrinology），23（8）：837-861。

J.T. 温斯罗（J.T.Winslow），N. 黑斯廷斯（N.Hastings），C.S. 卡特尔（C.S. Carter），C.R. 哈博（C.R.Harbaugh），T.R. 因瑟尔（T.R. Insel），1993年，《中央加压素对草原田鼠的一夫一妻制所产生的作用》（*A role for central vasopressin in pair bonding in monogamous prairie voles*），载《自然》（Nature），365（6446）：545-548。

愈合的激素，愈合的情绪：免疫系统与健康的支撑者

M. 库托洛（M.Cutolo），R.H. 斯特劳布（R.H.Straub），J.W. 比尔兹玛（J.W.Bijlsma），2007年，《滑膜炎中的神经内分泌与免疫的相互作用》（*Neuroendocrineimmune interactions in synovitis*），载《风湿病的自然临床实践》（*Nature Clinical Practice in Rheumatology*），3（11）：627-634。

A. 马克思-迪克（A. Marques-Deak）E.M. 斯滕伯格（E.M. Sternberg），2007年，《积极情绪的生物学》（*The biology of positive emotions*），载《利他主义与健康科学：是好还是不好？》（*The Science of Altruism and Health: Is It Good to Be Good?*），斯蒂芬•G. 佩斯特（Stephen G. Post）编辑，牛津：牛津大学出版社（Oxford University Press）。

E. 墨菲（E. Murphy），K.S. 科劳奇（K.S. Korach），2006年，《非经典靶组织中的雌激素和雌激素受体行为》（*Actions of estrogen and estrogen receptors in nonclassical target tissues*），载《恩斯特·谢宁基金会研讨会论文集》（*Ernst Schering Foundation Symposium Proceedings*），（1）：13-24。

H. 奥尔巴赫(H. Orbach)和Y. 肖恩菲尔德(Y. Shoenfeld),2007年,《高泌乳素血症和自身免疫性疾病》（*Hyperprolactinemia and autoimmune diseases*），载《关于自身免疫的评论》（*Autoimmunity Reviews*），6（8）537-542。

T.W.W. 佩斯（T.W.W. Pace），L.T. 内吉（L.T. Negi），D.D. 奥道麦（D.D. Adame），S.P. 科尔（S.P. Cole），T.I. 施威赖（T.I. Sivilli），T.D. 布朗(T.D. Brown),M.J. 伊萨(M.J. Issa),C.L. 雷松(C.L. Raison),2009年，《慈悲冥想对神经内分泌、先天性免疫能力和应对心理压力的行为反应能力所产生的影响》（*Effect of compassion meditation on neuroendocrine, innate immune and behavioral responses to psychosocial stress*),载《神经心理学》(Psychoneuroendocrinology),34：87-98。

S. 佩斯特（S. Post），2007年，《利他主义与健康科学：是好还是不好？》（*Altruism and Health: Is It Good to Be Good?*），纽约：牛津大学出版社（Oxford University Press）。

S. 佩斯特（S. Post），J. 奈马克（J. Neimark），2008年，《为什么好人有好报：如何以简单的付出行为获得更长，更健康，更快乐的生命》（*Why Good Things Happen to Good People: How to Live a Longer, Healthier, Happier Life by the Simple Act of Giving*），

纽约：百老汇图书出版社（Broadway Books）。

E.M. 斯滕伯格（E.M.Sternberg），2001年，《内平衡：健康与科学的科学连接》（*The Balance Within: The Science Connecting Health and Emotions*），纽约：霍尔特出版社，时代烙印出版社（Times Imprint）。

E.M. 斯滕伯格，2006年，《先天性免疫的神经调节：一种因病原体产生的协调性非特定宿主反应》（*Neural regulation of innate immunity: A coordinated non-specific host response to pathogens*），载《自然免疫学评论》（*Nature Reviews Immunology*），6（4）：318-328。

R.H. 斯特劳布（R.H.Straub），2007年，《雌激素在炎症过程中所产生的复杂作用》（*The complex role of estrogens in inflammation*），载《内分泌评论》（*Endocrine Reviews*），28（5）：521-574。

S.E. 沃克（S.E.Walker），J.D. 雅各布森（J.D.Jacobson），2000年，《催乳激素和促性腺激素释放激素对风湿性疾病所产生的作用》（*Roles of prolactin and gonadotropin-releasing hormone in rheumatic diseases*），载《北美风湿性疾病诊疗》（*Rheumatic Disease Clinics of North America*），26（4）：713-736。

第十章 医院与健康

有利于康复的建筑物：有根据的设计方案

K.M. 博舍曼（K.M.Beauchemin）和P. 海斯（P. Hays），1996年，《充满阳光的医院病房能够加快严重抑郁症、疑难抑郁症患者的康复》（*Sunny hospital rooms expedite recovery from severe and refractory depressions*），载《情感性精神障碍症杂志》（*Journal of Affective*

Disorders），40（1－2）：49－51。

L.L. 贝利（L.L.Berry），D. 帕克（D.Parker），R.C. 科伊尔（R.C.Coile），D.K. 汉密尔顿（D. K. Hamilton），D.D. 奥尼尔（D. D. O' Neill），B.L. 萨德勒（B.L.Sadler），2004年，《更好的商业建筑物实例》（*The business case for better buildings*），载《保健金融管理》（*Healthcare Financial Management*），58（11）：76－78，80，82－84。

A.S. 德林夫（A.S. Devlin），A.B. 阿麦尔（A.B.Arneill），2003年，《医疗环境与患者的治疗效果：文献评论》（*Health care environments and patient outcomes: A review of the literature*），载《环境与行为》（*Environment and Behavior*），35：665－694。

J.H. 格罗斯曼（J.H.Grossman），2004年，《将它们结合在一起：利用建筑模块构建21世纪卫生保健服务系统》（*The building blocks to create the 21st-century health care delivery system*），罗伯特·伍德·约翰逊基金会的报告，3月，1-24.

S.R. 克勒特（S.R.Kellert），J. 黑尔瓦根（J.Heerwagen），M. 马多尔（M.Mador），2008年，《仿生设计：将建筑与生命结合在一起的理论性、科学性以及实践性》（*Biophilic Design: The Theory, Science and Practice of Bringing Buildings to Life*），纽约：约翰·威利出版社（John Wiley）。

C. 马尔科姆（C. Malcolm），2006年，《重新思考医疗保健设施的环境：与德里克·帕克（Derek Parker）的对话》（*Re-thinking environments for healthcare: A conversation with Derek Parker*），载《空间的潜力》（*The Potential of Place*），赫曼米勒公司（Herman Miller，Inc.），4：58－78。

M. 米特卡（M.Mitka），2001年，《家庭构造修改可让老年人的生活变得更轻松》（*Home modifications to make older lives easier*），载《美国医学会志》（*Journal of the American Medical Association*），286（14）：1699 - 1700。

C. 尼尔森（C. Nelson），T. 韦斯特（T. West），C. 古德曼（C. Goodman），2005 年，《医院的建筑环境：公共健康设施的奠基人扮演着什么样的角色？》（*The hospital built environment: What role might funders of health services research play?*），卢因集团公司向医疗照护研究与品质机构递交的报告（合同编号：290-04-0011），美国马里兰州罗克维尔。

M. E. 斯代夫尔（M. E. Stefl），2001 年，《人非圣贤，孰能无过：在 1999 年创建一个更安全的健康系统》（*To err is human: Building a safer health system in 1999*），载《保健业管理新领域》（*Frontiers of Health Services Management*），18（1）：1 - 2。

J. F. 斯蒂克勒（J. F. Stichler），2001 年，《在重整监护病房区创建更有利于康复的环境结构》（*Creating healing environments in critical care units*），载《危重病护理季刊》（*Critical Care Nursing Quarterly*），24（3）：1 - 20。

R. 沃尔克（R. Voelker），2001 年，《医疗保健设计：卵石下的涟漪》（*Pebbles' cast ripples in healthcare design*），载《美国医学协会杂志》（Journal of the American Medical Association），286（14）：1701 - 702。

J. 泽伊泽尔（J. Zeisel），N. M. 希尔弗斯坦（N. M. Silverstein），J. 海德（J. Hyde），S. 莱奥寇夫（S. Levkoff），M. P. 劳顿（M. P. Lawton），W. 霍姆斯（W. Holmes），2003 年，《在阿尔茨海默氏症特别看护病房中，环境行为与健康结果的相关性》（*Environmental correlates to behavioral health outcomes in Alzheimer's special care units*），载《老化病》（*The Gerontologist*），43：697 - 711。

J. 泽伊泽尔（J. Zeisel），2006 年，《设计调查：建筑学、室内设计、景观和规划的环境/行为/神经科学》（*Inquiry by*

Design: Environment / Behavior / Neuroscience in Architecture, Interiors, Landscape and Planning）。纽约：诺顿出版社（Norton）。

医院史：击退感染，带来光明

A. 亚当斯（A. Adams），2008 年，《医学设计：建筑师与现代医院》（*Medicine by Design: The Architect and the Modern Hospital*）。明尼阿波利斯：明尼苏达大学出版社（University of Minnesota Press）。

M. 坎贝尔（M.Campbell），2005 年，《肺结核为现代建筑主义贡献了什么：肺结核对现代派设计和建筑治疗环境的影响》（*What tuberculosis did for modernism: The influence of a curative environment on modernist design and architecture*），载《医学史》（*Medical History*），49（4）：463 - 488。

G.C. 库克（G.C.Cook），2002 年，《亨利·科利·弗瑞帕（1820 - 1900）：维多利亚式医院设计的领导者与'分馆式建筑原则'的早期倡导者》（*Henry Currey Friba (1820 - 1900): Leading Victorian hospital architect, and early exponent of the 'pavilion principle*），载《研究生医学杂志》（*Postgraduate Medical Journal*），78（920）：352 - 359。

P.M. 邓恩（P.M.Dunn），2007 年，《奥利弗·温德尔·霍姆斯（1809 - 1894）与他撰写的关于产褥热的论文》（*OliverWendell Holmes (1809 - 1894) and his essay on puerperal fever*），载《小儿疾病文献胎儿和新生版》（*Archives of Disease in Childhood Fetal and Neonatal Edition*），92（4）：F325 - 327。

C.J. 吉尔（C.J.Gill），G.C. 吉尔（G.C.Gill），2005 年，《当南丁格尔在斯库塔里：她的那被重新审视的遗产》（*Nightingale in Scutari: Her legacy reexamined*），载《临床传染性疾病》（*Clinical Infectious Diseases*），40：1799 - 805。

J. 李斯特（J.Lister），1867 年，《手术时间过程中的防腐剂原则》

(*On the antiseptic principle in the practice of surgery*),载《英国医学杂志》(*British Medical Journal*),2(九月 21):9-12。

D. 皮泰(D.Pittet),J.M. 博伊斯(J.M.Boyce),2001 年,《手部卫生与病人护理:追寻塞梅尔维斯遗留的传统》(*Hand hygiene and patient care: Pursuing the Semmelweis legacy*),载《柳叶刀:传染病》(*Lancet Infectious Diseases*),(4 月):9-20。

L. 塔韦尔尼蒂(L.Taverniti),A. 迪卡罗(A.Di Carlo),1998 年,《古老的皮肤病医院——罗马斯加利卡诺学院的第一"准则"》(*The first 'rules' of an ancient dermatologic hospital, the S. Gallicano Institute in Rome*),载《国际皮肤病学杂志》(*International Journal of Dermatology*),37(2):150-155。

N. 托姆斯(N. Tomes),1994 年,《管理精神病院的艺术:托马斯·斯托里·科克布莱特与美国精神病学的起源》(*The Art of Asylum-Keeping: Thomas Story Kirkbride and the Origins of American Psychiatry*),英国剑桥:剑桥大学出版社(Cambridge University Press)。

C. 雅尼(C.Yanni),2007 年,《疯狂的建筑:美国的精神病院》(*The Architecture of Madness: Insane Asylums in the United States*),明尼阿波利斯:明尼苏达大学出版社(Minneapolis: University of Minnesota Press)。

压力与免疫

S. 科恩(S.Cohen),W.J. 多伊尔(W.J.Doyle),D.P. 斯科勒(D.P.Skoner),B.S. 拉宾(B.S.Rabin),小 J.M. 格沃特尼(J. M. Gwaltney Jr.),1997 年,《社会关系与普通感冒的易感性》(*Social ties and susceptibility to the common cold*),载《美国医学协会杂志》(Journal of the American Medical Association),277(24):1940-44。

S. 科恩(S. Cohen),D. 亚尼茨基-德维茨(D.Janicki-Deverts),

G.E.米勒（G.E.Miller），2007年，《心理压力与疾病》（*Psychological stress and disease*），载《美国医学协会杂志》（Journal of the American Medical Association），298（14）：1685－87。

B.A.伊斯特宁（B.A.Esterling），J.K.基科德－格拉泽（J.K.Kiecolt-Glaser），J.C.博德纳尔（J.C.Bodnar），R.格拉泽（R.Glaser），1994年，《在老年人体内，慢性压力、社会支持和自然杀手细胞中的持久性改变对细胞因此产生的反应》（*Chronic stress, social support, and persistent alterations in the natural killer cell response to cytokines in older adults*），载《心理卫生》（*Health Psychology*），13（4）：291－298。

R.格拉泽（R.Glaser），J.K.基科德－格拉泽（J.K.Kiecolt-Glaser），2005年，《应激性免疫功能失调：对健康产生的影响》（*Stress-induced immune dysfunction: Implications for health*），载《自然免疫学评论》（*Nature Reviews Immunology*），5（3）：243－251。

F.莱斯曼（F.Reichsman），G.L.恩格尔（G.L.Engel），V.哈韦（V.Harway），S.埃斯卡罗拉（S.Escalona），1957年，《莫妮卡，一名患有胃瘘和抑郁症的婴儿：一篇关于莫妮卡成长至4岁的过渡性报告》（*Monica, an infant with gastric fistula and depression: An interim report on her development to the age four years*），载《美国精神病协会精神病学研究报告》（*Psychiatric Research Reports American Psychiatric Association*），8：12－27。

医疗保健设计：前沿创意和新技术

G.奇扎（G.Cizza），A.H.马克思（A.H.Marques），F.伊斯坎达里（F.Eskandari），S.托维克（S.Torvik），M.N.西尔弗曼（M.N.Silverman），I.C.克里斯蒂（I.C.Christie），T.M.菲利普斯（T.M.Phillips），E.M.斯滕伯格（E.M. Sternberg），2008年，《改善汗液斑块中的神经免疫生物标记并缓解绝经前期妇女血浆中的抑郁型

紊乱》(*Elevated neuroimmune biomarkers in sweat patches and plasma of premenopausal women with major depressive disorder in remission*)，载《生物精神病学》(*Biological Psychiatry*)，64(10)：907-911。

T.A.蒂凡缇(T.A.DeFanti)，G.道(G.Dawe)，D.J.萨丁(D.J.Sandin)，J.P.舒尔茨(J.P.Schulze)，P.奥拓(P.Otto)，J.吉拉尔多(J.Girardo)，F.屈斯特(F.Kuester)，L.斯马(L. Smarr)，R.拉奥(R.Rao)，2009年，《StarCAVE——第三代虚拟空间成像技术与大型拟真视觉感显示墙》(*The StarCAVE, a third-generation CAVE and virtual reality OptIPortal*)，载《下一代计算机系统》(*Future Generation Computer Systems*)，25(2)：169-178。

E.季米特里奥斯(E.Demetrios)，2001年，《伊姆斯：创作到真实之路》(*An Eames Primer*)，纽约：宇宙出版社(Universe Publishing)。

E.A.埃德尔斯坦(E.A.Edelstein)，K.格拉文(K.Gramann)，J.舒尔茨(J. Schulze)等人，，2008年，《通过实验室虚拟辅助设计研究导航中的神经反应：定向脑动力学如何在模糊不清的建筑空间中定位》(*Neural responses during navigation in the virtual aided design laboratory: Brain dynamics of orientation in architecturally ambiguous space*)，载《建筑环境中的运动与方向：建筑设计原理与用户认知的评估》(*Movement and Orientation in Built Environments: Evaluating Design Rationale and User Cognition*)，S.哈克(S.Haq)，C.霍尔舍(C.Holscher)，S.托格鲁德(S.Torgrude)编辑，跨区域合作研究中心(the Transregional Collaborative Research Center)系列报告，SFB/TR 8《空间认知》(*Spatial Cognition*)，报告编号：015-05/2008。

J.格洛弗(J.Glover)，S.史朗(S.Thrun)，J.T.马修斯(J.T.Matthews)，2004年，《研究利用行动辅助机器进行相关活动的用户模式》（*Learning user models of mobility-related activities through instrumented walking aids*），载《机器人与自动化，论文集，ICRA'04，2004年IEEE国际会议》（*Robotics and Automation, Proceedings, ICRA '04, 2004 IEEE International Conference*），4：3306－12。

M. F. 门德斯（M.F.Mendez），M.M. 切利耶尔（M.M.Cherrier），R.S. 梅多斯（R.S.Meadows），1996年，《阿尔茨海默氏症的深刻认知》（*Depth perception in Alzheimer's disease*），载《知觉与运动技能》（*Perceptual and Motor Skills*），83（3，pt. 1）：987－995。

T.D. 帕森斯（T.D.Parsons），A.A. 里佐（A.A.Rizzo），2008年，《虚拟现实暴露疗法对焦虑症和特殊恐惧症的影响：荟萃分析》（*Affective outcomes of virtualreality exposure therapy for anxiety and specific phobias: A metaanalysis*），载《行为疗法与实验精神病杂志》（*Journal of Behavior Therapy and Experimental Psychiatry*），39：250－261。

M.J. 塔尔（M.J.Tarr），W.H. 沃伦（W.H.Warren），2002年，《行为神经科学的虚拟现实及其他》（*Virtual reality in behavioral neuroscience and beyond*），载《自然神经科学》(Nature Neuroscience)，5，增刊：1089－92。

第十一章 愈合的城市，愈合的世界

城市“罚款”：城市生活的医疗费用

M.R. 海恩斯（M.R.Haines），1977年，《美国19世纪的死亡率：从纽约到宾夕法尼亚州的人口普查数据，1865年与1900年》（*Mortality in nineteenth century America: Estimates from New York and Pennsylvania census data, 1865 and 1900*），载《人口》（*Demography*），

14（3）：311 - 331。

K. 海多恩（K. Heidorn），1979 年，《到 1970 年为止，空气污染气象史上的重要事件》（*A chronology of important events in the history of air pollution meteorology to 1970*），载《美国气象协会》（*American Meteorological Society*），59（12）：1589 - 97。

W. J. 摩根（W. J. Morgan），E. F. 克雷恩（E. F. Crain），R. S. 格鲁奇哈拉（R. S. Gruchalla），G. T. 奥康纳（G. T. O' Connor），M. 卡坦（M. Kattan），R. 埃文斯三世（R. Evans III），J. 斯劳特（J. Stout），2004 年，《家庭环境与城市哮喘儿童之间的干预性结果》（*Results of a homebased environmental intervention among urban children with asthma*），载《新英格兰医学杂志》（*New England Journal of Medicine*），351（11）：1068 - 80。

刘易斯·芒福德（Lewis Mumford），1938 年，《城市的文化》（*The Culture of Cities*），纽约：哈克特出版社（Harcourt），布雷斯出版社（Brace）。

L. 皮卡德（L. Picard），2005 年，《维多利亚时代的伦敦：一个城市的故事》（*Victorian London: The Tale of a City*），纽约：威登菲尔德与尼克尔森出版社（Weidenfeld and Nicolson）。

R. 斯都恩（R. Stone），2002 年，《空气污染：伦敦致命烟雾的总数》（*Air pollution: Counting the cost of London' s killer smog*），载《科学》(Science)，298（5601）：2106 - 107。

R. J. 华莱特，H. 米切尔（H. Mitchell），C. M. 维斯尼斯（C. M. Visness），S. 科恩，J. 斯劳特，R. 埃文斯，D. 戈德（D. Gold），2004 年，《社区暴力与哮喘病发病率：内城的哮喘研究》（*Community violence and asthma morbidity: The Inner-City Asthma Study*），载《美国公共卫生杂志》（*American Journal of Public Health*），94：625 - 632。

水中的物质：1854 年伦敦霍乱大爆发

H. 布鲁德（H. Brody），H. R. 里普（M. R. Rip），P. 云顿 - 约

翰森（P.Vinten-Johansen），N. 帕内斯（N.Paneth），S. 拉赫曼（S.Rachman），2000年，《街道的地图绘制和神话创造：1854年伦敦的霍乱疫情》（*Map-making and myth-making in Broad Street: The London cholera epidemic, 1854*），载《柳叶刀》(Lancet)，356(9223)：64 - 68。

S. 约翰逊（S.Johnson），2006年，《幽灵地图》（*The Ghost Map*）。纽约：里弗黑德出版社 (Riverhead books)。

D.E. 利林费尔德（D.E.Lilienfeld），000年，《约翰·斯诺：第一位“职业杀手”？》（*John Snow: The first hired gun?*），载《美国流行病学杂志》(American Journal of Epidemiology)，152(1)：4 - 9。

K.S. 麦克劳德（K. S. McLeod），2009年，《我们对斯诺的认识：约翰·斯诺在医学地理中缔造的神话》（*Our sense of Snow: The myth of John Snow in medical geography*），载《社会科学与医学》（*Social Science and Medicine*），50（7 - 8）：923 - 935。

N. 帕内斯 (N.Paneth)，P. 云顿 - 约翰森 (P.Vinten-Johansen)，H. 布鲁德 (H.Brody)，H.R. 里普 (M.Rip)，1998年，《一次较劲的纠缠：伦敦1854年霍乱疫情的官方调查与非官方调查》（*A rivalry of foulness: Official and unofficial investigations of the London cholera epidemic of 1854*），载《美国公共卫生杂志》(American Journal of Public Health)，88（10）：1545 - 53。

J. 斯诺 (J.Snow)，1855年，《黄金广场及德普特福特附近的霍乱疫情》（*The cholera near Golden Square, and at Deptford*），载《医疗时报与宪报》（*Medical Times and Gazette*），9：321 - 322。

城市优势：体力活动击败流行肥胖症

疾病控制中心，2006年，《美国成人特定人群中肥胖症患病率》（*State-specific prevalence of obesity among adults: United States*），载《发病率与死亡率周报》（*Morbidity and Mortality Weekly Report*），55（36）：985 - 988。

J. 艾德（J. Eid），H. G. 欧威尔曼（H. G. Overman），D. 普加（D. Puga），M. A. 特纳（M. A. Turner），2008 年，《肥胖的城市：质疑城市扩张与肥胖症之间的关系》（*Fat City: Questioning the relationship between urban sprawl and obesity*），载《城市经济学》（*Journal of Urban Economics*），63（2）：385 - 404。

R. 尤因（R. Ewing），R. C. 布朗森（R. C. Brownson），D. 贝里根（D. Berrigan），2006 年，《城市扩张与美国青年体重之间的关系》（*Relationship between urban sprawl and weight of United States youth*），载《美国预防医学杂志》（*American Journal of Preventive Medicine*），31（6）：464 - 474。

L. D. 弗兰克（L. D. Frank），M. A. 安德烈森（M. A. Andresen），T. L. 斯密德（T. L. Schmid），2004 年，《肥胖症与社区设计、体力活动、在汽车上停留的时间之间的关系》（*Obesity relationships with community design, physical activity, and time spent in cars*），载《美国预防医学杂志》(American Journal of Preventive Medicine)，27（2）：87 - 96。

A. H. 赫德利（A. H. Hedley），C. 奥格登（C. Ogden），C. L. 约翰逊（C. L. Johnson），M. D. 卡罗尔（M. D. Carroll），L. R. 科廷（L. R. Curtin），F. M. 弗雷格（K. M. Flegal），2004 年，《 1999 年 -2004 年，美国儿童、青少年、成年人超重及肥胖症患病率》（*Prevalence of overweight and obesity among U. S. children, adolescents and adults, 1999 - 2002*），载《美国医学协会杂志》（*Journal of the American Medical Association*），291（23）：2847 - 2850。

R. P. 洛佩兹（R. P. Lopez），H. P. 海因斯（H. P. Hynes），2006 年，《肥胖症、体力活动与城市环境：公共卫生研究的需求》（*Obesity, physical activity, and the urban environment: Public health research needs*），载《环境与健康》（*Environmental Health*），5：25。

E.M. 塞蒙西克（E.M.Simonsick），J.M. 古拉尔尼克（J.M. Guralnik），S. 沃尔帕托（S. Volpato），J. 贝尔福（J. Balfour），L.P. 费里德（L.P.Fried），2005 年，《走出房门！在户外行走、保持流动性的重要性：关于女性健康和衰老研究的发现》（*Just get out the door! Importance of walking outside the home for maintaining mobility: Findings from the Women's Health and Aging Study*），载《美国老年协会杂志》（*Journal of American Geriatrics Society*），53（2）：198－203。

C. 汤普森（C.Thompson），2007 年，《为什么纽约人活得更久？》（*Why New Yorkers last longer*），载《纽约杂志》（*New York Magazine*），2007 年 8 月 12 日。

D. 弗拉霍夫（D.Vlahov），S. 加莱亚（S.Galea），N. 科德宝（N. Freudenberg），2005 年，《城市健康的“优势”》（*The urban health “advantage”*），载《城市卫生杂志》（*Journal of Urban Health*），82（1）：1－4。

设计更健康的城市

G. 卡拉奇（G. Caracci），2008 年，《关于城市区域和心理健康之间的关系的一般性概念》（*General concepts of the relationship between urban areas and mental health*），载《当前精神病舆论》（*Current Opinion in Psychiatry*），21（4）：385－390。

R. 切尔韦罗（R.Cervero），M. 邓肯（M.Duncan），2003 年，《行走、骑自行车与城市景观：来自旧金山湾区的证据》（*Walking, bicycling, and urban landscapes: Evidence from the San Francisco Bay Area*），载《美国公共卫生杂志》（*American Journal of Public Health*），93（9）：1478－83。

A.L. 丹嫩贝格（A.L.Dannenberg），R.J. 杰克逊（R.J.Jackson），H. 弗兰坎（H.Frumkin），R.A. 希贝尔（R.A.Schieber），M. 布拉特（M.Pratt），C. 科绍茨基（C.Kochtitzky），H.H. 蒂尔森（H.H.Tilson），

2003年，《社区设计与土地使用选择对公共健康的影响：科学调查议程》（*The impact of community design and land-use choices on public health: A scientific research agenda*），载《美国公共卫生杂志》(American Journal of Public Health)，93（9）：1500-1508。

S.L.韩迪（S.L.Handy），M.G.博内特（M.G.Boarnet），R.尤因，R.E.基林斯沃思（R.E.Killingsworth），2002年，《建筑环境如何影响体力活动：来自城市规划的观点》（*How the built environment affects physical activity: Views from urban planning*），载《美国预防医学杂志》(American Journal of Preventive Medicine)，23，增刊2：64-73。

F.E.郭（F.E.Kuo），2001年，《应对贫困：环境影响以及对城市中心的关注》（*Coping with poverty: Impacts of environment and attention in the inner city*），载《环境与行为》（*Environment and Behavior*），33（1）：5-34。

B.E.赛伦斯（B.E.Saelens），J.F.萨里斯（J.F.Sallis），J.B.布莱克（J.B.Black），D.陈（D.Chen），2003年，《以社区为基础的体力运动差异：环境评价标尺》（*Neighborhood-based differences in physical activity: An environment scale evaluation*），载《美国公共卫生杂志》(American Journal of Public Health)，93（9）：1552-58。

S.沃德（S.Ward），2004年，《在景观规划和设计过程中纳入预防莱姆病传播的框架》（*A framework for incorporating the prevention of Lyme disease transmission into the landscape planning and design process*），载《景观与城市规划》（*Landscape and Urban Planning*），66：91-106。

C.齐姆林（C.Zimring），A.约瑟夫（A.Joseph），G.L.尼科尔（G. L. Nicoll），S.伊斯帕斯（S. Tsepas），2005年，《建筑设计和场景涉及对体力活动产生的影响：干预几率的研究》（*Influences of building design and site design on physical activity: Research and intervention opportunities*），载《美国预防医学杂志》(American Journal of Preventive Medicine)，28，2，增刊2：186 - 93。

气候变化与疾病

L. 伯恩斯坦（L.Bernstein），P. 博世（P.Bosch），O. 坎西亚尼（O. Canziani），Z. 陈（Z.Chen），R. 克里斯蒂（R.Christ），O. 戴文森（O. Davidson），2007 年，《政府间气候变化专门委员会：第四次评估报告》（*Intergovernmental Panel on Climate Change: Fourth Assessment Report*），COP-13：23。

R.R. 科尔韦尔（R.R.Colwell），2004 年，《传染病与环境：霍乱作为水源性疾病的一个范例》（*Infectious disease and environment: Cholera as a paradigm for waterborne disease*），载《国际微生物学》（*International Microbiology*），7（4）：285 - 289。

P. 克鲁岑（P. Crutzen），2004 年，《新的研究方向：不断增加的城市热气和“热岛”污染效应——对化学与气候的影响》（*New directions: The growing urban heat and pollution “island” effect—Impact on chemistry and climate*），载《大气环境》（*Atmospheric Environment*），38：3539 - 40。

J.S. 达钦（J.S.Duchin），F.T. 科斯特（F.T.Koster），C.J. 皮特斯(C.J.Peters)，G.L. 辛普森(G.L.Simpson)，B. 坦贝丝特(B.Tempest)，S.R. 扎基（S.R.Zaki），T.G. 卡西亚泽克（T.G.Ksiazek）等等，1994 年，1994 年，《汉他病毒型肺炎综合症：根据 17 例患者的临床描述重新认识该种疾病》（*Hantavirus pulmonary syndrome: A clinical description of 17 patients with a newly recognized disease*），载《新英格兰医学杂志》(New England Journal of Medicine)，330（14）：949 - 955。

A.K. 吉瑟克（A.K.Githeko），S.W. 林赛（S.W.Lindsay），U.E. 孔法洛涅里（U.E.Confalonieri），J.A. 帕兹（J.A.Patz），2000

年，《气候变化与虫媒性疾病：区域性分析》（*Climate change and vector-borne diseases: A regional analysis*），载《世界卫生组织通报》（*Bulletin of the World Health Organization*），78（9）：1136－47。

J. 汉森（J. Hansen），L. 纳扎仁科（L. Nazarenko），R. 儒迪（R. Ruedy），M. 佐藤（M. Sato），J. 威利斯（J. Willis），A. 德尔·杰尼奥（A. Del Genio），D. 科克（D. Koch）等等，2005 年，《地球的能量失衡：确认与影响》（*Earth's energy imbalance: Confirmation and implications*），载《科学》（Science），308（5727）：1431－35。

R. A. 克尔（R. A. Kerr），2007 年，《气候变化：科学家给决策者们的忠告——我们在让地球气候环境变暖》（*Climate change: Scientists tell policymakers we're all warming the world*），载《科学》（Science），315（5813）：754－757。

S. Y. 梁（S. Y. Liang），K. J. 林西克姆（K. J. Linthicum），J. C. 盖多斯（J. C. Gaydos），2002 年，《气候变化与疾病传播媒介的监测》（*Climate change and the monitoring of vector-borne disease*），载《美国医学协会杂志》（Journal of the American Medical Association），287（17）：2286。

B. 洛比茨（B. Lobitz），L. 贝克（L. Beck），A. 哈格（A. Hug），B. 伍德（B. Wood），G. 富克斯（G. Fuchs），A. S. 法鲁克（A. S. Faruque），R. 科尔韦尔，2000 年，《气候变化与传染病：利用间接测量方式检测霍乱孤菌》（*Climate and infectious disease: Use of remote sensing for detection of Vibrio cholerae by indirect measurement*），载《美国国家科学院院刊》（Proceedings of the National Academy of Sciences USA），97（4）：1438－43。

J. 帕兹（J. Patz），2005 年，《卫星遥感技术可以提高实现可持续健康发展的几率》（*Satellite remote sensing can improve chances of achieving sustainable health*），载《环境与健康展望》

（*Environmental Health Perspectives*），113（2）：A84－85。

J.A. 帕兹（J.A. Patz），D. 坎贝尔－伦德拉姆（D. Campbell-Lendrum），T. 霍洛威（T. Holloway），J.A. 弗利（J.A. Foley），2005 年，《区域性气候变化对人体健康的影响》（*Impact of regional climate change on human health*），载《自然》（Nature），438（7066）：310－317。

J.F. 斯塔罗波利（J.F. Staropoli），2002 年，《全球变暖对公众健康的影响》（*The public health implications of global warming*），载《美国医学协会杂志》（Journal of the American Medical Association），287（17）：2282。

第十二章 治愈的花园与我的平和之境

G.J. 弗洛斯特（G.J. Frost），2004 年，《水疗中心：最佳的愈合环境模型》（*The spa as a model of an optimal healing environment*），载《替代与补充医学杂志》（*Journal of Alternative and Complementary Medicine*），10，增刊 1：S85－92。

C.B. 马库斯（C.B. Marcus），M. 巴恩斯（M. Barnes），1999 年，《治愈的花园：疗效与益处》（*Healing Gardens: Therapeutic Benefits*）。纽约：约翰·威利出版社（John Wiley）。

Z. 沈（Z. Shen），2001 年，《风水：协调你的内在空间与外在空间》（*Feng Shui: Harmonizing Your Inner and Outer Space*）。纽约：多林金·德斯利出版社（Dorling Kindersley）。

S.V.J. 谢尔曼（S.V.J. Sherman），R. 乌尔里希（R. Ulrich），V. 马尔卡恩（V. Malcarne），2005 年，《儿童癌症中心治愈花园的入住后评价》（*Post-occupancy evaluation of healing gardens in a pediatric cancer center*），载《景观与城市规划》（Landscape and Urban Planning），73：67－183。

U.G. 斯蒂格斯多特（U.G. Stigsdotter），P. 格兰（P. Grahn），

2003年，《花园中的体验：为烧伤性疾病患者准备的花园》（*Experiencing a garden: A healing garden for people suffering from burnout diseases*），载《治疗性园艺学报》（*Journal of Therapeutic Horticulture*），14：38-49。

M.H. 塔巴基（M. H. Tabacchi），1998年，《利用温泉——补充医疗方法的疗效的证据审查》（*The efficacy of complementary medical treatments, as used by spas: A review of the evidence*），载《健康替代疗法与医药》（*Alternative Therapies in Health and Medicine*），增刊：1-5。

R. 乌尔里希（R. Ulrich），2006年，《卫生保健体系结构的理论基础》（*Evidence-based health-care architecture*），载《柳叶刀》（Lancet），368：S38-S39。

【鸣谢】

我非常感谢那些在我撰写此书期间抽出了宝贵的时间为我提供意见的人。感谢那些我曾经采访过的科学家们与我分享了他们自己的故事和科学研究，也感谢那些提出将建筑学与神经科学结合成一个全新的跨学科研究领域的建筑学家们。感谢来自美国建筑师协会的约翰·埃伯哈德，他提出的问题——“我们如何测量人体对建筑环境所产生的反应”——让我萌生了撰写本书的念头；也感谢来自美国建筑师协会的诺曼·库恩斯、爱德华多·马卡尼奥、弗雷德·马克思、埃利森·怀特洛、伊芙·埃德尔斯坦医生以及其他与神经科学建筑学协会有关的成员为我提供了独到的见解和意见。特别感激布伦达·米尔纳医生帮助我审查了与记忆与H.M. 病例有关的章节。非常感谢彭妮·赫尔斯康威奇（Penny Herscovitch）和丹·高特利（Dan Gottlieb）为我提供了建筑学入门的基础知识培训，同样感谢他们在我撰写本书期间所提供的独到见解以及热情帮助。感谢唐纳德·佩佐德（Donald Petzold）医生帮助我审查了与城市地理学和环境有关的章节；感谢阿莱·佩佐德（Aline Petzold）一如既往地为我提供有益的、鼓励人心的反馈信息，同样感谢她就色盲症发表的个人见解。我深深地感谢伯纳德·弗朗索瓦医生向我提供的就卢尔德奇迹康复病例所进行的详细且具有独创性的研究资料；感谢伯纳德·弗朗索瓦医生和梅·杰宁·弗朗索瓦（Mme. Janine François）帮助我安排前往卢尔德参观的行程；感谢帕特里克·德里叶医生和莫里斯·加尔戴斯大主教就无法用医学原理进行解释的卢尔德奇迹康复病例提出的见解。感谢蒙特利尔大学的梭伦·索尼亚（Sorin Sonea）博士向我复述了自己与汉斯·赛来有关的记忆；感谢艾克赛特大学（University of Exeter）的马克·杰克逊（Mark Jackson）博士为我提供了汉斯·赛来的生活细节信息；感谢罗切斯特大学的西奥多·布朗（Theodore Brown）博士为我提供了史学专业知识。特别感谢迪士尼的“描绘想象的人”——布鲁斯·E. 沃恩（Bruce E. Vaughn）副会长向我讲述了迪士尼乐园之旅的背景故事以及与公园设计相关的见解；同样感谢来自伯班克零售商协会（BRC Burbank）的鲍勃·罗杰斯（Bob Rogers）和马歇尔·梦露魔法（Marshall Monroe Magic）的马歇尔·梦露（Marshall Monroe）向我复述了与迪士尼开拓者有关的记忆。感谢国家健康博物馆的马克·达汉姆（Mark Dunham）主席和大卫·罗兰德（David Roland）副主席，也感谢埃里克·哈兹尔廷（Eric Haseltine）博士为我提供了与迪士尼主题公园有关的帮助。感谢G. 比彻姆博士与美国费城蒙内尔化学感觉中心员工所提供的与嗅觉神经科学有关的见解。感谢玛丽·史蒂芬斯（Mary Stevens）、布鲁斯·伯尔斯玛（Bruce Buursma）、鲁斯·摩恩（Ruth Moen）和乔伊斯·布朗波尔格（Joyce Bromberg）安排我前去赫曼米勒公司和斯蒂尔凯斯公司参观。感谢安·道恩（Ann Down）为我提供了关于太阳山谷冥想花园（the Sun Valley meditation garden）和佛教颂经轮（Buddhist prayer wheel）的信息，也感谢希拉里·福隆（Hillary Furlong）和冬妮娅·布吕斯（Tonia Bruess）向我介绍了圣卢克伍德里弗医疗中心（St. Luke’s Wood River Medical Center）里的魔幻迷宫。感谢美国总务管理局（GSA）的卡特尔·沃姆利（Carter Wormeley）向我提供了与华盛顿特区圣伊丽莎白医院有关的详细历史信息。感谢美国加州大学圣地亚哥分校CalIT2网站的员工向我展示了虚拟现实空间星洞（StarCAVE）的技术。感谢来自美国建筑师协会的杰弗里·安德佐恩（Jeffrey Anderzhon）和埃里克·麦克罗伯茨（Eric McRoberts）为我提供了关于维芙尼护理中心及其促进生命延续的建筑理念的信息；同样感谢牧师公共机构（Chaplain Services）主管迪·马雷克(Dean Marek)提供了关于梅奥诊所的见解。感谢整体健康中心(Center for Whole Health)主管特里尔·斯塔夫(Terrill Stumpf)介绍我参观芝加哥第四长老会(Chicago's Fourth Presbyterian Church)教堂中的庭院。感谢瓦莱尼亚·雷托里(Valeria Rettori)博士与我分享了她的悲伤经历。非常感谢欧拉·史密斯(Orla Smith)博士提出的编者建议和反馈信息;感谢苏珊·福沃尔德(Susan Forward)、兰迪·葛德史密斯(Randy Goldsmith)、安·拉姆西(Ann Ramsey)、凯西·朗内尔斯(Cathy Runnels)和戴安娜·雷迪·都根(Diana Lady Dougan)大使在我撰写本书期间为我提供的具有独特见解的回馈信息;也感谢迪恩·帕帕瓦斯里卢(Dean Papavassiliou)和塔加·帕帕瓦斯里卢(Tarja Papavassiliou)提供的关于希腊的信息。感谢皮特·莱雷(Pete Riley)和玛格丽特·塔兰皮(Margaret Tarampi)在查阅书目上提供的帮助。最后,我非常感激哈佛大学出版社的编辑——伊丽莎白·诺尔(Elizabeth Knoll)和玛利亚·阿瑟尔(Maria Ascher),感谢她们在本项目的每个阶段给予我的鼓励和专业意见,也感谢米歇尔·费歇尔(Michael Fisher)说服我写了这本书。